国家电网
STATE GRID

国家电网公司

生产技能人员职业能力培训专用教材

电网调度

国家电网公司人力资源部　　组编

刘家庆　主编

中国电力出版社
CHINA ELECTRIC POWER PRESS

内 容 提 要

《国家电网公司生产技能人员职业能力培训教材》是按照国家电网公司生产技能人员模块化培训课程体系的要求，依据《国家电网公司生产技能人员职业能力培训规范》（简称《培训规范》），结合生产实际编写而成。

本套教材作为《培训规范》的配套教材，共72册。本册为专用教材部分的《电网调度》，全书共7个部分37章95个模块，主要内容包括电网调度运行基础知识，发电设备基础知识，电网结构及电力系统通信基础知识，电网调控，电网操作，电网异常处理，电网事故处理。

本书可作为供电企业电网调度工作人员的培训教学用书，也可作为电力职业院校教学参考书。

图书在版编目（CIP）数据

电网调度/国家电网公司人力资源部组编. —北京：中国电力出版社，2010.9（2024.8 重印）

国家电网公司生产技能人员职业能力培训专用教材

ISBN 978-7-5123-0852-7

Ⅰ.①电…　Ⅱ.①国…　Ⅲ.①电力系统调度-技术培训-教材　Ⅳ.①TM73

中国版本图书馆 CIP 数据核字（2010）第 178575 号

中国电力出版社出版、发行

（北京市东城区北京站西街 19 号　100005　http://www.cepp.sgcc.com.cn）

北京天泽润科贸有限公司印刷

各地新华书店经售

*

2010 年 9 月第一版　2024 年 8 月北京第九次印刷

880 毫米×1230 毫米　16 开本　13.75 印张　418 千字

印数 23501—24000 册　定价 **50.00** 元

《国家电网公司生产技能人员职业能力培训专用教材》

编 委 会

国家电网公司
STATE GRID
CORPORATION OF CHINA

国家电网公司
生产技能人员职业能力培训专用教材

前　言

为大力实施"人才强企"战略，加快培养高素质技能人才队伍，国家电网公司按照"集团化运作、集约化发展、精益化管理、标准化建设"的工作要求，充分发挥集团化优势，组织公司系统一大批优秀管理、技术、技能和培训教学专家，历时两年多，按照统一标准，开发了覆盖电网企业输电、变电、配电、营销、调度等34个职业种类的生产技能人员系列培训教材，形成了国内首套面向供电企业一线生产人员的模块化培训教材体系。

本套培训教材以《国家电网公司生产技能人员职业能力培训规范》（Q/GDW 232—2008）为依据，在编写原则上，突出以岗位能力为核心；在内容定位上，遵循"知识够用、为技能服务"的原则，突出针对性和实用性，并涵盖了电力行业最新的政策、标准、规程、规定及新设备、新技术、新知识、新工艺；在写作方式上，做到深入浅出，避免烦琐的理论推导和验证；在编写模式上，采用模块化结构，便于灵活施教。

本套培训教材涵盖34个职业的通用教材和专用教材，共72个分册、5018个模块，每个培训模块均配有详细的模块描述，对该模块的培训目标、内容、方式及考核要求进行了说明。其中：通用教材涵盖了供电企业多个职业种类共同使用的基础、专业基础、基本技能及职业素养等知识，包括《电工基础》、《电力安全生产及防护》等38个分册、1705个模块，主要作为供电企业员工全面系统学习基础理论和基本技能的自学教材；专用教材涵盖了单一职业种类专用的所有专业知识和专业技能，按照供电企业生产模式分职业单独成册，每个职业分为Ⅰ、Ⅱ、Ⅲ等3个级别，包括《变电检修》、《继电保护》等34个分册、3313个模块，可以分别作为供电企业生产一线辅助作业人员、熟练作业人员和高级作业人员的岗位技能培训教材，也可作为电力职业院校的教学参考书。

本套培训教材的出版是贯彻落实国家人才队伍建设总体战略，充分发挥企业培养高技能人才主体作用的重要举措，是加快推进国家电网公司发展方式和电网发展方式转变的迫切要求，也是有效开展电网企业教育培训和人才培养工作的重要基础，必将对改进生产技能人员培训模式，推进培训工作由理论灌输向能力培养转型，提高培训的针对性和有效性，全面提升员工队伍素质，保证电网安全稳定运行、支撑和促进国家电网公司可持续发展起到积极的推动作用。

本套教材共72个分册，本册为专用教材部分的《电网调度》。

本书中第一部分电网调度运行基础知识第一章、第二部分发电设备基础知识、第三部分电网结构及电力系统通信基础知识、第七部分电网事故处理第三十七章，由东北电网有限公司刘家庆、王震宇编写；第一部分电网调度运行基础知识第二章，由东北电网有限公司刘宝忠编写；第四部分电网调控，由湖南省电力公司王正纲编写；第五部分电网操作第十四章至二十章，由四川省电力公司李宇节、杨旭东编写；第五部分电网操作第二十一章，由江苏省电力公司庄雷编写；第六部分电网异常处理、第七部分电网事故处理第三十章至三十六章，由华北电网有限公司胡劲编写。全书由东北电网有限公司刘家庆担任主编。华北电网有限公司梁吉担任主审，国家电力调度通信中心庄伟、华北电网有限公司江长明、刘晓敏、闫贺群参审。

由于编写时间仓促，本套教材难免存在疏漏之处，恳请各位专家和读者提出宝贵意见，使之不断完善。

国家电网公司
STATE GRID
CORPORATION OF CHINA

国家电网公司
生产技能人员职业能力培训专用教材

目　录

第六部分　电 网 异 常 处 理

第七部分 电网事故处理

第一部分

电网调度运行基础知识

第一章　电网运行和管理

模块 1　电力系统基础（ZY2700501001）

【模块描述】本模块介绍电力系统基本概念、电力工业生产的特点以及我国电力工业发展状况。通过概念描述、要点讲解，了解电力系统基础知识。

【正文】

一、电力系统基本概念

电力系统是指由发电、输电、变电、配电、用电设备及相应的辅助系统所组成的电能生产、输送、分配、使用的统一整体。

要明确电力系统的概念，还要了解动力系统和电力网这两个与电力系统相互区别而又紧密联系的概念。

动力系统是指发电企业的动力设施、设备和发电、输电、变电、配电、用电设备及相应的辅助系统组成的电能热能生产、输送、分配、使用的统一整体，相当于电力系统和发电厂动力部分的总和。

电力网是指由输电、变电、配电设备及相应的辅助系统组成的联系发电与用电的统一整体，包括变压器和各种电压等级的输、配电线路，其作用是输送和分配电能。简称电网。

二、电力工业生产的主要特点

电力工业生产过程由于其本身的特性与其他工业部门有很大的差别，主要表现在：

1. 电力生产的同时性

发电、输电、供电是同时完成的，电能不能储存，必须用多少、发多少。

2. 电力生产的整体性

发电厂、变压器、高压输电线路、配电线路和用电设备在电网中形成一个不可分割的整体，缺少任一环节，电力生产都不可能完成；相反，任何设备脱离电网都将失去意义。

3. 电力生产的快速性

电能输送过程迅速，其传输速度与光速相同（$3 \times 10^8 \text{m/s}$），即使相距几万千米，发、供、用都是在一瞬间实现。

4. 电力生产的连续性

电能的质量需要实时、连续的监视与调整。

5. 电力生产的实时性

电网事故发展迅速，涉及面大，需要实时安全监视。

三、我国电力工业发展状况

1. 我国电力工业基本发展简史

1882 年，英国人在中国成立了上海电气公司。

1911 年，杨树浦发电厂动工，1913 年开始发电。到 1924 年，共有 12 台发电机，装机 121MW。

1949 年以前，电网中有 220、154kV 等电压等级。

1981 年，建成第一条 500kV 交流输电线路（平顶山—武汉）。

1989 年，建成第一条 500kV 高压直流输电线路（葛洲坝—上海）。

2009 年，第一个 1000kV 交流输电试验示范工程正式投运（长治—南阳—荆门）。

2. 我国主要电力系统简介

已建成的跨省电力系统有 6 个，即华北系统、华中系统、华东系统、东北系统、西北系统和南方电网。目前华北电网、华中电网之间通过交流互联，并与华东电网、东北电网、西北电网、南方电网通过直流联网，在 2010 年底新疆电网计划与西北主网实现联网，此外西藏电网和台湾电网尚为孤立电网运行。

【思考与练习】

1．电力系统、动力系统和电力网有何区别？
2．电力工业生产有哪些特点？
3．我国第一条 500kV 交流输电线路和第一条 500kV 直流输电线路分别是在哪年建成？
4．我国电力系统主体结构是怎样的？

模块 2　电网调度管理（ZY2700501002）

【模块描述】本模块介绍电网调度的概念、电网调度的任务、我国电网调度的结构、电网调度管理的基本概念和基本原则。通过概念描述、要点归纳、原则讲解，了解基本的电网调度管理知识。

【正文】

一、电网调度的概念

《电网调度管理条例》中所称的电网调度是指电网调度机构（简称调度机构）为保障电网的安全、优质、经济运行，对电网运行进行的组织、指挥、指导和协调。电网调度应当符合社会主义市场经济的要求和电网运行的客观规律。

二、电网调度的任务

电网调度的任务主要包括五个方面：

1．尽设备最大能力满足负荷的需要

随着经济建设的发展和人民生活水平的不断提高，全社会的用电需求日益增长，在客观上要求有充足的发、输电设备和足够的可利用的动力资源。如何尽现有设备的最大能力，最大限度地满足负荷的需要，成为调度的一项重要任务。

2．使整个电网安全可靠运行和连续供电

电能不能大量储存，电网停止供电将造成损失。电网要对电力用户连续不断地供电，首先就必须保证整个电网安全可靠运行。由于历史的原因，我国电网结构薄弱，加之自然力的破坏和设备潜在的缺陷，都可能造成电网中断供电。这时，调度机构就应采取措施：首先，要不影响供电；其次，若影响了供电，影响面不要扩大；第三，即使不可避免地要扩大影响面，也要把影响范围缩得尽可能小，并尽早恢复供电。

3．保证电能质量

电能质量不完全由电网内某个环节，如发电厂决定，而依赖于全电网所有发电、供电、用电单位的协同运行，这就要求调度统一指挥，全网协调运行。

4．经济合理利用能源

经济合理利用能源，就是使整个电网在最大经济效率的方式下运行，以降低每千瓦时电能的燃料消耗和电能输送过程中的损耗，使供电成本最低。电网调度的任务之一，就是综合考虑发电机组的经济性，自然资源的分布性以及电网输电方式等因素，合理安排发电机组的出力和开、停等，以获得电网的最大效益。

5．按照有关合同或协议，保证发电、供电、用电等各有关方面的合法权益

电网调度机构应遵循国家法律法规，在满足电力系统安全、稳定、经济运行的前提下，按照公平、透明的原则，在调度运行管理、信息披露等方面，平等对待各市场主体，维护各有关方面的合法权益。

三、我国电网调度的结构

调度系统包括各级电网调度机构以及调度管辖范围内的发电厂、变电站的运行值班单位。电网调度机构是电网运行的一个重要指挥部门，负责领导电网内发、输、变、配电设备的运行、操作和事故处理，以保证电网安全、优质、经济运行，向电力用户有计划地供应符合质量标准的电能。电网调度

这一重要作用决定了其地位，即调度机构既是生产运行单位，又是电网管理部门的职能机构，代表本级电网管理部门在电网运行中行使调度权。

《电网调度管理条例》中明确规定我国电网调度机构分为五级：国家调度机构，跨省、自治区、直辖市调度机构，省、自治区、直辖市级调度机构，省辖市级调度机构，县级调度机构（通常也将这五级调度简称为：国调、网调、省调、地调和县调）。各级调度在电网业务活动中是上、下级关系，下级调度机构必须服从上级调度机构的调度。

四、电网调度管理的基本概念

电网调度管理是指电网调度机构为确保电网安全、优质、经济运行，依据有关规定对电网生产运行、电网调度系统及其人员职务活动所进行的管理。一般包括调度运行管理、调度计划管理、继电保护和安全自动装置管理、电网调度自动化管理、电力通信管理、水电厂水库调度管理、调度系统人员培训管理等。

五、电网调度管理的基本原则

1. 统一调度、分级管理的原则

《电网调度管理条例》所称统一调度，其内容一般是指：

（1）由电网调度机构统一组织全网调度计划（或称电网运行方式）的编制和执行，其中包括统一平衡和实施全网发电、供电调度计划，统一平衡和安排全网主要发电、供电设备的检修进度，统一安排全网的主结线方式，统一布置和落实全网安全稳定措施等。

（2）统一指挥全网的运行操作和事故处理。

（3）统一布置和指挥全网的调峰、调频和调压。

（4）统一协调和规定全网继电保护、安全自动装置、调度自动化系统和调度通信系统的运行。

（5）统一协调水电厂水库的合理运用。

（6）按照规章制度统一协调有关电网运行的各种关系。

《电网调度管理条例》所称分级管理，是指根据电网分层的特点，为了明确各级调度机构的责任和权限，有效地实施统一调度，由各级电网调度机构在其调度管理范围内具体实施电网调度管理的分工。

2. 按照调度计划发电、用电的原则

按照计划用电是我国在电力使用上的一项重要政策，它是根据我国的具体情况，在社会主义建设过程中逐步认识并不断总结正反两方面的经验而提出来的，对电力的合理使用和保障国民经济的发展起到了促进作用。

在缺电的情况下，计划用电执行的好坏直接影响到电网的安全、优质和经济运行，直接关系到社会正常的生产和生活用电秩序能否得到保障，所以规定任何单位和个人不得超计划分配电力和电量，不得超计划使用电力和电量。调度机构可对超计划用电的电力用户予以警告，警告无效时，可发布限电指令，并可采取强行扣还电力、电量的措施，必要时可部分或全部暂时停止供电。拉闸限电或终止供电造成的经济损失由超计划用电的电力用户负责。

3. 维护电网整体利益，保护有关单位和电力用户合法权益相结合的原则

维护电网的整体利益是指确保电网安全、优质和经济运行，因为这是电网内各单位包括电力用户的共同利益所在，也是国家利益所在。

我国实行社会主义市场经济，电力企业和电力用户都有自己的经济利益；各地区、各部门广大电力用户都有自己的利益，但从全网整体看，这仍然是局部利益。局部要服从全局，而为保证电网的安全、优质、经济运行被迫采取的一个必要措施，就是按照超计划用电的限电序位表拉闸限电，即牺牲局部保整体，只有满足电网安全的大前提，电力企业和电力用户的共同利益才能得以保证。

4. 值班调度员履行职责受法律保护的原则

值班调度员履行职责受到国家法律的保护，任何单位和个人不得非法干预调度系统值班人员发布或执行调度指令，调度值班人员依法执行公务，有权拒绝各种非法干预。

5. 调度指令具有强制力的原则

调度指令具有强制力，这样才能保证调度指挥的畅通和有效，才能及时处理电网事故，保证电网

安全、优质和经济运行。

调度系统中调度指令必须执行，当执行调度指令可能危及人身及设备安全时，调度系统的值班人员应当向上级值班调度人员报告，由上级值班调度人员决定调度指令的执行或者撤销。

电网管理部门的负责人或者调度机构负责人，对上级调度机构的值班调度人员发布的调度指令有不同意见时，可以向上级电网电力行政主管部门或上级调度机构提出，但是在其未做出答复前，受令调度机构的值班调度人员，必须按照上级调度机构值班人员发布的调度指令执行。

6. 电网调度应当符合社会主义市场经济的要求和电网运行客观规律的原则

建立社会主义市场经济体制对电力行业同时也对电网调度管理工作提出了一系列要求。电网调度管理工作要从发展社会主义市场经济这一大局出发，正确认识市场经济条件下电网调度管理工作的地位和作用。转换电力企业经营机制，提高电能也是商品的社会意识。电能作为商品具有价值和使用价值，而且，电能这种商品具有生产、销售、消费同时完成的特点，必须通过电网进行交换和流通。所以，电网调度工作要依据国家法律和法规进行。电网调度要注意维护并网运行各方的合法权益，保护消费者——电力使用者的合法权益，做到调度工作的公平和公正，这就要求把电力生产、供应、使用各环节直接或间接纳入市场经济的体系之中。

另外，电网运行科学性、技术性强，具有其内在的客观规律性，也是电网调度必须无条件遵循的。

六、电网调度管理的主要工作

电网调度管理具体包括以下主要工作：

（1）组织编制和执行电网的调度计划（运行方式）。

（2）负责负荷预测及负荷分析。

（3）指挥调度管辖范围内的设备操作。

（4）指挥电网的频率调整和电压调整。

（5）指挥电网事故的处理，负责电网事故分析，制定并组织实施提高电网安全运行水平的措施。

（6）编制调度管辖范围内设备的检修进度表，根据情况批准其按计划进行检修。

（7）负责本调度机构管辖的继电保护、安全自动装置、电力通信和电网调度自动化设备的运行管理；负责对下级调度机构管辖的上述设备、装置的配置和运行进行技术指导。

（8）组织电力通信和电网调度自动化规划的编制工作，组织继电保护及安全自动装置规划的编制工作。

（9）参与电网规划和工程设计审查工作。

（10）参加编制发电、供电计划，严格控制按计划指标发电、用电。

（11）负责指挥全网的经济运行。

（12）组织调度系统有关人员的业务培训。

（13）统一协调水电厂水库的合理运用。

（14）协调有关所辖电网运行的其他关系。

【思考与练习】

1. 电网调度的任务主要包括哪几个方面？

2. 我国电网调度机构分为哪几级？

3. 我国电网调度管理有哪些基本原则？

第二章 电力系统调度专业规程、导则

模块 1 电力系统调度规程（ZY2700601001）

【模块描述】本模块介绍典型调度规程的编写意义、约束对象、主要内容和调度规程实例。通过条文解释和案例学习，掌握《电力系统调度规程》内容，并能认真执行调度规程。

【正文】

一、调度规程的编写意义

电网的所有发电、供电（输电、变电、配电）、用电设施和为保证这些设施正常运行所需的保护和安全自动装置、计量装置、电力通信设施、电网自动化设施等是一个紧密联系的整体。电网调度系统包括各级电网调度机构和网内厂站的运行值班单位等。根据《中华人民共和国电力法》、《电网调度管理条例》，以及有关规程、规定，为了加强电网调度管理，保障电网安全、优质和经济运行，保护用户利益，按照统一调度、分级管理的原则，结合各级电网实际情况，制定所在调度机构的电力系统调度规程。

电网调度机构是电网运行的组织、指挥、指导和协调机构，国家电网公司的调度机构分为五级，依次为：国家电网调度机构（即国家电力调度通信中心，简称国调），跨省、自治区、直辖市电网调度机构（简称网调），省、自治区、直辖市级电网调度机构（简称省调），省辖市级电网调度机构（简称地调），县级电网调度机构（简称县调）。调度规程的编写，不仅确立了各级调度机构在电网调度业务活动中是上下级关系，下级调度机构必须服从上级调度机构的调度；也明确了调度规程适用于本电网及并入本电网的所有发电、供电、用电等单位，网内各发电、供电、用电单位的有关领导、调度系统运行值班人员，以及相关专业技术人员，均应熟悉并遵守网内规程，服从调度管辖范围内调度机构的调度。

全国互联电网调度管理规程，适用于全国互联电网的调度运行、电网操作、事故处理和调度业务联系等涉及调度运行相关的各专业的活动。各电力生产运行单位颁发的有关电网调度的规程、规定等，均不得与该规程相抵触。与全国互联电网运行有关的各电网调度机构和国调直调的发、输、变电等单位的运行、管理人员均须遵守该规程；非电网调度系统人员凡涉及全国互联电网调度运行的有关活动也均须遵守该规程。

二、调度规程的约束对象

调度规程是组织、指挥、指导和协调电网的运行，基本要求就是使电网安全运行和连续可靠供电（供热），电能质量符合国家规定的标准；按最大范围优化配置资源的原则，实现优化调度，充分发挥网内发电、供电设备能力，最大限度地满足社会和人民生活用电的需要；依据有关合同、协议或规定，保护发电、供电、用电等各方的合法权益。因此，调度规程的约束对象包括国调、网调、省调、地调和县调，各级调度除受本级调度规程的约束外，还受上级调度部门的约束，各级调度机构的主要职责如下。

1. 国调的主要职责

（1）对全国互联电网调度系统实施专业管理和技术监督。

（2）依据年度计划编制并下达管辖系统的月度发电及送受电计划和日电力电量计划。

（3）编制并执行管辖系统的年、月、日运行方式和特殊日、节日运行方式。

（4）负责跨大区电网间即期交易的组织实施和电力电量交换的考核结算。

（5）编制管辖设备的检修计划，受理并批复管辖及许可范围内设备的检修申请。

（6）负责指挥管辖范围内设备的运行、操作。

（7）指挥管辖系统事故处理，分析电网事故，制定提高电网安全稳定运行水平的措施并组织实施。

（8）指挥互联电网的频率调整、管辖电网电压调整及管辖联络线送受功率控制。

（9）负责管辖范围内的继电保护、安全自动装置、调度自动化设备的运行管理和通信设备运行协调。

（10）参与全国互联电网的远景规划、工程设计的审查。

（11）受理并批复新建或改建管辖设备投入运行申请，编制新设备启动调试调度方案并组织实施。

（12）参与签订管辖系统并网协议，负责编制、签订相应并网调度协议，并严格执行。

（13）编制管辖水电站水库发电调度方案，参与协调水电站发电与防洪、航运和供水等方面的关系。

（14）负责全国互联电网调度系统值班人员的考核工作。

2. 网调、独立省调的主要职责

（1）接受国调的调度指挥。

（2）负责对所辖电网实施专业管理和技术监督。

（3）负责指挥所辖电网的运行、操作和事故处理。

（4）负责本网电力市场即期交易的组织实施和电力电量的考核结算。

（5）负责指挥所辖电网调频、调峰及电压调整。

（6）负责组织编制和执行所辖电网年、月、日运行方式。核准下级电网与主网相联部分的电网运行方式，执行国调下达的跨大区电网联络线运行和检修方式。

（7）负责编制所辖电网月、日发供电调度计划，并下达执行；监督发、供电计划执行情况，并负责督促、调整、检查、考核；执行国调下达的跨大区联络线月、日送受电计划。

（8）负责所辖电网的安全稳定运行及管理，组织稳定计算，编制所辖电网安全稳定控制方案，参与事故分析，提出改善安全稳定的措施，并督促实施。

（9）负责电网经济调度管理及管辖范围内的网损管理，编制经济调度方案，提出降损措施，并督促实施。

（10）负责所辖电网的继电保护、安全自动装置、通信和自动化设备的运行管理。

（11）负责调度管辖的水电站水库发电调度工作，编制水库调度方案，及时提出调整发电计划的意见；参与协调主要水电站的发电与防洪、灌溉、航运和供水等方面的关系。

（12）受理并批复新建或改建管辖设备投入运行申请，编制新设备启动调试调度方案并组织实施。

（13）参与所辖电网的远景规划、工程设计的审查。

（14）参与签订所辖电网的并网协议，负责编制、签订相应并网调度协议，并严格执行。

（15）行使上级电网管理部门及国调授予的其他职责。

3. 省调的主要职责

（1）负责省网的安全、优质、经济运行及调度管理工作。

（2）组织编制和执行电网的年、月、日调度计划（运行方式）。

（3）指挥调度管辖范围内设备的操作。

（4）根据网调的指令调峰、调频或控制联络线潮流及负责所辖范围内无功电压的运行和管理。

（5）指挥省网事故处理，负责进行电网事故分析，制定并组织实施提高电网安全运行水平的措施。

（6）参与编制调度管辖范围内设备的年度检修计划，并根据年度检修计划安排月、日检修计划。

（7）负责对省网继电保护和安全自动装置、电网调度自动化和电力通信系统进行专业管理，并对下级调度机构管辖的上述设备和装置的配置进行技术指导。

（8）参与省网规划编制工作及电网工程项目的可行性研究和设计审查工作，批准新建、扩建和改建工程接入电网运行，参与工程项目的验收，负责制定新设备投运、试验方案。

（9）参与电力生产年度计划的编制，依据年度及年度分月计划并结合电网实际，组织编制和实施月、日调度生产计划，负责实时调度中相关指标的统计考核。

（10）负责指挥省网的经济运行及管辖范围内的高压网损管理。

（11）负责制定事故和超计划用电限电序位表，报省人民政府的有关部门批准后执行。

（12）组织调度系统有关人员的业务培训和召开有关调度会议。

（13）统一协调水电厂水库的合理运用。

（14）负责与有关单位签订并网调度协议。

（15）协调有关所辖电网运行的其他关系。

（16）行使本电网管理部门或者上级调度机构批准（或者授予）的其他职权。

4. 地调的主要职责

（1）负责本地区（市）电网的调度管理，执行上级调度机构发布的调度指令；执行上级调度机构及上级有关部门制定的有关标准和规定；负责制定本地区（市）电网运行的有关规章制度和对县调调度管理的考核办法，并报省调备案。

（2）参与制定本地区（市）电网运行技术措施、规定。

（3）维护本地区（市）电网的安全、优质、经济运行，按计划和合同规定发电、供电，并按省调要求上报电网运行信息。

（4）组织编制和执行本地区（市）电网的运行方式；运行方式中涉及上级调度管辖设备的要报该级调度核准。

（5）根据省调下达的日供电调度计划制定、下达和调整本地区（市）电网日发、供电调度计划；监督计划执行情况；批准调度管辖范围内设备的检修。

（6）根据省调的指令进行调峰、调频或控制联络线潮流；指挥实施并考核本地区（市）电网的调峰和调压。

（7）负责指挥调度管辖范围内的运行操作和事故处理。

（8）负责划分本地区（市）所辖县（市）级电网调度机构的调度管辖范围。

（9）负责制定本地区（市）电网超计划限电序位表和事故限电序位表，经本级人民政府批准后执行。

（10）参与本地区（市）电网规划编制工作，批准新建、扩建和改建工程接入电网运行，参与工程项目的验收，负责制定新设备投运、试验方案。

（11）负责本地区（市）和所辖县（市）电网继电保护及安全自动装置、电力通信、电网调度自动化系统规划的制定及运行管理和技术管理。

（12）负责与有关单位签订所辖范围内的并网调度协议。

（13）负责本地区（市）电网调度系统值班人员的业务培训；负责所辖县（市）电网调度值班人员的业务指导技术培训。

（14）行使上级电网管理部门或上级调度机构授予的其他职权。

5. 县调的主要职责

（1）负责本县（市）电网的调度管理，执行上级调度及有关部门制定的有关规定；负责制定本县（市）电网运行的有关规章制度。

（2）维护本县（市）电网的安全、优质、经济运行，按计划和合同规定发电、供电，并按上级调度要求上报电网运行信息。

（3）负责根据地调下达的日供电调度计划制定、下达和调整本县（市）电网日发、供电调度计划；监督计划执行情况；批准调度管辖范围内设备的检修；运行方式中涉及上级调度管辖设备的要报上级调度核准。

（4）根据上级调度的指令进行调峰、调频或控制联络线潮流；指挥实施并考核本县（市）电网的调峰和调压。

（5）负责指挥调度管辖范围内的运行操作和事故处理。

（6）参与本县（市）电网继电保护及安全自动装置、电力通信、电网调度自动化系统规划的制定并负责其运行管理和技术管理。

（7）负责本县（市）电网调度系统值班人员的业务指导和培训。

三、调度规程应包括的主要内容

调度规程是组织、指挥、指导和协调电网运行的规范性文件，由于各级调度机构的职能和所辖范围的不同，调度规程所涉及内容也不尽相同，但为确保电网安全、优质、经济运行，调度规程一般应包括以下主要内容。

（1）总则。包括调度规程的制定依据和目的，管理原则、机构设置、管理范围和约束对象等。

（2）调度管理。包括调度管理任务，所辖各级调度的主要职责和调度管辖范围划分原则；调度管理制度，电网运行方式的编制要求，电网稳定管理的主要任务和内容，检修管理方法，电能质量管理要求和方式方法，电网频率与无功调整的管理规定；负荷管理的任务与预测要求，电网经济运行管理原则和分工及主要工作，水库调度管理的原则和方法，同期并列装置管理；新设备投产的调度管理，并网管理要求，继电保护和安全自动装置的运行管理，调度通信的管理，电网调度自动化的管理规定等。

（3）调度操作。包括操作管理与基本操作制度，并解列操作，线路停送电操作，变压器运行及操作，母线操作规定；事故处理的基本原则，指出异常频率、异常电压、线路跳闸事故、变压器事故、联络线过负荷、开关异常、母线失压、发电机跳闸、电网解列、设备过负荷（过热）、系统振荡事故的处理方法，电网黑启动方法和失去通信时的规定等。

（4）附录。包括电力调度中心调度管辖设备，电网电压考核点，典型操作的原则步骤，违反调度指令考核与处罚细则，电力系统异常及事故汇报制度，新设备投产前应报送的相关资料清单，相关法律、法规、规定及行业标准，设备命名及编号规定，电网调度术语等。

四、调度规程实例［《全国互联电网调度管理规程（试行）》］

作为全国互联电网调度系统实施专业管理和技术监督规程，《全国互联电网调度管理规程（试行）》从总则、调度管辖范围及职责、调度管理制度、运行方式的编制和管理、新设备投运的管理等17个方面，对调度运行的各方面工作，都做出了翔实的规定和具体要求，认真学习该规程，对于保障电力系统的安全稳定运行，具有重要的指导意义。

（1）总则部分，指出了规程的制定依据、调度原则和适用范围。

（2）调度管辖范围及职责部分，规定了国调、网调的调度管辖范围和主要职责。

（3）调度管理制度部分，规定了上、下级调度和厂站运行值班员的调度业务要求，相关调度通报要求，以及对拒绝执行调度指令、破坏调度纪律的行为处理办法。

（4）运行方式的编制和管理部分，规定了年度、月度和次日运行方式的下达时间和内容。

（5）设备的检修管理部分，规定了电网设备的检修分类，明确了计划检修和临时检修的概念，着重强调了计划检修、临时检修的管理规定，以及检修申请应包括的内容。

（6）新设备投运的管理部分，规定了新建、扩建和改建的发、输、变电设备，启动前必须向国调提供的相关资料和投运申请要求，着重强调了新设备启动前必须具备的条件，以及对有关人员的技术要求等。

（7）电网频率调整及调度管理部分，规定了电网的频率标准，有关网、省调值班调度员在电网频率调整及调度方面的具体要求。

（8）电网电压调整和无功管理管理部分，规定了电网的无功补偿原则，着重强调了500kV电网的电压管理的内容，以及各厂、站电压调整的主要方法。

（9）电网稳定的管理部分，规定了电网稳定的分级负责原则，提出了有关网、省调和运行单位主网架结构变化，或大电源接入时的具体要求。

（10）调度操作规定部分，规定了电网倒闸操作的调度原则，明确了不用填写操作指令票的操作项目，对于操作指令票制度，操作前应考虑的问题，计划操作应尽量避免的时间，并列条件，解、合环操作，500kV线路停送电操作，断路器操作，隔离开关操作，变压器操作，零起升压操作，直流输电系统操作等，都提出了非常具体的规定，并指出了500kV串联补偿装置的投退原则。

（11）事故处理规定部分，规定了管辖系统事故处理的权限、责任和要求，着重强调了频率异常、电压异常、线路事故、发电机事故、变压器及高压电抗器事故、母线事故、开关故障、串联补偿装置故障、电网振荡事故、直流输电系统事故的处理方法。

（12）继电保护及安全自动装置的调度管理部分，规定了继电保护整定计算和运行操作所辖范围和管理、维护与检验要求。

（13）调度自动化设备的运行管理部分，规定了调度自动化设备包括的内容，以及相应的管理要求。

（14）电力通信运行管理部分，规定了联网通信电路管理部门的职责和管理原则，着重强调了正常检修与故障处理方法。

（15）水电站水库的调度管理部分，规定了水库的调度管理的总则，明确了水库运用参数和资料管理要求，着重强调了水文气象情报及预报、洪水调度、发电及经济调度和水库调度管理要求。

（16）电力市场运营调度管理部分，规定了国调、网调和独立省调，在电力市场运营调度管理的主要任务。

（17）电网运行情况汇报部分，给出了电力生产、运行情况汇报规定，重大事件汇报规定，以及其他有关电网调度运行工作汇报规定。

【思考与练习】

1．地调的主要职责是什么？
2．调度规程应包括哪些主要内容？
3．电网频率的标准是什么？
4．线路事故的处理方法是什么？
5．变压器事故的处理方法是什么？

模块 2 电力系统安全稳定导则（ZY2700602001）

【模块描述】本模块介绍电力系统安全稳定运行的基本要求及安全稳定的标准。通过条文解释和案例学习，掌握电力系统安全稳定运行的分析计算方法。

【正文】

一、《电力系统安全稳定导则》的作用和意义

作为全国电网电力系统安全稳定运行的指导，《电力系统安全稳定导则》从总则、保证电力系统安全稳定运行的基本要求、电力系统的安全稳定标准、电力系统安全稳定计算分析、电力系统安全稳定工作的管理、有关术语及定义等 6 个方面，对电力系统安全稳定工作的各方面工作，都做出了翔实具体的规定和要求，认真学习该规程，对于保障电力系统的安全稳定运行，具有重要的指导意义。

该导则给出了保证电力系统安全稳定运行的基本要求，电力系统安全稳定标准以及系统安全稳定计算方法，电网经营企业、电网调度机构、电力生产企业、电力供应企业、电力建设企业、电力规划和勘测设计、科研等单位，均应遵守和执行本导则。该导则适用于 220kV 及以上的电力系统，220kV 以下的电力系统可参照执行。

二、《电力系统安全稳定导则》学习要点

（1）总则部分，指出了该导则的编写目的和使用范围。

（2）保证电力系统安全稳定运行的基本要求部分，指出了保证电力系统安全稳定运行的总体要求，着重强调了在受端系统的建设、电源接入、电网分层分区、电力系统间的互联方面的具体要求。对无功平衡及补偿、机网协调及厂网协调、防止电力系统崩溃、电力系统全停后的恢复等方面，都做出了明确的规定。

（3）电力系统的安全稳定标准部分，给出了电力系统的静态稳定储备、电力系统承受大扰动能力的安全稳定标准，着重强调了电力系统几种特殊情况的具体要求。

（4）电力系统安全稳定计算分析部分，提出了安全稳定计算分析的任务与要求，电力系统静态安全分析要求，对电力系统静态稳定的概念与判据，电力系统暂态稳定的概念与条件，给出了电力系统动态稳定的概念与分析前提，电力系统电压稳定的概念、分析条件和分析方法，对于电力系统再同步的概念、目的与校验内容做出了明确的规定。

（5）电力系统安全稳定工作的管理部分，指出了电力系统安全稳定分析在电力系统规划、设计、建设工作中的必要性，对电力系统调度运行、生产技术、科研试验工作的安全稳定分析都做出了明确要求。

（6）有关术语及定义部分，给出了电力系统的安全性、电力系统稳定性、$N-1$ 原则、枢纽变电站、重要负荷（用户）、系统间联络线的具体概念。

【思考与练习】

1．电力系统的静态稳定储备标准是什么？

2．静态稳定的概念与判据是什么？

3．什么是 $N-1$ 原则？

4．对电力系统无功平衡及补偿有哪些要求？

5．防止电力系统崩溃的手段有哪些？

模块 2

ZY2700602001

第二部分

发电设备基础知识

第三章 大型热力发电厂动力设备及运行

模块 1 热力发电基础（ZY2700502001）

【模块描述】本模块介绍热力发电厂的概念、分类和主要设备及生产过程。通过概念描述、系统介绍、生产过程讲解，了解基本的热力发电技术。

【正文】

一、热力发电的概念

热力发电一般是指利用煤、石油、天然气等燃料燃烧所产生的热能转换为动能以生产电能的方式。

二、热力发电厂的分类

热力发电厂按不同的分类方法可以分为很多类。

1. 按产品性质分类

（1）凝汽式发电厂：利用蒸汽动力循环原理，只生产电能的火力发电厂。

（2）热电厂：除生产电能以外，还可生产供用户使用的热能的火力发电厂。

2. 按蒸汽参数分类

（1）低温低压电厂：锅炉蒸汽压力为 1.4MPa（汽轮机压力为 1.3MPa）、温度为 350℃（汽轮机蒸汽温度为 340℃）的电厂。低温低压电厂的单机容量一般在 1.5～3MW 之间；

（2）中温中压电厂：锅炉蒸汽压力为 3.9MPa（汽轮机压力为 3.14MPa）、温度为 450℃（汽轮机蒸汽温度为 435℃）的电厂。中温中压电厂的单机容量一般在 6～50MW 之间；

（3）高温高压电厂：锅炉蒸汽压力为 9.8MPa（汽轮机压力为 8.8MPa）、温度为 540℃（汽轮机蒸汽温度为 535℃）的电厂。高温高压电厂的单机容量一般在 25～100MW 之间；

（4）超高压电厂：锅炉蒸汽压力为 13.7MPa（汽轮机压力为 12.7MPa）、温度为 540℃（汽轮机蒸汽温度为 535℃）的电厂。超高压电厂的单机容量一般在 125～200MW 之间；

（5）亚临界压力电厂：锅炉蒸汽压力为 16.7MPa（汽轮机压力为 16.2MPa）、温度为 540℃（汽轮机蒸汽温度为 535℃）的电厂。亚临界压力电厂的单机容量一般在 300～600MW 之间；

（6）超临界压力电厂：锅炉蒸汽压力超过 22.1MPa 的电厂。超临界压力电厂的单机容量一般在 600MW 以上。

3. 按供电范围分类

（1）区域性发电厂：这类电厂生产的电能主要通过高压电网送到远方负荷中心，一般容量较大。

（2）地方性电厂：这类电厂多建在负荷中心，除供本地用户电能外，还可以供热，一般容量较小。

4. 按使用的一次能源分类

（1）燃煤电厂：以煤为主要燃料的发电厂。

（2）燃油电厂：以油为主要燃料的发电厂。

（3）燃气电厂：以天然气或工业副产品煤气及其他可燃气体为燃料的发电厂。

（4）工业废热电厂：应用工业企业排放的废热发电的发电厂。

在我国电力系统中，燃煤电厂占热力发电厂的绝大部分，因此主要介绍大型燃煤电厂的情况。

三、燃煤火力发电厂的构成

燃煤发电厂由煤场及卸煤设备和输煤设备、锅炉及其辅助设备、汽轮机及其辅助设备、汽轮发电机及输、配电设备、化学水处理设备等构成。

1. 煤场及卸煤、输煤设备

煤场的作用是把煤存放启来。电厂的存煤量与电厂到煤矿间的距离、运输条件等有关，一般存煤量为电厂 10～15 天的用量。

卸煤设备的作用是把列车、船等运输工具运来的煤卸至煤场。

输煤设备的作用是把煤从煤场输送到锅炉煤仓间的煤斗中，供锅炉制粉系统制粉。输煤设备一般为皮带输送机。

2. 锅炉及其辅助设备

锅炉是生产蒸汽的设备。燃料在炉内燃烧放出的热量，加热锅炉内的水，使之变为过热蒸汽。其辅助设备主要有制粉设备、送风机、引风机、除灰设备等。制粉设备是把原煤磨制成煤粉，以利于煤的充分燃烧。制粉设备包括给煤机、磨煤机、煤粉分离器、排粉机等。送风机向锅炉供给燃煤时所需的空气，引风机把燃烧后产生的烟气排出锅炉。除灰设备是把煤中不可燃烧的残物——灰分排出锅炉，以保持锅炉连续运行。除灰设备包括碎渣机、灰渣泵、除尘器等。除尘器主要有电除尘器和水膜除尘器两种。

3. 汽轮机及辅助设备

汽轮机是以锅炉产生的蒸汽为原动力，把蒸汽的热能转变为机械能的设备。它的辅助设备有凝汽器、加热器、除氧器、给水泵、凝结水泵、循环水泵等。凝汽器把在汽轮机中做完功的蒸汽凝结成水；加热器利用汽轮机的抽汽加热凝结水及锅炉给水，以提高热力系统的经济性；除氧器汇集疏水及除去水中的氧；给水泵将除氧器中的水经高压加热器送入锅炉；凝结水泵把凝结水经低压加热器送入除氧器；循环水泵把循环水送入凝汽器中冷却汽轮机排出的乏汽。

4. 汽轮发电机及输、配电设备

发电机的转子与汽轮机的转子相连接，由汽轮机拖动发电机旋转，在旋转过程中，通过电磁感应原理将汽轮机输出的机械能转变为电能。发电机发出的三相交流电经输配电设备（由变压器、断路器、隔离开关、导线、杆塔等组成）送入电力系统或地区用户。

5. 化学水处理设备

化学水处理设备的作用是为锅炉提供纯净的除盐软化水。如水质不合格，会在锅炉及汽轮机的蒸汽流通部分结垢，影响锅炉及汽轮机的安全性及经济性。

四、燃煤火力发电厂的电能生产过程

燃煤火力发电厂首先将煤由厂内输煤系统输送至锅炉的原煤斗中，再由给煤机将原煤斗中的煤送至磨煤机中磨制成煤粉，煤粉经分离器分离后将合格的煤粉储存于粉仓中（中储式炉）或直接送入炉膛内燃烧（直吹式炉）。粉仓中的煤粉经给粉机、排粉机通过喷燃器送入炉膛内燃烧。煤粉在炉膛内充分燃烧，将储存于煤中的化学能转变成热能。锅炉中的水吸收热能变成具有一定温度和压力的过热蒸汽，过热蒸汽由主蒸汽管道引入汽轮机中，在汽轮机中膨胀做功，将储存在过热蒸汽中的热能转变为汽轮机转子的机械能，带动发电机转子旋转。发电机转子的直流励磁电流形成转子磁场，旋转的转子磁场在定子三相绕组中感应出三相交流电势，发出电能。发电机发出的电能再通过输配电设备送入系统或地区用户。

在汽轮机中做完功排出的乏汽在凝汽器中凝结成水后，被凝结水泵抽出经加热器（低压加热器）加热送至除氧器中除氧，再经高压加热器加热后由给水泵送至锅炉中循环使用。炉膛中的煤燃烧后排出的灰渣及灰尘经处理后排至灰场，以上即为燃煤火力发电厂的电能生产简要流程。

【思考与练习】

1. 热力发电的概念是什么？
2. 热力发电厂有哪些分类？
3. 热力发电厂由哪些部分构成？
4. 燃煤火力发电厂基本生产过程是怎样的？

模块 2　大型汽轮机设备及运行（ZY2700502002）

【模块描述】本模块介绍汽轮机的概念、分类、基本原理、工作过程、结构及相关设备，以及对汽轮机实际运行技术的分析。通过概念描述、原理讲解、结构分析及系统介绍，了解汽轮机设备知识及运行技术。

【正文】

一、汽轮机的概念

汽轮机是一种以具有一定温度和压力的水蒸气为工质，将热能转变为机械能的回转式原动机，它在工作时先把蒸汽的热能转变为动能，然后再将蒸汽的动能转变为机械能。

二、汽轮机的分类

1. 按工作原理分类

（1）冲动式汽轮机：按冲动作用原理工作的汽轮机。在近代冲动式汽轮机中，蒸汽在各级动叶片内都有一定程度的膨胀（即按反动作用原理工作），但习惯上仍然称之为冲动式汽轮机。

（2）反动式汽轮机：按反动作用原理工作的汽轮机。近代反动式汽轮机常用冲动级或速度级作调节级，但习惯上仍称之为反动式汽轮机。

（3）冲动反动联合式汽轮机：由冲动级和反动级联合组成的汽轮机。

2. 按热力特性分类

（1）凝汽式汽轮机：蒸汽在汽轮机内做完功后，除少量漏气外，全部排入凝汽器，这种汽轮机称为纯凝汽式汽轮机，近代汽轮机一般都采用回热抽气，这类汽轮机称为凝汽式汽轮机。

（2）背压式汽轮机：蒸汽在汽轮机内做完功后，在高于大气压力下排出，排汽可以供给其他热力用户，这种汽轮机称为背压式汽轮机。

（3）调整抽汽式汽轮机：汽轮机中若有做过功的部分蒸汽在一种或两种压力下，从汽轮机内抽出（该压力在一定范围内是可以调整的），供给工业用户或采暖用热，而其余蒸汽仍进入凝汽器，这种汽轮机称为调整抽汽式汽轮机。

（4）中间再热式汽轮机：新蒸汽在汽轮机前若干级做功后，引至锅炉内再次加热到某一温度，然后回到汽轮机继续膨胀做功，这种汽轮机称为中间在热式汽轮机。

3. 按气流方向分类

（1）轴流式汽轮机：蒸汽流动的总体方向大致与轴平行。

（2）辐流式汽轮机：蒸汽流动的总体方向大致垂直与转轴。

（3）周流式汽轮机：蒸汽大致沿轮周方向流动。

4. 按蒸汽参数分类

（1）低压汽轮机：主蒸汽压力为 1.176～1.47MPa。

（2）中压汽轮机：主蒸汽压力为 1.96～3.92MPa。

（3）高压汽轮机：主蒸汽压力为 5.88～9.8MPa。

（4）超高压汽轮机：主蒸汽压力为 11.76～13.72MPa。

（5）亚临界汽轮机：主蒸汽压力为 15.68～17.64MPa。

（6）超临界汽轮机：主蒸汽压力超过 22.15MPa。

三、汽轮机的基本原理

汽轮机中蒸汽的动能到机械能的转变都是通过冲动作用原理或反动作用原理来实现的。

冲动力是指当运行物体碰到另一个静止的或速度较低的物体时，就会受到阻碍而改变其速度和方向，同时给阻碍它运行的物体的作用力。

蒸汽在喷嘴上发生膨胀、压力降低、速度增加，蒸汽的热能转换为动能，高速汽流冲击汽轮机转子叶片，这时蒸汽的速度发生改变，就会有一个冲动力作用于转子叶片，使其运动，这种做功的原理，称为冲动作用原理。

冲动作用特点是蒸汽仅把从喷嘴中获得的动能转变为机械功，不涉及在动叶通道中膨胀。

反动力是指由原来静止或运动速度较小的物体，在离开或通过另一物体时，骤然获得的一个较大的速度增加而产生的。

在反动式汽轮机中蒸汽在喷嘴中产生膨胀、压力降低、速度增加，汽流进入动叶后，一方面由于速度方向的改变而产生冲动力，另一方面蒸汽同时在动叶中继续膨胀，压力降低，汽流加速产生一个反动力，动叶则在这两种力的合力作用下将蒸汽动能转换成旋转的机械能，这种利用反动力作功的原理，称为反动作用原理。

蒸汽在动叶栅中能量的转换，首先是蒸汽经过动叶通道膨胀，将热能转换成蒸汽流动的动能，再则随着蒸汽的加速，给动叶栅一个反动力，推动转子转动，做机械功，完成动能到机械能的转换。

四、凝汽式多级汽轮机

在汽轮机的发展史上，最早出现的是单级汽轮机。由于单级汽轮机只有一个级，蒸汽焓降不大，所以功率受到限制，并且损失较大。

多级汽轮机是由许多级依次排列而成的，每一级均由喷嘴和叶轮组成，在多级汽轮机中，蒸汽可以有较大的焓降。

蒸汽在多级汽轮机中逐级工作时，首先在第一级喷嘴中膨胀加速，然后进入叶轮做功。蒸汽从第一级出来后，接着进入第二级继续膨胀做功。这样，蒸汽在汽轮机内一级一级地依次膨胀做功，直至从最末级排出为止。因此，对某一级来说，前一级的排汽参数就是这一级的进汽参数。

蒸汽在多级汽轮机中逐级工作时，除了要产生各种损失外，还要产生两种损失，即进汽机构中的节流损失和排汽管中的压力损失。

五、汽轮机的结构

1. 汽轮机的静止部分

汽轮机静止部分包括汽缸、喷嘴弧、隔板和轴承等。

汽缸是汽轮机外壳，它是汽轮机中质量最大、形态复杂，并且处于高温、高压下工作的一个部件。汽缸内安装着喷嘴室、隔板、隔板套等零部件，气缸外连接着进汽、排汽、抽汽管道等。

近代汽轮机较多采用喷嘴调节配汽方式，因此汽轮机的第一级喷嘴通常都根据调节阀个数成组布置。这些成组布置的喷嘴称为喷嘴弧段，简称喷嘴弧。喷嘴弧是汽轮机通流部分承受汽温最高的部件。

隔板是汽轮机各级的间壁，用以固定静叶片。它一般直接固定在汽缸上或隔板套上。

轴承是汽轮机的重要组成部分之一。有支持轴承和推力轴承两种类型，用来承接转子的全部重量，并且确定转子在汽轮机中的位置。由于每个轴承都要承受较高的载荷，而且轴颈转速很高，所以汽轮机的轴承都采用以液体摩擦为理论基础的轴瓦式滑动轴承。借助具有一定压力的润滑油在轴颈和轴瓦之间形成的油膜，建立液体摩擦，使汽轮机安全、稳定地工作。保持油膜稳定，使轴承平稳地工作并尽量减少轴承的摩擦损失，是对轴承的基本要求。

2. 汽轮机的转动部分

汽轮机的转动部分通常叫做转子，由主轴、叶轮、动叶、联轴器及其他装在轴上的零部件组成。转子是汽轮机最重要的部件之一，蒸汽的动能通过转子转变为机械能并传递给发电机。

汽轮机转子分为轮式和鼓式两种类型。轮式转子具有装置动叶片的叶轮。鼓式转子则没有叶轮，动叶片直接装在转鼓上。冲动式汽轮机都采用轮式结构。

大多数汽轮机的升速过程中，可以观察到这样一种现象：当转速达到某一数值时，机组发生强烈振动，越过这一转速，振动便迅速减弱；在另一个更高转速下机组又可能较强烈地振动，继续提高转速，振动又迅速减弱。通常把这种机组发生强烈振动时的转速称为转子的临界转速，这种现象即为共振。在汽轮机升速过程中，应注意尽快通过这个临界转速区，避免机组振动对汽轮机设备的损坏。

六、汽轮机辅助设备

1. 汽轮机的凝汽设备

凝汽器是凝汽式汽轮机装置的一个主要组成部分，它的主要作用是：在汽轮机排气口建立并保持一定数值的真空，使进入汽轮机的蒸汽在汽轮机内膨胀到可能低的压力，增加蒸汽在汽轮机中的理想焓降，提高汽轮机的循环热效率；将汽轮机的排汽凝结成水，重新循环利用；除去水中部分氧气，以减少水中的氧对主凝结水管的腐蚀。

凝汽器的真空是运行中必须严密监视的一个重要参数。影响凝汽器真空的因素主要有：冷却水（循环水）流量、凝汽器铜管的清洁状况及真空系统的严密性等。运行中若凝汽器的真空下降，则必须根据规程规定及时调整负荷。同时查找使真空下降的原因，并设法消除。

运行中凝结水质不良的主要原因是冷却水漏到凝汽器汽侧的凝结水中，若发现水质不合格，则应查处泄漏的铜管并消除泄漏。

汽轮机排汽进入凝汽器，循环水泵不断将冷却水送入凝汽器，以冷却乏汽，乏汽将其汽化热传给冷却水后凝结成水，使凝汽器形成高度真空，凝结水被凝结水泵抽出，经加热器加热后打入除氧器。由于凝汽器在高度真空下工作，会有少量空气从不严密处漏入，此外从锅炉来的蒸汽中也会含有少量空气，为了避免空气在凝汽器中越积越多，使真空下降，所以设有抽气器，及时把空气抽出以维持凝汽器真空。

2. 汽轮机旁路系统及设备

中间再热单元式机组一般都装有旁路系统，它是主蒸汽管道系统的一部分。旁路系统是指高参数蒸汽不进入相应汽缸做功，而是经过与该汽缸并联的减温减压器降温降压后，至低一级参数的蒸汽管道或凝汽器去的连接系统。

新蒸汽不进入汽轮机高压缸，而是经过减温减压后直接进入再热器冷段的系统称为高压旁路（或Ⅰ级旁路）。再热器出来的再热蒸汽不进入汽轮机的中低压缸，而是经过减温减压后直接排入凝汽器的连接系统，称为低压旁路（或Ⅱ级旁路）。新蒸汽不流经整个汽轮机，经过减温减压后直接排入凝汽器的连接系统，称为整机旁路（或Ⅲ级旁路）。它们可以组合成不同的旁路系统。

旁路系统是为了适应再热式机组启、停、事故处理的需要而设置的。

3. 主凝结水管道系统

从凝汽器热水井经凝结水泵、轴封蒸汽冷却器、疏水冷却器及低压加热器到除氧器的全部管道系统称之为主凝结水管道系统。

凝结水泵的作用是将凝汽器中的凝结水升压经轴封冷却器、疏水冷却器、低压加热器打入除氧器。一般设两台凝结水泵，正常时一台运行，另一台备用，当运行泵故障时能自动转为备用泵运行。每台凝结水泵的出口管道上还装有截止阀和逆止阀，以防止备用凝结水泵倒转。凝结水泵的出口压力水有的还要供给真空系统真空阀水封用水、水压逆止阀控制水、低压缸减温水、再热机组二级旁路减温水等。

低压加热器的作用是提高进入除氧器的凝结水温度，增强除氧效果，提高循环热效率。

抽汽在低压加热器中放热凝结成水后，由疏水装置将水排出，再由疏水泵打入主凝结水管道中循环利用。疏水装置的作用是可靠地将加热器中的加热蒸汽疏水及时排走，同时又不让蒸汽同疏水一同流出，以维持加热器汽侧压力和疏水水位。

轴封蒸汽冷却器的作用是防止轴封蒸汽从汽轮机的轴端逸至机房或泄漏至油系统中去，同时利用轴封蒸汽的热量加热凝结水，减少热量和工质损失，提高效率。

4. 给水管道系统和设备

从除氧器给水箱经给水泵、抽汽冷却器、高压加热器到锅炉给水操作台的全部管道系统称为给水管道系统。

现代大型机组采用的给水泵一般有电动给水泵和汽动给水泵两种。为了防止给水泵在低负荷时发生汽化及满足给水泵的最小流量，在给水泵出口的特制逆止阀上设有再循环管，与除氧器水箱相连。大部分机组的给水泵还设有前置泵。以提高给水泵入口压力，防止汽蚀。

现代大型汽轮发电机组一般设有2台或3台高压加热器，由汽轮机抽汽供汽。有的机组还设有抽汽冷却器。高压加热器的作用主要是提高锅炉给水温度，提高整个机组的循环热效率及经济性。高压加热器因故停用后，降低了锅炉给水温度，为了避免锅炉水冷壁等受热面局部超温，被迫要限制机组负荷。

高压加热器的疏水，在正常运行时是利用逐级自流原理通过疏水装置流入除氧器。在机组启停过程中，排到疏水扩容器。

5. 除氧器

为了保证发电机组安全、经济运行，必须将锅炉给水的含氧量控制在允许的范围内，特别是高参数大容量的锅炉对给水品质的要求更高。除氧器的作用就是除去凝结水和补水中的氧，使锅炉给水满足含氧量的要求，另外除氧器还具有加热凝结水及汇集各种疏水的作用，减少汽水损失。

根据水在除氧器内流动形式的不同，除氧器的构造形式可分为水膜式、淋水盘式、喷雾式、喷雾填料式。除氧器正常工作时一般由汽轮机四段抽汽供汽，在启动、停机、事故时由备用汽源供汽。除氧器的运行方式有定压运行和滑压运行两种。

6. 汽轮机供油系统设备

汽轮机供油系统具有如下作用：

（1）减少轴承接触表面的摩擦损失并带走因摩擦产生的热量以及由转子传来的热量。

（2）保证调节系统和保护装置的正常工作。

（3）供给各种传动机构的润滑用油。

供油系统的主要设备有油箱、油泵（包括主油泵、启动油泵和辅助油泵）、射油器、冷油器等。

7. 盘车装置

盘车装置的作用就是在汽轮机启机前和停机后保证汽轮机转子以一定的转速旋转，从而可以避免汽轮机和转子因上下汽缸温差或轴封供汽受热不均而造成转子热弯曲甚至永久弯曲。

8. 汽轮机的轴封

轴封是指转子穿过汽缸两端处的汽封。高压轴封用来防止蒸汽漏出汽缸，造成工质损失，恶化运行环境，并且加热轴颈或冲进轴承使润滑油质劣化；低压轴封则用来防止空气漏入汽缸，破坏凝汽器的正常工作。

七、汽轮机的保护装置

为了保证汽轮机设备的安全，除了要求有安全可靠的调速系统外，还应具有必要的、可靠的保护装置，以便使汽轮机遇到调节系统失灵或其他事故时能及时动作，迅速停机，避免造成设备的损坏等事故。汽轮机的容量越大，对保护装置的可靠性要求越高。

1. 自动主汽门

自动主汽门的作用是在汽轮机保护装置动作后，迅速切断汽源，并使汽轮机停止运行。为了保证安全，要求自动主汽门动作迅速，并且严密。对高压汽轮机来说，在正常进汽参数和排汽压力下，自动主汽门关闭（调速汽门全开）后，汽轮机转速应能降到 1000r/min 以下，从保护动作到主汽门全关，通常要求不大于 0.5～0.8s。

2. 超速保护装置

汽轮机转子是一种高速旋转的设备，如某种原因使转子转速升到不允许的数值，将会导致汽轮机设备严重损坏，这种超速事故在国内外均发生过。为了防止这种事故发生，所有汽轮机均装有超速保护，通常称为危急保安器或危急遮断器。一般当汽轮机转速升到额定值的 1.10～1.12 倍时，超速保护动作，迅速切断汽轮机进汽，使汽轮机转子停止运转。

3. 轴向位移保护

在汽轮机运行过程中，如果由于某种原因造成轴向推力过大时，将会使推力瓦的乌金熔化，转子就会产生不允许的位移，致使汽轮机动静部分发生摩擦，导致严重设备事故，因此汽轮机都装有轴向位移测量、报警、自动保护装置。当轴向位移达到一定值时，保护动作，关闭主汽门，使转子停转。

4. 低油压保护

汽轮机润滑油压过低时，将使轴承不能正常工作，情况严重时不但要损坏轴瓦，而且能造成动静部分摩擦等恶性事故。汽轮机润滑油系统中都设有低油压保护。

5. 低真空保护

当凝汽器真空降低时，若机组负荷不变，将造成转子轴向推力增大及叶片过负荷，严重时会造成排汽缸温度过高，从而引启汽缸变形、机组中心偏移，使机组产生振动及损坏凝汽器等。因此汽轮机均设有低真空保护，在真空降低时发出信号，低于一定值时动作跳主汽门。

6. 振动保护

当机组振动超过一定值时，将会造成机组动、静部分发生摩擦，严重时会造成弯轴、损坏设备及基础等。因此汽轮机均设有振动保护，在振动超过一定值时动作关闭主汽门。

八、汽轮机的运行

汽轮机的启动状态按高压缸调节级处内缸内壁温度可划分为冷态、温态、热态三种，分别对应不同的启动操作流程。从启动时间上看，冷态启动时间最长，热态启动时间最短。

汽轮机的停机可分为正常停机和事故停机，其中事故停机根据不同事故情况可分别选择破坏真空事故停机和不破坏真空事故停机两种操作流程。

火电场运行人员对汽轮机的启动、停机、检修试验和事故处理等均应严格按照汽轮机运行规程及现场运行规程执行，在汽轮机运行中出现以下情况时必须及时汇报值班调度：

（1）因汽轮机设备原因影响发电机组达不到规定的功率输出范围。

（2）因汽轮机设备原因影响发电机组输出功率调节速度。

（3）因设备缺陷及异常可能或已经造成汽轮机停机的情况。

（4）因汽轮机事故造成机组跳闸。

【思考与练习】

1．什么是汽轮机？

2．汽轮机如何分类？

3．大型汽轮机由哪些部分构成？

4．大型汽轮机有哪些辅助设备？

5．大型汽轮机有哪些保护装置？

模块 3　大型锅炉设备及运行（ZY2700502003）

【模块描述】 本模块介绍锅炉的概念、分类、主要设备及运行知识。通过概念描述、分类讲解、系统构成及作用讲解，了解基本的锅炉设备知识及运行技术。

【正文】

一、锅炉的概念

电力系统所涉及的锅炉通常是指利用燃料（固体燃料、液体燃料和气体燃料）燃烧释放的化学能转换成热能，且向外输出蒸汽的换热设备。

二、锅炉的分类

根据我国目前电站锅炉的实际情况，常将锅炉作如下分类：

（1）按燃烧方式：有室燃炉、层燃炉、旋风炉、沸腾炉。

（2）按燃烧用的燃料：有燃油炉、燃气炉、燃煤炉。

（3）按工质的流动特性：有自然循环锅炉和强制循环锅炉。强制循环锅炉包括直流锅炉、多次强制循环锅炉、复合循环锅炉。

（4）按锅炉容量：有小型锅炉（220t/h 以下）、中型锅炉（220～410t/h）和大型锅炉（670t/h 以上）。

（5）按锅炉蒸汽参数：有低压锅炉（$P \leq 13\text{MPa}$）、中压锅炉（$P = 25 \sim 39\text{MPa}$）、高压锅炉（$P = 100\text{MPa}$）、超高压锅炉（$P = 140\text{MPa}$）、亚临界压力锅炉（$P = 170\text{MPa}$）和超临界压力锅炉（$P \geq 221\text{MPa}$）。

（6）按燃煤炉的排渣方式：有固态排渣炉、液态排渣炉。

三、锅炉本体设备及运行

（一）汽水系统

汽水系统的任务是吸收燃料燃烧放出的热量，使水蒸发并最后成为规定压力和温度的过热蒸汽。它是由汽包、下降管、水冷壁、过热器、省煤器等组成。

1．汽包

汽包是锅炉蒸发设备中的主要部件，它是一个汇集炉水和饱和蒸汽的圆筒形容器，其下部是水，上部是蒸汽。

汽包的作用主要有：

（1）汽包与下降管、联箱、水冷壁管等共同组成锅炉的水循环回路。

（2）汽包中储存有一定量的汽、水，因而具有一定的蓄热能力。

（3）汽包中装有各种装置，能进行汽水分离，清洗蒸汽中的溶盐以及进行锅内水处理，降低炉水内含盐量等。

2. 水冷壁

水冷壁是由许多根上升管组成，它布置在燃烧室内壁四周或部分布置在燃烧室中间。

水冷壁的结构型式主要有光管式、膜式和刺管式等。

水冷壁的作用主要有以下几点：

（1）水冷壁是现代锅炉的主要蒸发受热面，即依靠炉膛的高温火焰和烟气对水冷壁的辐射传热，使水加热蒸发成饱和蒸汽。

（2）保护炉墙。由于炉墙内表面被水冷壁管遮盖，因而使炉墙温度大为降低，使炉墙不致被破坏，同时也有利于防止结渣和熔渣对炉墙的侵蚀。

（3）可以简化炉墙结构，减轻炉墙重量。

水冷壁漏、爆是锅炉常见故障之一，当发生这种故障时，应视漏量的大小、漏点的位置及当时具体情况进行紧急故障停炉或向调度申请停炉处理。

3. 过热器、再热器及调温设备

过热器的作用是将饱和蒸汽加热成具有一定温度和压力的过热蒸汽。过热器是锅炉所有受热面中工作温度最高的受热面。过热器一般按传热方式分为对流式过热器、辐射式过热器和半辐射式过热器。

再热器的作用是将再热式汽轮机高压缸排出的蒸汽再加热成具有一定温度的再热蒸汽，然后送往汽轮机的中、低压缸做功。再热器的结构与对流过热器的结构相似，也是由一些蛇形管道和联箱组成。

汽温调节设备是用来调节主蒸汽温度和再热蒸汽温度的。汽温的调节可以从蒸汽侧和烟气侧两方面来进行。过热汽温从蒸汽侧进行调节时，可以采用表面式减温器或喷水式减温器；从烟侧进行调节时，可以采用摆动式喷燃器等。再热蒸汽从蒸汽侧进行调节时，可以采用汽—汽交换器和喷水减温器；从烟气侧进行调节时，可以采用烟气再循环和烟气挡板等。

汽—汽交换器是利用过热蒸汽加热再热蒸汽以调节再热汽温的调温设备。通过改变过热蒸汽的流量或再热蒸汽的流量达到调节再热汽温的目的。

4. 省煤器

省煤器是利用烟气热量来加热锅炉给水的热交换设备。它装在锅炉尾部的垂直烟道中。省煤器的作用主要是提高给水温度、降低排烟温度、减少排烟损失，从而提高锅炉的热效率。另外，当给水经省煤器加热提高温度后再进入汽包时，减小了给水与汽包壁之间的温差，从而可以减小汽包壁的热应力，使汽包的工作条件得到改善。

省煤器在锅炉启动时常常不是连续进水的，如果省煤器中的水不流动，则由于烟气的加热，可能因管壁超温而损坏。为了保护省煤器，省煤器应装有再循环，再循环管装设在省煤器进口与汽包之间，其上装有控制阀门称为再循环门。再循环管装在炉外，不受烟气加热，锅炉升火时省煤器受烟气加热，由于省煤器中的水温度与再循环管中水的温度不同（前者较高），因而就在汽包、再循环管、省煤器、汽包之间形成水的自然循环流动，使省煤器管壁不断得到冷却。

（二）燃烧系统

燃烧系统的任务是使燃料在炉内良好、充分地燃烧，放出热量。它由燃烧室、喷燃器、空气预热器组成。

1. 燃烧室

燃烧室是由炉墙和水冷壁围成的空间，是供燃料燃烧的地方。燃料在这个特定的空间内呈悬浮状态燃烧。

2. 喷燃器

喷燃器装在燃烧室的墙上，它的作用是把燃料和空气以一定的速度喷入燃烧室，使燃料和空气进入燃烧室后能进行良好的混合，并使燃料迅速完全地燃烧。

3. 空气预热器

空气预热器是利用锅炉排烟的热量来加热空气的热交换设备，装在锅炉尾部的垂直烟道中。

空气预热器的作用主要是加热空气、提高一、二次风温及炉内温度，加强炉膛的热辐射传热，有利于燃料的迅速着火，改善燃料的燃烧过程，增强了燃烧的稳定性，减少了燃料的不完全燃烧损失；可以进一步降低排烟温度，减少排烟损失，提高锅炉的热效率；经空气预热器加热的热空气还作为制粉系统中的干燥介质。

四、锅炉辅助系统设备

锅炉除上述本体设备以外，还需要一些辅助设备来配合工作，才能保证锅炉生产过程的正常进行。主要的辅助设备包括通风设备、燃料输送设备、制粉系统设备、给水设备、除尘设备，以及一些锅炉附件。

1. 通风设备

通风设备是用以供给燃料燃烧和制粉所需要的空气以及排除燃料燃烧后所产生的烟气的设备。它包括送风机、引风机、风道、烟道、烟囱等。

送风机的作用是将冷风升压后送入空气预热器加热，然后经过热风道将热空气的一部分送入磨煤机，进入制粉系统用于干燥和输送煤粉，而另一部分直接送至喷燃器。

引风机的作用是抽出炉内的烟气，并保证炉膛维持规定的负压。

2. 燃料输送设备

燃料输送设备的作用是将燃料从电厂内的储存场送至锅炉厂房的原煤斗中，对燃煤热力发电厂来说，燃料输送设备主要有轮斗机、输煤皮带等。

3. 制粉系统设备

制粉系统设备一般包括煤斗、给煤机、磨煤机、粗粉分离器、旋风分离器（细粉分离器）、排粉机等，但不同系统所包括的具体设备则不同。

（1）磨煤机是制粉系统中的主要设备。各种磨煤机通常都是靠撞击、挤压或碾压的作用将煤磨成煤粉的。每一种磨煤机往往具有上述两种或三种作用，但以一种作用为主。常用的给煤机有球式磨机、平盘式磨煤机、碗式磨煤机、风扇式磨煤机等。

（2）给煤机装在煤斗的下面，用以调节从原煤斗中进入磨煤机的给煤量。常用的给煤机有电磁振动式、圆盘式和刮板式。

（3）由于各种原因磨煤机磨出的煤粉颗粒常常是不均匀的，为了防止过粗煤粉进入炉膛造成不完全燃烧损失，在磨煤机后面装有粗粉分离器。它的作用是把不合格的粗煤粉分离出来，送回磨煤机重新磨制。此外，粗粉分离器还可调整煤粉的细度。

（4）旋风分离器的作用是将粗粉分离器送出的煤粉气流中的煤粉与风分离开来，以便将煤粉储存于粉仓中。

气粉混合物由入口管切向引入，在外圆筒与中心管之间高速旋转，煤粉受离心力作用被抛向筒壁，并沿筒壁下落至筒底煤粉出口，在落入储粉仓中或螺旋输粉机上，气流则经中心管引出至出口管，然后送往排粉机。

（5）螺旋输粉机又称绞龙，其作用是将旋风分离器落下的煤粉送往相邻炉的粉仓中。

4. 给水设备

给水设备的任务是向锅炉供应水。它由给水泵、给水管道和阀门等组成。由于给水泵装在汽轮机房内，故在发电厂中通常将给水泵及一部分给水管道划归汽轮机车间管理。

5. 除尘设备

除尘设备的作用是清除烟气中携带的飞灰，尽量减少随烟气排出的飞灰量，以减轻飞灰对环境的污染和对引风机的磨损。现代机组大多采用电除尘器。除灰设备是用来清除燃料燃烧后从燃烧室落下的灰渣和由除尘器分离出来的细灰，并将其送往灰场。现代发电厂大多采用水力除灰。

五、锅炉的运行

大型锅炉的启动过程一般包括启动前的准备及检查、锅炉上水、锅炉点火、升压及并汽等环节，连续停用时间较长的锅炉还应进行暖炉，另外除尘脱硫设备应随锅炉同时启动。锅炉的停炉分为正常停炉和紧急停炉。

火力发电厂锅炉的启停操作、运行调节、检修维护及事故处理应严格按照锅炉运行规程及现场规程执行，同时对发电机组运行存在影响的情况必须汇报当班调度，其中主要包括：

（1）启机前的锅炉点火。

（2）因锅炉设备原因影响发电机组达不到规定的功率输出范围。

（3）因锅炉设备原因影响发电机组输出功率调节速度。

（4）因设备缺陷及异常可能或已经造成锅炉紧急停炉的情况。

（5）因锅炉事故造成机组跳闸。

【思考与练习】

1．电力系统所涉及的锅炉一般指的是什么？

2．锅炉如何分类？

3．大型锅炉有哪些本体和辅助设备？

模块 4 其他热力发电设备简介（ZY2700502004）

【模块描述】本模块是作为常规热力发电技术专业知识的补充。通过对循环流化床锅炉及燃气轮机发电的简介，了解其他热力发电技术发展状况。

【正文】

一、循环流化床锅炉简介

1．流化床锅炉燃烧原理

流化床燃烧是指燃料在小颗粒惰性物料与上升空气构成的准恒温（800～1000℃）流化床内进行燃烧反应的一种燃烧方式，又称沸腾燃烧。具体做法是：空气流经位于炉膛底部的布风装置向上均匀送入料床（料床通常由 0.5～10mm 粒度的灰粒床料和煤粒组成并具有一定厚度），当其流速（按料床空载截面计算）达到临界流化速度时，料床将发生膨胀而开始进入流化（或称流态化）状态。流化速度越大，料床膨胀越高，硫化状态越明显，床内粒子与气流的混合扰动越强烈，气固两相的分布也越均匀。一般 FBC 锅炉的流化速度常取为临界流化速度的 2～4 倍（即热态空床风速 2～4m/s）范围内；此时床层膨胀高度大约为静止料层的 2 倍。在此种条件下投入煤屑进行燃烧，由于煤与空气的分散性好，传质、传热迅速而均匀，因而在有限空间内可保持均一的床层温度。在床层内埋入适当数量的受热面，即可使床温控制在既不结渣又具有良好的化学反应速度的范围内（一般<1000℃）。因为此时流化空气除部分与床料均匀混合成乳化相之外，还有部分以气泡形式通过床层，故也称这种流化床为鼓泡流化床。

2．流化床锅炉的特点

实践表明，采用流化床燃烧的锅炉，与其他燃烧方式锅炉相比具有以下特点：

（1）对煤种适应性广，可燃用低热值煤、煤矸石、油页岩等，为充分利用燃料资源开辟了一条新的途径。

（2）由于流化床内温度较低（一般 850～900℃），减少了 NO_x 的生成和排放。

（3）燃用高硫分煤时，在床内添加适量的石灰石或白云石，可进行床内脱硫，从而减少了 SO_2 的排放量。

（4）只需将煤破碎，不必制成煤粉，可节约磨煤费用；但为使床层达到要求的流化状态和布风均匀，需要较高的送风压头，因而锅炉总自用电耗仍接近或高于常规煤粉炉（不包括烟气脱硫装置）。

（5）床内受热面具有很高的传热效率，为普通煤粉炉炉膛受热面的 4～6 倍，可减少锅炉受热面钢材。

（6）流化床锅炉的灰渣具有"低温烧透"和较高的活性，可用作水泥建筑材料的添加剂。

（7）由于燃烧温度水平低，通常烟速可将大至 0.5mm 左右的煤焦碎屑带出，因此鼓泡流化床燃烧锅炉飞灰含碳量较高，热损失较大，常采取飞灰回燃措施来弥补。另外床内埋管的磨损也很严重，难以有效解决。为此在大型电站锅炉中迄今很少采用，而在它的基础上发展起来的循环流化床锅炉得到较快发展。

（8）除此之外，循环流化床锅炉还具有负荷调节比例大及负荷调节快的特点。循环流化床锅炉中由于截面气速高和吸热容易控制，使得负荷调节很快。一些商用装置的负荷调节速率每分钟可达 4%。

二、燃气轮机发电简介

1. 燃气轮机发电厂

用燃气轮机驱动发电机的发电厂即为燃气轮机发电厂。当前，燃气轮机的燃料多为液体或气体燃料。燃料与压缩空气在燃烧室（器）内混合、燃烧，燃烧后温度达 1000℃ 以上的 0.4～3MPa 的高温高压燃气经燃气汽轮机喷嘴变为高速气流推动叶轮旋转，将燃料的热能转变为机械能，驱动发电机发电。做功后的燃气（温度 450～600℃）经烟囱排入大气。现代大功率高温发电燃气轮机的热效率已超过 40%，高温部件可连续运行 1×10^4h 以上。近代大型燃气轮机多与蒸汽轮机组合成燃气—蒸汽联合循环装置，以进一步提高热效率。

燃气轮机发电厂均设有燃料供应系统，保证供应合格燃料，以防止燃气轮机喷嘴和叶片的腐蚀和冲蚀。此外还有实行热变功的热力循环系统；帮助燃料燃烧的空气系统；确保设备安全的冷却系统，润滑油系统，以及调节控制系统和其他辅助系统。

燃气轮机发电厂与蒸汽动力发电厂相比，设备简单，占地少，基建时间短，建造费用低，可不用或少用水，启动需要的时间短，不同结构的燃气轮发电机组从热态启动一般 2～20min 即可并网。但燃气轮机目前还不能直接燃用价廉且资源丰富的煤，正致力于此方面的研究开发，煤气化及增压流化床燃煤的燃气轮机组已在运行，燃用水煤浆的燃气轮机组正在试验当中。

燃气轮发电机组在无外界电源的情况下能迅速启动，机动性能好，因此在电网中广泛用它来承带尖峰负荷和作为应急备用机组。

燃气轮机必须由其他动力拖动启动，待压气机建立一定气压后方可点火，逐渐升速。正常运行中的特点是燃气初温随负荷变化，满负荷时达到额定气温，因而部分负荷时效率陡降。如燃料和空气中含有有害杂质时，会严重影响正常运行。高温部件是燃气轮机的薄弱环节，其寿命除受燃料和空气质量影响外，还与启动频繁程度有关。

2. 燃气—蒸汽联合循环简介

把燃气轮机循环和蒸汽轮机循环以一定方式组合成一个整体的热力循环称为燃气—蒸汽联合循环。根据热力学第二定律，对任何一种热力发动机，工质的加热温度越高，放热温度越低，热效率就越高。现代的大型蒸汽动力发电厂，热效率一般不超过 40%。燃气—蒸汽联合循环装置能把两者的优点结合起来，既有燃气轮机的高温加热，又有汽轮机的低温放热，所以有较高的热效率，目前最高已超过 50%（燃气或燃油）。

按燃料品种联合循环分为燃油、燃气、燃煤和核燃料几种。核燃料的联合循环尚处于研究阶段，燃煤联合循环装置近年有较快发展，已进入工业试验，而燃油、燃气的联合循环装置由于燃气轮机技术的发展，近年也得到很大发展。

【思考与练习】

1. 循环流化床锅炉有哪些特点？
2. 何为燃气—蒸汽联合循环？

第四章　水力发电设备及运行

模块 1　水力发电基础（ZY2700503001）

【模块描述】本模块介绍水力发电的概念、特点和水电站的分类。通过概念描述、发展状况介绍、分类讲解，了解基本的水力发电技术。

【正文】

一、水力发电的概念

水力发电利用的水能主要是蕴藏于水体中的势能。为实现将水能转换成电能，需要兴建不同类型的水电站。水电站是由一系列建筑物和设备组成的，建筑物主要用来集中天然水能的落差，形成水头，并用水库汇集、调节天然水流的流量。水电站的基本设备是水轮发电机组。水流通过引水建筑物进入水轮机，推动水轮机转动将水能变成机械能，再带动发电机转动，将机械能转换成电能。

二、水力发电的特点及发展水电的意义

水能为自然界的再生能源，随着水的循环周而复始，重复再生。它与矿物燃料等同属一次能源，转换成电能后为二次能源。水电站就是将一次能源转换成二次能源的建筑与设备，同时它还兼有防洪、航运、灌溉、养殖等效益。水电站的运行管理费用和发电成本远比燃煤电站为低，而且水能在转换成电能时不发生化学变化，不会对环境造成污染，因此水力发电获得的是一种清洁的能源。

水力发电除取得直接的效益外，还兼有防洪、航运、灌溉、养殖、旅游等多方面的综合社会效益。此外，水力发电还可以承担电网的调峰、调频、调压和事故备用等。因此，从多方面考虑，加快我国的水力资源开发，把优先开发水电作为能源建设的战略方针，对我国的经济建设和社会发展具有重要意义，对电网的运行也具有重要意义。

三、水力发电历史及发展情况

世界上第一座水电站于 1878 年在法国建成。美国第一座水电站建于威斯康星州阿普尔顿的福克斯河上，由一台水车带动两台直流发电机组成，装机容量 25kW，于 1882 年 9 月 30 日发电。欧洲第一座商业性水电站是意大利的特沃意水电站，于 1885 年建成，装机容量 65kW。19 世纪 90 年代起，水力发电在北美、欧洲的许多国家受到重视，利用山区湍急河流、跌水、瀑布等优良地形位置修建了一批数十至数千千瓦的水电站。1895 年在美国与加拿大边境的尼亚加拉瀑布处建造了一座大型水轮机驱动的 3750kW 水电站。进入 20 世纪以后，由于长距离输电技术的发展，边远地区的水利资源逐步得到开发利用，并向城市及用电中心供电。30 年代起水电建设的速度有了更快和更大的发展，由于筑坝、机械、电气等科学技术的进步，已能在各种复杂的自然条件下修建不同类型的水力发电工程。全世界可开发的水力资源约为 22.61 亿 kW，但分布不均匀，各国开发程度亦不相同。欧洲一些发达国家如瑞士、法国、意大利、英国等，水能开发程度都已达到 90% 甚至 100%，而水能资源较丰富的发展中国家，开发程度一般还很低。

中国是世界上水力资源最丰富的国家，可开发量约 3.78 亿 kW。1949 年之前，全国建成或部分建成水电站共 42 座，装机容量 360MW。1949 年以后，水电建设有了较快的发展，其中三峡电站总装机容量为 1820 万 kW，是世界上最大的水电站，年发电量达到 847 亿 kWh，目前 26 台机组已全部投运。截至 2008 年底，全国（不含台湾省）水电统调装机容量已达 17 152MW，约占统调总装机的 21.6%，2008 年全国水电总发电量为 5163.1 亿 kWh，约占全年总发电量的 15.2%。

四、水电站的分类

水电站是由各种水工建筑物和发配电等机电设备组成的综合体，亦称水电站枢纽。从电网运行管

理角度讲，水电站也称为水电厂。

（1）按照利用水源的性质，水电站可以分为三类，即常规水电站、抽水蓄能电站和潮汐电站。常规水电站按对天然水流的利用方式和调节能力，又可分为两类：

1）径流式水电站：没有水库或水库容量很小，对天然水量没有调节能力或调节能力很小的水电站。

2）蓄水式水电站：设有一定库容的水库，对天然水流具有不同调节能力的水电站。蓄水式水电站按调节周期长短可分为日调节、周调节、年调节和多年调节水电站。如东北的红石、回龙电站为日调节电站，吉林的白山和广西的岩滩为年调节水电站，吉林的丰满、浙江的新安江和北京的密云等为多年调节或不完全多年调节水电站。

（2）按装机容量大小，水电站可分为大、中、小型水电站。各国一般把装机容量25MW以下的定为小型水电站，25～250MW的定为中型水电站，250MW以上的定为大型水电站。

【思考与练习】

1．什么是水力发电？

2．水力发电的特点是什么？

3．水电站如何分类？

模块2 水力发电站的建筑物和设备（ZY2700503002）

【模块描述】本模块介绍水电站的主要水工建筑物和设备以及水轮机主要参数。通过对水电站主要建筑物和设备的专业知识讲解，掌握常规水电站的结构和水力发电的基本原理。

【正文】

一、水电站的主要水工建筑物

1．挡水建筑物

它是水电站的关键性水工建筑物，如大坝和蓄水闸等。

2．进水建筑物

如进水口、拦污栅、闸门等。

3．引水建筑物

用以集中落差和集中流量的设施，如引水渠、输水隧洞等。

4．平水建筑物

对于有长距离引水道的水电站，要设置平水建筑物，如压力前池、调压井等。

5．泄水建筑物

用以防止洪水漫过坝顶，确保大坝和水库安全的措施；如溢流坝、泄流闸门、泄流隧道等。

6．厂区建筑物

包括主厂房、副厂房、升压站、开关站等。厂房是水电站枢纽中的主要建筑物之一，是集水工、机械、电气于一体的特殊建筑物。由于具体环境条件的限制，各种类型水电站的厂房布置方式有所不同。

7．其他建筑物

如船闸、升船机、筏道、渔梯等。

二、水电站的主要设备

水电站动力设备主要由水轮机、水轮发电机及其附属的电气、机械设备所组戍。水轮机和水轮发电机相连接的综合体称为水轮发电机组。机组的主要附属电气、机械设备包括调速器、油压装置、励磁设备、自动化及保护系统的设备等，此外，还有开关站等电气设备。与火电厂相比，水电站动力设备的结构及其附属设备、辅助公用系统较简单，可靠性高，寿命较长；并能快速启动和增减负荷，能在电网中承担调峰、调频和事故备用任务，而且易于实现自动监控和自动发电控制。

1．水轮机

水轮机是水电站的主要动力设备之一，它可以分为反击式和冲击式两大类。反击式水轮机按转轮区域内水流运动的方向分为混流式、轴流式、斜流式和贯流式。其组成部件有蜗壳、导水机构、转轮、尾水管、轴和轴承等。冲击式水轮机按射流冲击水斗的方式不同分为水斗式、斜击式和双击式，后两种仅适用于小型水轮机。其组成部件有喷嘴、转轮、机壳、轴与轴承等。

2. 水轮机调速器

水轮机调速器用以调节水轮机的转速，是机组的主要附属设备之一。它能使机组转速恒定并承担启动、停机、紧急停机和增减负荷等任务；对运行中的电力系统，调速器同时也是系统有功负荷在各机组间的自动分配器。在频率二次调整时，由人工或自动给调速器指令以改变其特性曲线的位置，从而改变调速器的输出。调速器由测量、放大、执行和反馈四个主要环节组成。电力负荷的任何扰动将使机组转速偏离运行值，此时测量缓解测出转速偏差，输出相应的调节信号，放大环节将综合调节信号放大，推动执行环节改变导叶或桨叶、喷嘴开度，从而调节进流量，使水轮机的输出功率与外界负荷相适应。反馈环节将调节量反馈回来，使调速系统能稳定工作。

调速器分为机械液压型和电气液压型两种。机械液压型利用离心飞摆来反应转速偏差；电液压调速器利用电气元件将频差信号转变成液压信号。与机械液压型调速器相比，电液调速器具有灵敏、迅速、可靠等优点，目前已被大中型水轮发电机组广泛采用。

3. 水轮发电机

水轮发电机除了具有一般同步发电机的特点外，还有其自身的特点：

（1）水轮机转速比汽轮机小许多，其转速与机组容量、水头等因素有关，一般为125r/min，而汽轮机转速一般为3000r/min，因此，为了达到电气量的同步，即50Hz，水轮发电机的磁极不是一对，而是很多对。这样水轮发电机的尺寸相对就较大，转子半径可以达到十几米。

（2）由于极对数多、半径大，水轮发电机的电磁关系与汽轮发电机有所区别，即水轮发电机是凸极机，而汽轮发电机是隐极机，在失磁异步运行时两者是不同的。

（3）水轮发电机调速系统的惯性时间常数较大，其转动惯量也大，对系统稳定的影响也不同于汽轮发电机。

三、水轮机的主要参数

水轮机的基本参数有水头、流量、出力、效率等。

1. 工作水头

水流在重力作用下从高往低流，通过水轮机而做功。在实际工作中只研究单位能量，即单位重量水流所具有的能量。水轮机进出口单位能量差，一般称为水头，单位是m，水头也即水库上下游水位之差。

2. 流量

在单位时间内流经水轮机的水量，称为流量，单位为m^3/s。它表示水轮机利用能量的多少，同时也表明水轮机的过流能力。

3. 出力和效率

水流通过水轮机，在单位时间做的功，称为水轮机出力或功率。

水轮机的效率表征了水轮机能量转换能力的大小，是衡量水电站经济运行的一个重要指标，对于大型水轮机，水轮机效率一般为85%～90%。

4. 水轮机输出功率计算公式

$$N = \gamma Q H \eta$$

式中　γ——水的密度，$1000kg/m^3$；

　　　Q——流量，m^3/s；

　　　H——工作水头，m；

　　　η——水轮机效率。

若换算成千瓦则输出功率为

$$N = 9.81 Q H \eta$$

【思考与练习】

1. 水电站有哪些主要水工建筑物和设备？

2．水轮发电机的特点是什么？

3．水轮机有哪些基本参数？

模块 3　抽水蓄能电站设备及运行（ZY2700503003）

【**模块描述**】本模块介绍抽水蓄能电站的概念、类型及特点、在电力系统中的作用、抽水蓄能电站主要建筑和设备，以及抽水蓄能电站实际运行技术等相关知识。通过概念描述、特点讲解、作用介绍及运行知识简介，掌握抽水蓄能电站基本的设备结构、工作原理和运行技术。

【**正文**】

一、抽水蓄能电站的概念

抽水蓄能电站是为了解决电网高峰、低谷之间供需矛盾而产生的，是间接储存电能的一种方式。它在用电低谷时用过剩电力将水从下水库抽到上水库储存起来，然后在用电高峰时将水放出发电。

二、抽水蓄能电站的类型及特点

抽水蓄能电站可按其蓄能方式、蓄能周期和设备布置方式进行分类。

1．**按蓄能方式**

（1）单纯蓄能式：这种型式的抽水蓄能电站的特点是上池无天然径流来水。

（2）混合式：这种水电站上池有天然来水，利用这部分来水，电站可以以水轮机方式运行。

（3）调水开发式：抽水给分水岭上的水池或渠道的非全高程抽水蓄能电站，这种蓄能电站的特点是抽水站与发电站分别布置在两处，故又称为分建式抽水蓄能电站。

2．**按蓄能周期长短**

可分为日调节、周调节、季调节。

3．**按主要设备布置方式**

（1）四机式：有独立的水泵机组和发电机组，即有水泵和电动机、水轮机和发电机。

（2）三机式：由具有发电机和电动机功能的发电电动机、水泵和水轮机构成。

（3）二机式：由具有水泵和水轮机功能的水泵水轮机和发电电动机构成。

四机式的抽水蓄能电站，可以充分发挥各自设备的性能优点，设计各自的经济工况，但这种布置设备台数多、造价高，未获得广泛应用。三机式布置，可使水泵和水轮机达到很高的效率。通常采用通向旋转，机组工况的切换通过闸门的相应开闭进行。水泵和水轮机之间设有离合器，以避免空转损失。二机式布置与三机式相比，应解决水轮机与水泵最优效率区不一致的问题。广州抽水蓄能电站的4台300MW机组均采用二机式。

三、抽水蓄能电站在电力系统中的作用

现代电力系统中使用的发电机组容量越来越大，大型热力发电机组虽然燃料消耗很低，但由于结构上的原因，有最小技术出力限制，不能在低负荷下运行。核电机组在这方面的局限性更为突出。为使发电能力和用户负荷相平衡，需要有调节能力很强的设备，在电力有剩余时把能量贮存起来，在电力不足时把能量释放出来。抽水蓄能机组正是具有这种功能。

抽水蓄能机组在电力系统中的作用如下：

1．**调峰**

随着电力系统的发展及电力负荷成分的变化，电力峰谷差越来越大，仅仅依靠热力机组及常规水电机组调峰已很难甚至不能满足电网要求。如果采用抽水蓄能机组，在电网低谷负荷时利用电网剩余电力，由于水库抽水到上水库蓄能，在电网高峰负荷时，再放水到下水库发电，以弥补高峰电力不足，将有效地增加电网的调峰电源。

2．**调频及事故备用**

由于电网中的负荷时刻在变化，运行机组的出力也可能因为某些原因发生波动或迅速降低，加之调度人员对负荷变化趋势预计不准及系统事故等原因，将造成系统频率的较大幅度波动甚至频率事故。这种情况下如果靠热力机组来调整显然是不能满足要求的。由于抽水蓄能机组具有启、停机及工况转

换速度很快的特点，所以利用它在电网中调频及作为事故备用是非常适合的。

3. 调压

抽水蓄能机组除了具有发电工况、水泵工况外，还具有发电调相工况和水泵调相工况。机组在发电、水泵、发电调相、水泵调相四种工况均可以发出无功提高电网电压，也可以吸收无功降低电网电压，特别是在调相工况时，它的调压作用更为明显。

4. 提高整个系统运行的经济性

利用抽水蓄能机组进行调峰、调频及事故备用后，可以使热力机组在额定出力下稳定、经济地运行，从而降低整个系统的燃料消耗。同时还将大大提高火电设备的利用率，防止火电机组频繁开停及调整而导致运行费用增加、设备磨损和发生故障。

四、抽水蓄能电站主要建筑

抽水蓄能电站一般由上水库、下水库、引水系统、电站厂房和尾水系统组成。

1. 上水库和下水库

上、下水库也称上、下池。按工程习惯，容量较大的称为库，容量较小的称为池。上、下水库的可调库容量是调度人员必须时刻注意掌握的一个重要数据，因为这个数据对机组各种工况的运行时间起控制作用。

2. 引水系统

和常规水电站一样，蓄能电站的引水系统包括上库的进水口、隧洞或竖井、压力管道和调压室，这一部分是蓄能电站的高压部分。上库的进水口在发电时是进水口，但在抽水时又是出水口。蓄能电站的隧洞、压力管道和调压井的构造和常规水电站基本相同。

3. 电站厂房

电站厂房是抽水蓄能电站的主要组成部分，它的型式随所选用的机组的不同而不同。

4. 尾水系统

水泵水轮机发电时的尾水管即抽水时的吸水管道，这部分管道称为低压部分，即尾水系统。蓄能电站的若干台机组的尾水管道通常汇集到一个或两个尾水隧洞。

五、抽水蓄能电站的主要设备

1. 水轮机

水轮机主要可以分为可逆式水泵水轮机和组合式水泵水轮机组两种。

可逆式水泵水轮机是把水轮机和泵合并成一台机器，转轮正向旋转时作为水轮机使用，反向旋转时作为水泵使用的可逆式水力动力设备。可逆式水泵水轮机是20世纪30年代出现的新型抽水蓄能机组，与组合式水泵水轮机相比，其重量大为减轻，造价降低，因而得到广泛应用。水泵水轮机与反击式水轮机的适用水头范围基本一致。其流通部件的几何形状与水轮机有所不同，但是主要部件和结构在许多方面是相似的。为了满足水泵和水轮机两种运行工况的要求，水泵水轮机比相同水头和容量的水轮机尺寸大。水泵水轮机按水流途径可分为混流式、斜流式和贯流式三种。

组合式水泵水轮机组是将一台水泵和一台水轮机分别连接在发电电动机两端，形成三机式机组。水轮机和水泵除了旋转方向和转速的大小是共同的以外，水轮机和水泵分别按电站的具体要求设计，因而可以保证在各自的运行条件下高效率工作。组合式机组特别适合于蓄能电站对抽水和发电有不同要求的场合，例如有些抽水蓄能电站是在多水库之间工作，或对抽水和发电的装机容量要求不同。

2. 发电电动机

发电电动机是既可以水轮机为原动机做发电机使用，又可作为电动机拖动水泵使用的电机设备。按其主轴的位置分为卧式和立式两种。因机械设备种类和配置方式的不同，可组成不同类型的抽水蓄能机组：水轮机—发电电动机—水泵（卧式）及水泵—水轮机—发电电动机（立式），称为三机式机组；可逆式水泵水轮机—发电电动机组合称为二机式可逆机组。

水轮发电电动机的主体结构与水轮发电机基本相同。由于它既作为发电机运行（正转时）又作电动机运行（反转时），因此，在结构上有相应的特点：

（1）抽水蓄能机组在电网中主要起到调峰填谷作用，机组启停很频繁。发电电动机的结构必须充分考虑其反复出现的离心力对结构材料造成疲劳和定子、转子绕组上的热变化和热膨胀，定子常采用热弹性绝缘。

（2）可逆式发电电动机用常规水轮发电机转子上的风扇不能满足散热降温的要求，对大容量高转速的机组一般采用外设风扇。

（3）推力轴承和水导轴承在正反方向旋转时，油膜都不能破坏。

（4）结构与启动方式有密切关系，用启动电动机启动则在同轴上装有专用启动电动机；如需改变发电电动机转速时，除改变电源相位外，还需将定子绕组改接和将转子换极。

（5）随着大容量高转速可逆式发电电动机的出现，越来越多的采用双水内冷却方式，即定子绕组、转子绕组均采用水内冷。

六、抽水蓄能机组的运行

抽水蓄能机组具有发电运行（发电工况）、抽水运行（水泵工况）、发电调相运行（发电调相工况）、水泵调相运行（水泵调相工况）四种运行工况。

由于抽水蓄能机组在操作上显示了极大的灵活性，故近年来更多被安排用来做调频运行，或者在系统中空转，在需要时快速地发出所需的出力（旋转备用），或者由调度指示或由自动仪表指示按负荷需要随时调整出力（负荷跟踪运行）。这样的操作方式通常称为动力负荷运行方式，其主要特点是机组操作速度快。

现代的抽水蓄能机组都要能做旋转备用，为节省动力一般使水泵水轮机的转轮在空气中旋转（向水轮机方向或水泵方向旋转），在电网有需要时即可快速带上负荷或投入抽水。旋转备用实际上可以和调相运行结合起来。

在蓄能机组抽水时，如需快速发电可以不通过正常抽水停机而直接转换到发电状态，即在电机和电网解列后利用水流的反冲作用使转轮减速并使之反转，待达到水轮机同步转速时快速并列发电。一般大容量机组都可以用这种方式在 60～90s 时间内由全抽水转换至全发电。

【思考与练习】

1．什么是抽水蓄能电站？

2．抽水蓄能电站有哪些类型？

3．抽水蓄能电站在电力系统中的作用是什么？

4．抽水蓄能机组有哪些运行工况？

模块 4　水电站调度运行（ZY2700503004）

【模块描述】本模块介绍水电站参数基本概念、水轮发电机组的启停及调相运行、水电站优化调度等方面的知识。通过主要参数讲解、启停过程介绍、优化调度讲解，掌握水电站基本的调度运行技术。

【正文】

一、水电站基本参数

水电站基本数据有很多，这里介绍的是调度运行中要经常用到的数据。

1．水位

水位分为上水位和下水位，上水位又分为正常高水位、防洪限制水位和死水位等。

水库正常运行情况下所能蓄到的最高水位，称为正常高水位。当水库按防洪要求非常规运行时，水位一般将高于正常高水位，但不能超过校核洪水位。正常高水位是水库和水电站最重要的设计参数之一，是确定拦河坝高度、水库容积、利用水头和发电能力的基本依据。

水库在正常运行情况下的最低水位称为死水位。

正常高水位与死水位之间的高度差称为水库的消落深度。

死水位应通过综合技术经济分析比较来确定，其确定原则为：

（1）使水电站的保证出力和年发电量在既定的正常高水位下接近最大值。

（2）考虑防洪等其他综合用水部门的要求。

（3）注意低水位时水轮机运行工况、取水高度、闸门制造等限制因素。

（4）注意泥沙淤积对水库水位的影响。

对梯级电站，还应考虑对其他梯级的影响。

知道了上、下水位，就可算出水头，从而知道机组的最大可能出力。如果能熟练掌握与各水位对应的库容，就可以知道水库的调节能力，这对水库的防洪调度很有益处。

2. 装机容量和各种运行工况

装机容量是调度员必须掌握的数据，同时掌握各电厂各机组的发电能力和调节性能，也是对调度员的基本要求。

另外，机组的运行工况也必须了解，由于各设备固有频率等因素的综合影响，机组一般在某一出力区会发生振动，有时振动很强烈，称为振动区。小型机组（指 100MW 以下机组）尤其如此。如东北电网红石电厂的 4 台 50MW 机组，一般振动区都在 20～35MW 之间，长甸电厂的 70MW 机组振动区在 20～50MW 之间，其他电网的水电机组，也多有在某出力区发生振动的情况。因此在调整水电厂机组出力时必须躲开机组的振动区，在安排电网调峰和设置调频厂时，对此也必须有所考虑。

另一个问题是小流量问题。在供水期为了保证下游城市的用水需要，机组不能全停，而必须保证一定的发电量，其要求的最小流量即是小流量。如鸭绿江上的太平湾电厂为保证丹东市用水和防止海水倒灌，发电出力要求不低于 10MW。南方水源比较充足，而东北、华北等电网，由于航运、灌溉等要求，一般有这方面的问题，在调度过程中必须充分注意。

3. 发电保证率、保证出力

水电站常用发电的总时段与计算时段的百分比，称为发电保证率，一般为 75%～98%，保证率与电站所在系统的水电比重、负荷特性、水电站的规模及其在系统中的作用有关，可分别按年、季、月、旬来统计；水电站相应于保证率设计时段内所能发出的平均功率，称为水电站的保证出力。保证出力是确定水电站能够承担电力系统负荷的工作量的依据。水电站年发电量与其装机容量的比称为年利用小时数。水电机组年利用小时数一般比火电机组要低。

4. 过流能力

过流能力分发电过流能力和泄洪过流能力。这两个数据是很重要的，特别是对梯级电站。在供水期，要根据每个电厂的发电过流能力决定各厂出力的大小，汛期调节各库汛前水位时也要参考此数据。径流式电站的发电和泄洪能力，对防洪度汛具有重要意义，也必须掌握。

二、梯级电站的发电协调

除径流电站和小水电外，其他水电站在供水期一般都是用于电网调峰的，为了提高水能的利用率，各梯级电站的发电调度必须根据实际情况进行协调。

对于梯级电站全是年调节或多年调节的大水库，一般只在汛期调整水位时考虑各厂发电量的多少，但梯级电站一般都有日调节水库，如松花江水系白山、红石、丰满梯级的红石电站，浑江水系桓仁、回龙、太平哨梯级中的回龙和太平哨电站，都是日调节水库，调电的原则除了满足系统的需要外，还必须保证这些电站水库不溢流。而且为了经济原则，在非汛期还要求其尽可能运行在较高水位。因此要协调各厂的发电，也就是要考虑各厂发电比例问题。在没有区间来水的情况下，发电比例决定于各厂过流能力和耗水率。实际上区间来水是经常发生的，因此，在调电过程中不但要考虑上游电站放流量，而且还要考虑区间来水情况，在满足电网要求的前提下兼顾经济原则。另外，各厂按比例发电不是同时完成的，而是逐级滞后，这就给水电调度带来了灵活性。如辽宁桓仁电厂的水要经 4～6h 才到回龙水库，回龙水库放流约 3h 才能到达太平哨水库。因此在下游小水电站水位很高而系统负荷增长时，上游电站仍可以开机，只要下游电站发电用水大于入库流量，就不至于溢流。

三、水轮发电机组的启停及调相运行

由于导水叶的开闭很方便，水轮发电机的启停也很灵活。在备用状态下，机组加相应的励磁，逐渐打开导水叶达到额定转速，然后找同期并网。这一过程一般只需 1～3min；调整导水叶开度即可达到增减出力的目的，因此，水电机组在电网中一般是作为调峰调频和事故备用使用的。作为事故备用电源，水轮发电机也有另外的启动方法，即在电网频率低到某一值时（事故情况下）将机组直接并网，拖入同步，加励磁，开导水叶增加出力，这一过程一般要 2min 左右。

在一些局部电网，机组停运后由于缺少电压支持，地区电压会下降较多，解决的办法之一是在不需要有功电源的时候将水轮发电机改为调相运行，用来调节电压。另外，系统在运行中也必须有一定的事故备用容量，以便突然失去大电源时能紧急调出缺额功率，水轮发电机由调相状态可以很快转成发电状态，并能迅速带满负荷，因此，作为事故紧急备用电源，有时也要求水轮机组调相运行。

水轮发电机改调相运行是很简单的，将水轮机的导水叶关闭，排出水轮室内的水，使水轮发电机本身转动的动力改由系统供给，调整发电机的励磁电流，即可向系统供给或从系统吸收无功功率。

水轮机转子如果在水中旋转，一方面要多消耗电力，另一方面常使机组振动增大。对于混流式水轮机，在水中旋转损耗可达到额定容量的 10%～30%，对于轴流式水轮机，若水轮叶片转角很大，损耗是相当大的，甚至可达到 80%，而且振动显著增加。因此，一般规定，只有水轮机转子不在水中时方可作调相运行。通常是用压缩空气将水轮室内的水压出充以空气，使水面保持在尾水管上部某一位置。这样转轮在空气中旋转，损耗及振动都会大大下降。

水轮发电机的发电方式与调相方式转换方便，因此调相运行的水轮发电机可以作为系统的紧急事故备用电源，同时也可以用来调节局部地区的电压。但是，调相运行无疑将增加电能损耗，因此，在系统许可的条件下要尽量减少调相运行时间。

四、水电站优化调度

水电站的调度运行要兼顾发电、灌溉、防洪、给水、航运、排沙、防凌等各项要求，并优化调节库容，以达到电网或社会的最大综合效益。

水电站的运行方式可按电站本身的特点来确定。具有调蓄水库和优良水道参数的水电站，以及径流式电站和没有调蓄库容的电站多被指定为电网的调峰电站。径流式电站和没有调蓄库容的电站多被指定为基荷电站。按水文情况来确定时，水电站在汛期需带基荷运行，以减少弃水，到枯水期改为调峰运行。短期运行方式一般是在已确定的日平均出力或日发电量下，安排电站的瞬时出力和机组的开停及负荷分配，因而短期运行方式需立足于中长期水库发电调度的基础上。

1．单一水库的调度

单一水库汛期发电要在满足工程安全要求和上下游防洪的前提下进行，此时旦站以基荷运行为主，通过优化调度，力争多发电量。故在洪水期间，在准确预报的基础上，实行洪水来前加大发电，汛末适时回蓄。非汛期发电一般按确定的径流制定调度图，拟定出某个年调节水库在一年内各个时段水位的过程线，称水库调度图。根据调度图来调节发电量。

2．水库群发电调度和补偿效益

水库群发电调度需考虑在有关梯级电站和电网中的各个水电站之间进行可能的补偿调节，使电网获得可能的最大效益。水库群之间的补偿调节效益是不可忽视的；不同流域水电站水库之间，常有水文补偿效益。另外在可调蓄电站和大批径流电站之间，也有可观的库容补偿效益。而且水电厂和火电厂之间，还可以进行水火电联合经济调度。水电站运行方式的实时优化调度，需要发展各种可靠性高的自动控制、自动调节装置，加强水电站的水情预报以及与外部的通信联系，发展各种可编程控制器，以及提高水电站的自动化水平、调节品质和安全程度，逐步将优化过调度命令，全盘自动化地付诸实时执行。

水库发电的优化调度，需要结合各枢纽的具体情况，按照国民经济效益最大的原则进行，不宜局限于追求发电量最大。例如对中国黄河上游梯级水库的优化调度，自 1983 年实施优化调度以来，按照国民经济效益最大的原则，统筹兼顾发电、灌溉要求，并根据实际径流情况进行实时修正，获得了梯级发电量较设计值增加 2%～5% 和灌溉用水量增加的明显效益。我国已经开发出水火电联合经济调度软件，并在一些电网的实际应用中取得了较好的效果。

【思考与练习】

1．水电站运行有哪些主要参数？

2．梯级水电站运行需要考虑哪些问题？

第五章 核电站及其运行

模块 1 核能发电基础（ZY2700504001）

【模块描述】 本模块介绍核能发电的概念、发展核电的意义以及核能发电相对于火力发电的优越性。通过概念描述、计算举例、要点归纳讲解，了解基本的核能发电技术。

【正文】

一、核能发电的概念

核能发电就是利用核燃料在核反应堆中进行可控自持链式裂变反应产生的热能进行发电的方式。

二、发展核电的意义

电力是国民经济的重要基础工业之一。目前世界上发电消耗的能源主要来自石油、天然气和煤炭三大资源，其中石油、天然气占 60%，煤占 25%。距国际能源资料统计，全世界已探明适合经济开采的矿物资源中，煤的储藏量比较大，消耗也没有石油多，估计可开采 300 年左右。然而，按目前能源消耗的增加速度和消耗量来讲，如果继续依靠有机燃料来发电，必将带来严重的问题，产生无法克服的困难。

第一，全世界有机燃料储量是有限的，而且有相当大一部分不适合经济开采，按目前的耗量计算，在可遇见的将来就将耗尽，那时作为人类绝大部分生产生活动力源泉的能源工业将无以为继。在此之前如果找不到替代能源，那么人类的现代生活将面临不可逾越的障碍。

第二，大量有机燃料的消耗，给自然环境带来严重污染。一座装机容量 600MW 的火力发电站，每天要烧掉 5000 多吨优质煤，或 3300 多吨重油，同时向大气中排放 200 多吨 SO_2、CO_2 及烟尘等有害物质，造成空气的严重污染，加重温室效应。

第三，煤和石油都是化学工业、轻纺工业的宝贵原料，仅作为燃料利用是不经济的。若用石油来发电，不仅浪费，而且将使地球上宝贵的工业原料消耗殆尽。因此，为了合理利用有机燃料，必须开发和利用更有效的能源。

自然界中水力、风力、太阳能、地热和潮汐等都蕴藏丰富，但从能源密度和开发的经济性考虑，大规模的开发使之完全替代有机燃料发电，却存在很大困难。随着经济的发展和技术的进步，人们逐渐找到了一种很有前途的替代能源，即核能。

使储存于原子核中的能量释放出来，有两种途径，一种是轻质元素的聚变反应，另一种是重元素的裂变反应。目前核聚变的常温和平利用还是科学家头脑中的蓝图，而利用核裂变发电则已经进入实用阶段。

三、核能发电相对于火力发电的优越性

核能发电之所以获得如此迅速的发展，是因为它比火力发电有更多的优越性：

1. 核电站能量密度高，原料消耗少

从大量的核物理实验和理论计算知道，U^{235} 每次裂变反应约产生 190MeV 的能量，每 MeV 为 1.6×10^{-13}W·s，所以每次裂变产生的能量就是 3.04×10^{-11}W·s，产生 1W·s 功率所需裂变数为该数的倒数，为 3.3×10^{10} 次裂变，也就是说要消耗这么多个 U^{235} 原子核。如果一座核电站总的热功率为 3000MW，运行一天要消耗的 U^{235} 原子核数目可以计算得出，为 8.55×1024 个。另一方面，U^{235} 的原子量是 235，即 235 克 U^{235} 的原子个数是阿佛伽德罗常数 6.023×1023 个，则一天消耗的 U^{235} 为

$$8.55 \times 1024/6.023 \times 1023 \times 235 \approx 3300(g) = 3.3kg$$

我们再以热值为 6500kcal❶的煤作比较，不难算出 3000MW（指热功率）运行一天要耗煤约

$$3000 \times 106 \times 24 \times 3600 \times 0.24/6500 \approx 9600(t)$$

产生同样热能，两者消耗量相差近 3 百万倍。一座电功率为 600MW 的核电站，每天仅消耗 3kg 的 U^{235}。若初始装料 1500kg 铀，就足可供连续发电一年半，而同样容量的一座火电厂要烧掉 250 万 t 左右的煤。而且燃料的输送和灰渣的排放都成为问题，更不用说对环境的污染。

2. 核电站不仅能发电，而且能生产核料

核燃料的燃耗方式与石化燃料的燃烧有本质的差别。有机燃料的燃烧结果，剩下的几乎是无价值的灰渣。而核燃料在反应堆内耗掉一部分，剩下一部分，同时还使一部分 U^{238} 或钍–232 转化为新的可裂变的钚–239 或 U^{233}。这些新的核燃料比自然界蕴藏的 U^{235} 具有更优良的性能，经加工处理后可重新投入反应堆中使用。这进一步为核电站提供了丰富的核燃料。

3. 核电站的发电成本已低于火电

电站最重要的经济指标是每千瓦时电的成本，它由三部分构成：电站建设投资费、燃料循环费和运行维护费，其中主要是建设投资和燃料循环费。核电站建设投资费高，但燃料循环费低，只占电价的 30%～40%，而火电站的燃料费用竟占到 60%～70%，这种比例关系有利于核电站降低发电成本。目前核电的成本已低于火电，从长远看，核电成本将会更低于同期的火电。

4. 核电站安全清洁可靠

反应堆是一种完全可控的核裂变装置，它不同于原子弹，即使在最严重的事故情况下也不会发生核爆炸。事故的几率是相当小的，而且采取了多种措施保证其安全。对环境的污染也比火力发电小得多。

综上所述，核能是当前世界上非常重要的能源之一，在我国必将得到更快的发展。本章只从生产运行的角度，对核电站生产、运行、控制等做一些介绍。

【思考与练习】

1．什么是核能发电？

2．发展核电有何意义？

3．核电与火电相比有哪些优越性？

模块 2　压水反应堆的原理与结构 （ZY2700504002）

【模块描述】本模块介绍反应堆的概念、分类、压水反应堆的特点以及核裂变原理和压水反应堆的结构。通过概念描述、特点及原理讲解、结构分析，了解反应堆的基本原理和结构。

【正文】

一、反应堆的概念

核反应堆，又称为原子反应堆或反应堆，是装配了核燃料以实现大规模可控制裂变链式反应的装置。

二、反应堆的分类

根据反应堆内种子速度和慢化剂、冷却剂类型等，反应堆可以分成很多种，其简单分类见图 ZY2700504002-1。目前广泛采用的是轻水压水反应堆，我国秦山和大亚湾两座核电站都是此种类型。

三、压水反应堆的特点

核电在其发展过程中，设计出了各种类型的反应堆，如压水堆、沸水堆、石墨堆、重水堆、快中子增殖堆等。现在全世界正在运行的核电站中，压水堆占

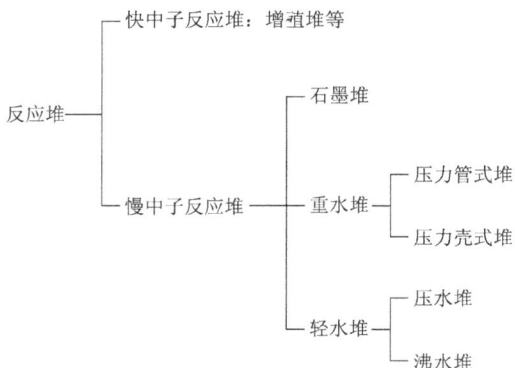

图 ZY2700504002-1　反应堆分类图

---
❶ 1kcal = 4.19×10^3J。

一半以上，主要因为其造价低廉、运行方便、结构简单紧凑、稳定可靠、技术成熟，最早实行标准化生产，从而成为核电站中的佼佼者，格外受到开始发展核电国家的青睐。我国也选择以压水堆起步，这是因为：

（1）世界上采用这种堆型的核电站占多数，在设计、建造、运行方面都有比较丰富的经验可供借鉴。

（2）压水型反应堆体积较小，建设周期短，造价低。

（3）压水堆采用低浓缩铀作燃料，这种浓缩技术已经成熟，我国也已经掌握。

（4）压水堆带有放射性的冷却系统自成一体，与二回路提供发电的蒸汽是相分离的，放射性物质不易进入二回路而污染汽轮机，也使在二回路的工作人员减少受放射性的影响。

四、核裂变原理

铀核受中子轰击后，产生裂变，除释放能量外，还产生中子和其他裂变产物，可表示为

$$n+U^{235} \longrightarrow A_1+A_2+2n+E$$

式中　n ——引起裂变的中子；

A_1、A_2——裂变产生的碎片元素；

　　E ——裂变过程中产生的能量。

裂变产生的中子速度太快，在原子核周围滞留时间太短，与核发生反应的机会太少，因此要增加中子和原子核发生反应的机会，就必须经过慢化，使快中子变成慢中子。慢化剂质量与中子越接近，慢化效果越好。以纯净的水作慢化剂，这样的反应堆称为轻水堆，此外还有重水堆、石墨堆等。

那么第一个中子由谁提供呢？占铀燃料主要成分的 U^{238}，有一种极罕见的现象——自发核裂变，也就是说可以自发地放出中子，因此就不必人为地提供中子源了。

五、压水反应堆结构

核电站使用的反应堆，是一种进行原子核裂变反应产生能量并且有控制地将能量取出来供发电利用的装置。反应堆是核电站的核心组成部分，既要顺利地取出能量，又要防止放射性物质外漏。

燃料芯块直径约 1cm，高约 1.5cm，呈圆柱体，U^{235} 含量约 3%，常制成坚硬的陶瓷体，使放射性物质不易跑出来。将这些燃料芯块依次装入壁厚 0.6mm 的锆合金管内，管的高度有 360cm，一根管子要装 240 多块芯块。然后将两端密封，就构成了燃料棒。反应堆运行时，芯块发生裂变反应，放出的热量使管壁受热，一回路的冷却水从棒外壁流过带走热量。燃料块被封在管子里，除非燃料棒破损，否则放射性物质是跑不出来的。细长的燃料棒需要集成束加以固定，这就是燃料组件。约 180 个组件排列成反应堆，用压力容器封闭。整个压力容器外径约 5m，高约 12m，为保护堆芯结构长期、安全地运行，还必须配上定位、支撑、控制、驱动、监视、测量、密封等各种器具设备，构成一个完整的反应堆。

压水堆一般都采用三回路系统，我国秦山和大亚湾核电站就是这种结构。

首先是一回路系统，它是一个闭路强制循环回路，冷却水由水泵驱动。水在反应堆芯部时，吸收燃料棒放出来的热量。因为整个堆芯都浸泡在水里，燃料棒表面直接和水接触。水吸收热量后，温度升高，在反应堆出口处，可以达到 300℃ 以上。然后水流向一回路的主要设备——蒸汽发生器。蒸汽发生器里面有很多管子，一回路水的压力高、温度高，从管子里面流过；二回路水的压力低，从管外流过。两回路的水在这里进行热交换，二回路水获得热量后，部分水变成蒸汽，所以蒸汽发生器就是将水变成蒸汽的一种装置。一回路水把热量传给二回路之后，本身的温度降低，重又回到反应堆里面，再一次吸收燃料发出的热量使燃料得到冷却。这样反复地循环，重复地吸收和交换热量，使堆芯冷却、二回路产生蒸汽。

在一回路循环的途径上，还有一个稳压罐，这是一个圆柱形的耐压罐，是为了保持一回路的恒定压力而设定的。它的上部充以气体或水蒸气，下部是一回路水，和一回路管道相连通。一旦回路压力有所波动，罐上部的压缩气体将予以补偿；压力过大时，罐上部的安全阀会自动打开放气泄压，这也是一项安全措施。

二回路的汽和水在蒸汽发生器和汽轮机之间反复循环，也是闭合回路。在蒸汽发生器里产生蒸汽

之后，送到汽轮机的入口，利用蒸汽膨胀力量来推动叶轮转动，废汽进入冷凝器冷却，凝结成水，然后被泵送回到蒸汽发生器，重又吸热汽化参与循环。

冷凝器里的冷却水就是三回路系统了。三回路有两种通用的方式，一种是直接抽取电站附近水体中的水进入冷凝器，吸收热量后重又排回到水体里，其作用就是带走热量。当然排水口和取水口之间要有一定间隔，不能直接短路。我国的大亚湾和秦山两座核电站，都是抽取海水来冷却的。另一种为冷却塔形式，由于水的流量很大，塔要建得很高。

从传热过程看，三个回路之间各自独立封闭，互不相通，只有一回路水中带有放射性，其他两回路水中是不带放射性的。

【思考与练习】

1．什么是核反应堆？

2．核反应堆有何分类？

3．压水反应堆有哪些特点？

4．核裂变的原理是什么？

模块 3 反应堆的运行与控制（ZY2700504003）

【模块描述】本模块介绍反应堆控制的基本原理、反应堆运行相关知识。通过原理讲解、运行知识介绍，了解基本的反应堆运行与控制技术。

【正文】

一、反应堆控制的基本原理

反应堆的控制是通过控制有用中子的数量来实现的。在链式反应进行时，中子数量增加 1 倍所需时间，叫中子倍增时间。如果中子倍增时间长，例如几秒钟，就有可能采取措施控制反应；如果倍增时间短，例如几千分之一秒，就来不及甚至无法控制链式反应。U^{235} 的热中子裂变反应使我们有了这种可能，因为在裂变时放出的中子有两部分，绝大多数是立即释放出来的（裂变后 $10\sim14s$ 内直接发射出来）叫瞬发中子，另外一少部分中子在裂变反应发生之后稍晚一些时间释放出来，叫缓发中子。它们的寿命为几分之一秒到几十秒不等。对 U^{235} 而言，缓发中子的平均寿命为 $12.74s$。在总的中子数中，缓发中子还不到 1%，但对反应堆的控制来说是很关键的部分，正是通过对这部分中子的控制，才能实现整个反应堆内裂变反应的控制。

反应堆的运行是靠中子维持一定的功率水平的，可以经过精心设计，使得参与反应的中子总数中，必须包括这一部分，如果没有缓发中子参与，反应就不能进行下去。这样只要控制了这一部分中子，就可以调节反应堆的运行状况，即裂变反应的速度。

在反应堆中，描述中子在堆内增长快慢的一个物理量叫反应性，当反应性大于 1 时，即下一代产生的中子比上一代多，这时堆内的中子会越来越多，堆的功率就不断上升，在反应堆启动或提升功率时，就是这种情况；当反应性小于 1 时，即下一代产生的中子数量小于上一代，反应堆内的中子就越来越少，堆的功率就下降，在反应堆下降功率或停堆时，就是这种情况；当反应性正好等于 1 时，即下一代产生的中子，正好与上一代中子数相等，反应堆的功率就不升也不降，维持在某一功率水平运行。中子数的增加或减少，是通过控制棒来调节的。控制棒是反应堆控制部件，它具有很强的吸收中子能力，一般由银-铟-镉（80%Ag、15%In、5%Cd）合金制成细棒状，外加不锈钢包壳。很多控制棒集束成组件，用它来控制反应堆的核裂变速率，启动和停堆，调整反应堆的功率；在事故情况下依靠它快速插入在极短时间内紧急停堆，以保证反应堆安全。将控制棒插入深一些，吸收的中子数就多，参与反应的中子数就减少；反之，当控制棒提升时，参与反应的中子就增多。但实际运行时，会有很多因素影响反应性的变化，不会正好是 1，而是经常有所变化，有所偏离，控制棒也会随之自动调节。因此，反应堆运行于某一功率水平时，实际上是在该处的某个小范围内波动的。

反应堆运行，设有多种保护控制系统，各种信号都要与控制棒系统相通。例如监视反应堆内压力、温度、剂量等的系统，发现有意外时，它们的信号就会传到控制系统，必要时控制棒就会插下去保护

模块
3

ZY2700504003

堆的安全。这样的信号是多种多样的，甚至汽轮发电机出现故障时，信号也会传到控制系统，必要时也会自动停堆。因此控制棒的作用涉及面很广，可以说各种可能出现的事故而影响反应堆运行的信号，都与它有关，各种量如果超出了正常限值，就会反映到控制棒的动作，来保护反应堆的安全。

实现控制的另一种方法是化学控制。如现代压水反应堆就是在冷却剂中加入吸收中子能力强的硼酸溶液，通过调节其浓度来达到改变中子密度的目的。因为控制棒的动作比较快，故用来对付较快的反应性的变化；而改变硼酸溶液浓度的化学控制方法是比较慢的，故用来补偿由于氙毒或燃耗等引起的较慢的反应性变化。现代压水堆的容量逐渐增大，堆芯也随之加大，燃耗加深，换料周期更长。如果单纯采用控制棒来调节中子密度，不但堆内通量畸变严重，而且在堆内也难以布置下很多的控制棒。所以在采用控制棒的同时，也采用化学控制的方法。

核反应控制还有其他方法，这里不一一介绍。

二、氙毒现象

上面所说只是反应堆控制的基本原理，在实际运行时，诸多因素的影响都会使反应性发生变化。

在铀原子核裂变反应中，会产生一种同位素碘-135，其半衰期是 6.7h，它衰变后的子代产物是氙-135，这是一种吸收中子本领很强的核素，吸收中子后又变成其他的核素。这样，在反应堆运行时，一方面由碘生成氙，另一方面氙吸收中子而减少，会达到一个平衡。但当反应堆停止运行或降到很低的功率运行时，中子数量急剧减少，使得氙的消耗也减少，而碘的衰变仍在进行，氙还是不断地产生而积累起来，加上氙的半衰期是 9.2h，比碘还大，所以氙衰变而减小的数量，比碘衰变产生的氙的数量要少，氙的数量在不断增加。大约停堆后 10h，氙的数量达到最大值，然后因衰变而不断减少。由于停堆或降低功率时，堆内有大量的氙存在，具有很强的吸收中子能力，以致使得靠中子的增长而启动和提升反应堆功率的做法难以实行，而必须等待氙的衰减，使大部分氙核素消耗以后才有可能，这是毫无办法的。这种现象称为氙中毒。如果在这段时间内要使反应堆功率增加，势必要将大量的控制棒提出堆芯，但这种做法仍然是无济于事的，因为堆芯没有中子，控制棒也起不到控制作用。然而把控制棒大量地提出堆芯，这是非常危险的，一旦中子增多起来，其速度极快，没有控制棒在堆芯调节，就极易发生事故。切尔诺贝利核电站事故，就是这样发生的。凡是出现氙毒时，只有耐心等待几十小时，待氙自然衰减后，才能提升反应堆功率，要么在氙毒出现之前就提升功率，这才是安全的。

三、反应堆的运行

1. 参数特点

由于燃料棒外壳承受压力的限制，一回路的压力和温度远小于高温高压火电机组，如 200MW 火电机组一般为 534℃和 13MPa，而大亚湾核电站反应堆压力容器的温度和压力分别为 343℃和 5.5MPa。汽轮机高压缸为 276.7℃和 6.1MPa，所以反应堆蒸汽流量很大，机组半径也大，转速相对也较低。火电机组一般为 3000r/min，核电机组有的做成 1500 r/min，称为半速机组（大亚湾机组为 3000 r/min）。这是核电机组参数的显著特点。

核电机组的另一个特点是没有中压缸，一般只有高低压两个汽缸。

核电机组与火电机组的热源不同，因而没有给煤机、磨煤机、排粉机等辅机，但其发电的原理是不变的，基本的电磁关系也是一样的，所以对电力系统的短路、稳定、过电压等方面，也基本相同，只是可靠性要求更高。

2. 可靠性要求

由于核电的特殊性，其可靠性要求是极高的，而且是放在首位考虑的。也就是说，当整个电力系统的需要和核电站的可靠性要求发生矛盾时，系统需要应当让位。如大亚湾电站有极强的厂用系统，而且有 4 台备用的柴油发电机，外部厂用电源或备用柴油发电机的一台或几台不可用时，对反应堆允许继续运行的时间和负荷数都有极严格的规定；很多保护不是发停堆信号，而是发允许信号，也就是说宁可误动，不能拒动。

关于具体的可靠性要求，电站有一系列的文件加以规定，作为调度员不可能全部掌握。但有两个方面调度人员必须有充分的认识。其一是频率，其二是厂用电。

关于频率，一回路的主泵担负一回路循环导热的任务，它有一个很大的飞轮，为的是在紧急停电时依靠飞轮的惯性也能将反应堆的热量导出，而不至于使堆芯熔化，发生核事故。该泵对频率很敏感，频率过低或过高都将退出运行。所以各核电站对频率都有特殊的规定，具体数值因设备而异。调度员在调峰调频时对此应予以充分注意。

关于厂用电，以大亚湾电站为例，大亚湾电站规定，失去辅助电源，又遇下列情况之一时，核电机组要减去全部负荷，推入后备状态，并且要立即执行。这些情况是：

（1）每台机组的两台柴油机都可用，厂用主电源可用，预计 36h 内辅助电源不能恢复供电。

（2）厂用电源可用，一台柴油机不可用，预计 7h 内不能恢复辅助电源供电。

（3）厂用主电源可用，两台柴油机都不可用。

（4）厂用主电源不可用，一台柴油机亦不可用。

3. 核电机组的运行特性

从技术上讲，核电调峰主要应注意以下问题：

第一，反应性的改变必然造成燃料棒温度的变化，如果经常调峰就会产生所谓呼吸作用，加速燃料棒外壳的热疲劳，容易产生裂纹，使放射性物质外泄。

第二，由于材质等多方面的原因，堆芯各处的燃耗并不均匀，正常运行时，这种不均匀在一定程度上是通过燃料自身的消耗来达到均匀的。控制棒的频繁插入拔出，使这种不均匀不易消失，且容易产生新的不均匀，而堆芯各处的不均匀燃烧对反应堆的长期运行无疑是有害的，因此设计时将不均匀控制在一定范围内，从稳定运行角度讲不希望频繁调节。如果通过改变硼酸浓度的办法来改变反应性，调节负荷，一方面较慢，另一方面会产生放射性废液，处理这些废液将增加成本。

第三，一旦发生事故，要求控制棒在极短时间内全部插入堆中，如大亚湾电站要求落棒时间小于1.2s。经验表明，由于控制棒和导管之间有摩擦，频繁调节使管壁粗糙，摩擦系数增大，从而增大落棒时间，影响反应堆的安全运行。

由于以上问题和其他一些原因，核电机组一般都是满负荷运行或者带一定负荷运行，电网调峰通过配套的抽水蓄能电站来满足。如大亚湾电站 900MW×2 的机组，就有广州抽水蓄能电站 300MW×4 的机组与之相配套。

核电机组从设计上讲具有负荷调节能力，但一般带基本负荷满载运行。国外核电站只有法国运行容量大、时间长，积累了较丰富的经验，可以调峰，调节性能较好，其他国家的核电机组一般都是带基荷运行的。但法国核电调峰中也存在一些问题。核电出力由于控制棒调节，操作灵活方便，加减负荷比火电机组还要快。但是多次操作势必经常地改变反应堆的运行状态，从而影响其安全性。是过分强调安全性而使电网付出较大的调峰代价，还是牺牲一些安全性而解决电网的调峰困难，这不只是一个技术性的问题，而且也是一个政策性的问题，需要在电站并网协议中加以解决。但核电机组并非不能调节，而且在电网事故或紧急情况下，必须参与调节，这在理论上和实践上都是行得通的。

【思考与练习】

1. 实现反应堆控制的基本原理是什么？

2. 什么是氙毒现象？

3. 核电机组有哪些运行特性？

模块 4　核事故与安全防护（ZY2700504004）

【模块描述】本模块介绍核事故产生的原因、两个典型核事故的分析以及核电站放射性安全防护措施。通过措施讲解、典型事故分析，了解保证核电站运行安全的技术措施。

【正文】

一、核电站安全防护的意义

核能发电特殊的地方仍然是放射性问题，在裂变反应中燃料内就有大量放射性物质产生；一回路水中杂质受到中子辐射后也会产生放射性；一切在中子场内的构件都会带有放射性。人们必须处处设防，避免放射性对人体的危害，这正是核电站不同于其他类型电站的地方。正因为如此，核电站便有其自身的特殊要求，从反应堆的设计思想、工艺制造、施工安装直到运行操作都有一系列特殊的考虑及相应的措施，包括具有高标准的监测仪器和人员训练等。

二、核电站放射性安全防护措施

对于放射性的防护，核电站是采用纵深防御的原则，层层设置屏障。

首先，从燃料本身着手，将核燃料芯块制成坚硬而耐高温的陶瓷体，熔点高达 2850℃，可将 80%的裂变碎片保留在燃料体内，而只有 2%左右扩散，其中较活泼的为气体物质，如碘、氙、氪，或易挥发的铯、碲、钌等，因扩散运动有一部分会从燃料体内跑出来。由于燃料体外面还有一层锆制包壳将燃料封闭在里面，所以这些气体或易挥发物质就积聚在燃料和包壳之间的间隙里面，包壳就成为一道屏障。

但是包壳处于堆芯高参数的运行条件下，在高温高压加上高速水流的冲击和振动下，包壳可能出现破裂。另外，由于材质、制造等因素的影响，而且一个反应堆的燃料棒达 800 根，难免有所缺陷。这些积聚的放射性物质就会从破裂处漏出来，进入一回路水中，而一回路水是不断循环流动的，放射性物质的积聚使整个回路中放射性物质水平增加。如果总的放射性水平不超过某一范围，反应堆可继续运行，以维持其连续性，并不需要立即停下来，更换燃料棒；只有当放射性水平超过某一允许值时，才要找出对放射性水平贡献大的燃料棒，考虑将它更换的问题。

由于一回路水是在管道设备内循环运行，这些管道设备连同外面的压力壳一起，形成了封闭一回路的屏障，将一回路水与外界隔离。也就是说，如果放射性物质从燃料进入一回路水中，也不会直接跑到外面，不会增加环境的放射性。即使发生一般性事故，也不会破坏这道屏障。只有当出现大量失水事故，例如一回路管道大破口甚至断裂造成大量水突然流失，或者操作失误，使正常的水流方向改变，致使堆芯得不到及时冷却，因而发生事故，放射性物质才会泄漏出来。从运行实践来看，前一种可能性很小，必须要有强大的外来因素，例如强烈的地震，或者强烈的爆炸的影响，才有可能使管道断裂。而后一种可能性较大，如阀门操作失误或机械卡阻使阀门处于不该处的位置等，从而导致堆芯失水，造成事故。当堆芯失水时，核裂变残生的热量带不出去，使温度升高，压力增大，可能造成核燃料及包壳的熔化，控制棒无法插入，甚至发生氢爆，从而破坏这道屏障。

反应堆的最后一道屏障是安全壳。安全壳是钢筋混凝土结构，厚约 1m、高近 60m、直径 40m，一般建成球顶圆柱形状，内壁还有厚厚的钢衬，其腔体足以把整个堆芯及一回路设备，包括压力容器、蒸汽发生器、主泵、稳压器、管道以及辅助设备等都封闭在里面，与外界隔开。安全壳有多种作用，它不但耐温耐压，可以将堆内跑出来的放射性物质包容在内不使外漏，而且它的坚固足以防御任何外来的突然袭击，如飞机失事正好撞在安全壳上或发生台风、龙卷风以及抛射物的冲击等。它还具有相当的抗震能力，在设计时就要考虑当地曾发生过的灾难事件及条件。除此之外，安全壳又有喷淋系统在事故时进行降温降压，吸收放射性物质；有消氢系统以防止氢爆炸及通风、冷却等。即使发生最严重事故，放射性也不会大量外泄到环境中去，安全壳是防止核电站事故的有效措施。

为了防止放射性物质外漏，要有许多措施，但是不能片面地要求漏量越少越好，因为要求高水平时，哪怕是再要提高一点，也要花费很大的投资。因此存在一个整体利益平衡的问题。放射性泄漏控制到一定水平就可以了，不必要也不可能完全杜绝。

三、典型核事故分析

由于采取了多种保护措施，因而核电站保持了较高水平的安全运行纪录。世界范围内有两起极严重的事故，分别是 1979 年美国三里岛核电站事故和 1986 年苏联切尔诺贝利核电站事故。这两起事故，由于堆型不同，防止放射性物质外漏的措施也有区别，从而残生的后果和对环境的影响也不同。这也表明，现代广泛采用的有安全壳的压水堆技术是成熟的，保护措施是充分的，因而是安全可靠的。下面对这两起核电站事故分别予以介绍。

1. 三里岛核事故

三里岛核电站位于美国宾夕法尼亚州的首府哈里斯堡东南方向 16km 的地方，那里有一条萨斯奎哈那河，其河心有个小岛，就是三里岛。核电站就建在这个小岛上。

三里岛核电站有两座反应堆，两台发电机组，总容量1700MW。发生事故的2号机组反应堆，装有100t铀燃料，堆芯含有177个燃料元件棒束，每个棒束由208根燃料棒组合而成，总共有燃料棒36 816根。反应堆的不锈钢压力壳厚度为21.6cm、高12.16m。安全壳用钢筋混凝土浇灌而成，内壁还有一层钢衬，其厚度总共为1.22m、高58.5m。

1979年3月28日凌晨4点钟，2号机组发生了严重的事故，运行人员突然碰到这种情况，一时难以拿定主意。到国家核管理委员会的人来后，也有一些紧张。在未搞清事故情况下，为避免大的损失以求稳妥，过高地估计了事故的严重性，匆忙发出警告，要附近居民撤离到其他地方去。在8万多人狼藉撤离的过程中，因混乱挤死3人。

事故的起因是，在为净化水质用的离子交换树脂换料时，要启动压气机将树脂压出去，不小心把水灌进了通气管道，使二回路的一台水泵关闭。这台水泵是用来把汽轮机的冷凝水送回到蒸汽发生器的回水泵。由于此泵关闭，水送不回去，蒸汽发生器出现断水现象，产生不了蒸汽，汽轮机因供气不足自动脱扣，导致反应堆的控制棒自动插入堆芯，使反应堆功率下降。这一连串的动作都是自动保护装置完成的，是正确的。问题是必须立即补给水进去，但实际上没有做到，因为备用的给水管道旁的阀门给关闭了，8min之后才发现这一错误，立即打开，可惜蒸汽发生器中的水已经烧干。在这个过程中，一回路里的热量无法传递出去，温度不断上升，回路中压力由15MPa上升到16MPa，把稳压器上的安全阀门顶开了。正常时安全阀门被顶开后放汽泄压，当回路压力下降时自动关闭。可是这次，压力阀门被卡住了，不能灵活地回到原位。这样稳压器内的蒸汽一直放完，然后一回路的水就从阀门流出来，一直流进了安全壳厂房，灌到集水坑。与此同时，反应堆内的压力因失水一直往下降，当降到11MPa时，紧急堆芯冷却系统就启动，将水补入反应堆内，实际上此时的稳压器已经灌满了水，起不到稳压作用了。操作人员决定关闭紧急堆芯冷却系统，后来又停了反应堆一回路主泵，这样就人为地误使堆芯失去冷却。此时堆内的裂变虽然停止，但余热仍不断产生，使留在堆内的水发生汽化，变成蒸汽，出现空腔，导热不利。另一方面燃料的热量散不出去，温度不断升高，很可能会与水汽发生剧烈的氧化反应而损坏。当时估计堆芯的最高温度达到1000℃以上，虽然燃料陶瓷本的熔点高达2850℃，尚未发生熔化，但包壳熔化已使放射性气体物质和易挥发物质，如氙、氪、碘等核素，随水流进厂房和散发到空气中，造成了环境污染。但污染是很轻微的，如果事故期间有人始终停留在厂区最大辐射点上，那么他受到的辐射量也只有0.88毫希沃，低于天然本底。因此这是一次很平常的核电站事故。但由于这是核电史上的第一次严重事故，判断和处理经验不足，以致产生了恶劣影响。促成这种局面产生的原因，在于对反应堆内可能发生氢爆的担心。

当反应堆温度达到1000℃以上时，锆合金制造的燃料包壳，就会和水蒸气发生剧烈的氧化反应，其反应公式如下

$$Zr+2H_2O\longrightarrow ZrO_2+2H_2+Q$$

Q为反应产生的热量，其值为6300×10^3J/kg锆。

在正常运行时，反应堆内达不到这个反应所必需的温度，而事故时，就可能出现这种条件，使锆–水反应有可能发生。而产生的氢气与空气混合，只要体积比超过4%，就有发生爆炸的危险，这就是氢爆。一旦发生氢爆，有可能损坏反应堆及压力壳，造成放射性物质的大量外泄。因此认为一场灾难正在孕育之中，于是发布了撤离居民的通告。实际上氢爆并没有发生。分析指出，当时不具备发生氢爆的条件，发出撤离通告是不够慎重的。

2. 切尔诺贝利核电站事故

切尔诺贝利核电站位于苏联西北部，基辅以北130km的地方。那里地势平坦，普里皮亚河从核电站旁边流过，汇入第聂伯河向基辅流去。

该电站计划共建6座反应堆，即6台机组，每个机组电功率都为1000MW。第一期两座于1977年就建成发电，在它旁边建的第二期两座是1983年建成投产的。切尔诺贝利核电站采用的是大型石墨水冷式反应堆，其铀燃料外面用锆合金做的包壳，水为冷却剂，石墨作慢化剂置于燃料管的隔间处。冷却水流过燃料管时，被加热至沸点，并且部分汽化，产生的蒸汽直接供给汽轮机。这种类型的反应堆和压水堆不一样，它没有压力壳和安全壳及辅助设施，却有自己的一套安全保护措施。这种堆可以

不停堆地更换燃料，发电效率比较高，并且通过仪表可以掌握每根燃料棒的运行情况，发现问题能及时更换，也便于调节运行工况。但是这种堆的冷却剂要转变为蒸汽，可能出现气泡，导致正反应性效应，自稳定性较差。回路水转变为蒸汽后，直接送给汽轮机，也容易使汽轮机带上放射性。

该电站的 4 号机组是 1983 年投入运行的，计划在 1986 年 4 月 25 日停堆检修，并准备在停堆的过程中，进行一次汽轮机惰转试验，目的是要研究一项改善电站安全性的措施。原来，当电站需要和外面的电网切断时，必须开启备用的柴油发电机作为电源，给冷却水泵继续供电，维持堆芯的冷却水循环。但是断电和开动柴油发电机是一个自动跳闸过程，中间过渡有很短时间的无电间隙。该试验就是要看能否利用汽轮机转子的惯性发电，来弥补这短暂几秒钟的无电间隙。这本来是一项提高安全性的考虑。而且这种试验以前也做过很多次，从来没有发生什么意外。而这次的试验准备不充分，有关的安全问题没有认真地加以考虑，也没有弄清楚某些危险的操作会带来什么样的严重后果，在试验中粗暴地违反了一系列的规程。

详细地分析整个事故的过程，可以列出一张长长的时间表，但仅从下面几点已经足以看出是如何粗暴地违反规程，带来何等严重的后果的。

事故前反应堆运行的热功率是 3200MW，是正常的运行水平。当功率下降到 1600MW 时，试验人员把应急堆芯冷却系统关闭了。这样一旦发生堆芯失水事故，就得不到补充冷却水，燃料就有过热的危险。

当功率继续下降到 1000MW 时，又关闭了局部自动控制系统，使功率继续下降，以致远低于试验要求的水平，最后进入氙中毒状态。此时的功率只有 30MW，本来应等待几十小时后才能提升反应堆功率，但试验人员不清楚，仍想提高功率好进行试验，因而将许多控制棒都抽出来，超过了安全允许的数量，致使反应堆失去控制，处于这种状态是十分危险的。虽然功率稍有回升到 200MW，堆仍处于氙中毒状态。

随后试验人员又想利用解列的汽轮发电机重复进行试验要求，切断了发电机有故障时可发出停堆信号的反应堆保护系统，使反应堆丧失了这种自动停堆的可能性。为了满足试验要求，试验人员还切断了汽水分离器的水位和压力的保护系统，使得与热工参数有关的反应堆保护系统完全关闭。

此时，反应堆的保护系统已经不可能防止事故的发生，堆内生成大量蒸汽，冷却水流量下降，燃料过热，压力骤增，燃料的微粒进入冷却剂，引起工艺管爆炸。

可以看到，一连串的错误操作，使反应堆失去了主要的自动保护系统，几个本来极不可能同时出现的事件，都组合在一起发生了，这也是酿成这场灾难的主要原因，以致在很短的时间内就发生了爆炸，炸毁了反应堆和部分建筑物，放射性物质也被抛向上空，散入环境，伴随浓烟烈火，灾难终于发生了。

由于采取了强有力的措施，使灾难得到有效控制，但这次事故仍造成 31 人死亡，237 人得了不同程度的放射病。苏联立即停止 15 座同类型的核电站，造成发电量和其他开支损失为 40 亿卢布，用于消除事故污染的直接开支，包括赔偿和补助在内共 40 亿卢布，两项一共为 80 亿卢布，这是 1988 年 1 月苏联政府公布的数字，远远超出建造一座核电站的费用。至于这次事故对环境和人们心理的影响，更是深远和长久的。

【思考与练习】

1. 核电站安全防护的意义是什么？

2. 核电站有哪些放射性安全防护措施？

第六章 新能源发电设备及运行

模块 1 风力发电技术（ZY2700507001）

【模块描述】本模块介绍风力发电的原理、特点、发展意义和风力发电设备等内容。通过概念描述、原理讲解、图形示意，了解基本的风力发电技术。

【正文】

一、风力发电的概述

1. 风力发电的概念

我们通常将风的动能转变成机械能，再由机械能转化为电能的这种能量转换方式，称为风力发电。风力发电所需要的装置，称作风力发电机组。

2. 风力发电的原理

最简化的风力发电机可由叶轮和发电机两部分构成，如图ZY2700507001-1 所示。空气流动的动能作用在叶轮上，将动能转换成机械能，从而推动叶轮旋转。如果将叶轮的转轴与发电机的转轴相连，就会带动发电机发出电来。孩童玩的纸质风车就是风力机的雏形，在它的轴上装一个极微型的发电机就可发电。

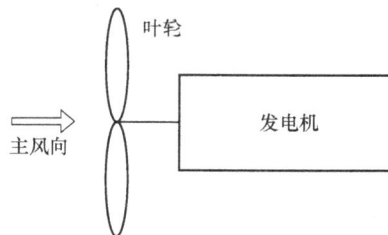

图 ZY2700507001-1　风力发电原理示意图

3. 风力发电的特点

（1）风能是取之不尽、用之不竭的清洁无污染的可再生能源。与热力发电及核电等相比，风力发电无需购买燃料，也无需相关燃料的运输费用，发电成本低，同时风力发电不会产生废渣等对大气造成污染，是一种绿色能源。

（2）风力发电有很强的地域性。风力发电不是任何地方都可以建站的，不同地区的风力资源差别很大，风力资源大小与地势、地貌有关，山口、海岛等风速大、持续时间长的地点最适合发展风电。

（3）风力发电有季节性。风随时间的变化包括每日的变化和各季节的变化。季节不同，太阳和地球的相对位置就不同，地球上的季节性温差，形成风向和风速的季节性变化。我国大部队地区风的季节性变化情况是，春季最强、冬季次之、夏季最弱。当然也有部分地区例外，如沿海温州地区就是夏季风最强、春季季风最弱。

二、现代风力发电设备

1. 现代风机结构

图 ZY2700507001-1 所示的风力发电机发出的电时有时无，电压和频率不稳定，是没有实际应用价值的。一阵狂风吹来，风轮越转越快，系统就会被吹跨。为了解决这些问题，现代风机增加了齿轮箱、偏航系统、液压系统、刹车系统和控制系统等，现代风机如图 ZY2700507001-2 所示。

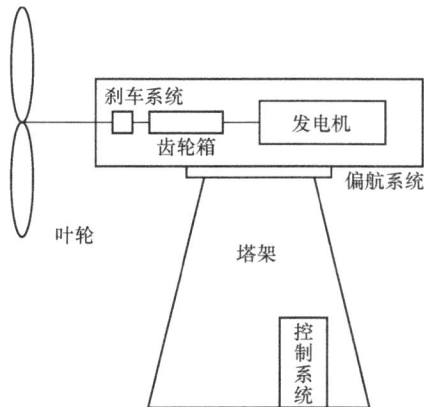

图 ZY2700507001-2　现代风机结构

齿轮箱可以将很低的风轮转速（600kW 的风机通常为27r/min）变为很高的发电机转速（通常为 1500r/min）。同时也使得发电机易于控制，实现稳定的频率和屯压输出。偏航系统可以使风轮扫掠面积总是垂直于主风向。通常 600kW 的风机机舱总质量 20 多吨，使这样一个系统随时对准主风向有相当的技术难度。

风机是有许多转动部件的。机舱在水平面旋转，随时跟风。风轮沿水平轴旋转，以便产生动力。在变桨矩风机，组成风轮的叶片要围绕根部的中心轴旋转，以便适应不同的风况。在停机时，叶片尖部要甩出，以便形成阻尼。液压系统就是用于调节叶片桨矩、阻尼、停机、刹车等状态下使用。

现代风机是无人值守的，控制系统就成为现代风力发电机的神经中枢。就 600kW 风机而言，一般在 4m/s 左右的风速自动启动，在 14m/s 左右发出额定功率。然后，随着风速的增加，一直控制在额定功率附近发电，直到风速达到 25m/s 时自动停机。现代风机的存活风速为 60～70m/s，也就是说在这么大的风速下风机也不会被吹坏。要知道，通常所说的 12 级飓风，其风速范围也仅为 32.7～36.9m/s。风机的控制系统，要在这样恶劣的条件下，根据风速、风向对系统加以控制，在稳定的电压和频率下运行，自动地并网和脱网。并监视齿轮箱、发电机的运行温度，液压系统的油压，对出现的任何异常进行报警，必要时自动停机。

2. 风力发电场

现代大型风力发电机，单台容量一般为 600～1000kW。目前国际上研制的超大型风力发电机单机容量也只为 6MW。对于一个大型发电场来说，其容量还是很小的。因此，一般将十几台或几十台风力发电机组成一个风电场。这样既形成一个强大的发电体系，也便于管理，实现远程监控。同时，也降低了安装、运行和维护的成本。

三、大规模风电并网对电网的影响

实际运行经验表明，大规模风电的并网给电网带来了一些技术和理论方面的难题，这些难题已成为制约风电开发规模的主要因素。

1. 电力供应稳定性问题

风力发电受天气影响，具有不确定性和不可控性，与电网并网的风电机组的电力供应无法满足稳定性、连续性和可调性等要求，输出功率的不断变化容易对电网造成冲击。由于无法预知风电厂未来不同时刻的发电出力，调度运行人员无法对风力发电做出有效的发电计划，进而导致系统备用电源、调峰容量和系统运行成本增加以及威胁系统安全稳定运行等一系列后果，因而，与火力和水力等传统发电形式相比，风电在能源市场上缺乏竞争力，缺乏电力供应的稳定性。

2. 调峰问题

风电的大规模并网容易造成电网调峰能力不足的问题。以东北电网为例，冬季部分火电机组承担供热任务，调峰能力降低，造成系统调峰容量下降，由于风电的反调峰特性，冬季夜间低负荷、大风时段，风电出力快速增加，将使系统调峰问题更加严重。风电的特性要求电网必须有足够的调峰容量来平衡风电所产生的出力波动。

3. 电压、频率稳定等问题

风电机组发电的不确定性和不可控性使得大规模风电机组的并网给系统的电压、调频和稳定等方面也带来的一系列问题。大规模风电并网后，风功率的突变会对电网的频率稳定造成一定影响。同时，风电场出力的频繁波动和变化，会引起电网电压波动和闪变。

四、风电并网技术要求

随着风电并网容量不断增大，各国电网企业都针对风电并网制定了技术要求，虽然技术指标各不相同，但总体上有五方面的重点内容。

（1）强化风机的穿越故障能力（也称低电压过渡能力）。风机的穿越故障能力即在系统发生事故、电压水平降低的情况下，风电场依然能够联网运行，以保证系统的稳定。如德国最大的电力公司意昂电力公司规定，风电机应能承受的故障电压下降到零，持续时间 150ms，电压恢复时间 1500ms；北美电力可靠性委员会规定，对于装机 2 万 kW 以上的风电场，风机承受的故障电压为 15%，持续时间 625ms，恢复时间 3000ms，同时准备提出更高的要求，即故障电压为零时持续时间 167ms。

（2）风机能够按照电网调度员的命令增加或减少发电出力，要求风电场出力变化速度低于一定限值，在极限风速条件下同一风场风机不能同时退出运行，以保证常规机组有足够反应时间。

（3）为系统稳定提供无功功率支持，要求所有风机都能够发出或吸收无功功率，适应电网电压的变化。

（4）能够响应系统频率变化自动调节功率输出，要求风电场实际出力水平下调一定百分点，以便于有一定有功备用参加一次调频。为防止突发的扰动，要求加强电网可调用储备容量，德国要求一级储备容量响应时间最高 30s；二级临时储备容量响应时间 5min；分钟临时储备容量响应时间 5～15min。

（5）具备黑启动能力，一般要求大型风电场具备这一功能。

【思考与练习】

1．什么是风力发电？

2．风力发电有何特点？

3．大规模风电并网对电网有哪些影响？

模块 2　其他新能源发电技术（ZY2700507002）

【模块描述】本模块介绍太阳能发电、潮汐发电、地热发电、生物能发电等的原理、特点和发展前景。通过对新能源发电相关知识的讲解，了解不同类型的新能源发电技术。

【正文】

一、太阳能发电

1．太阳能发电的原理

太阳能电池是一对光有响应并能将光能转换成电力的器件。能产生光伏效应的材料有许多种，如单晶硅、多晶硅、非晶硅、砷化镓、硒钢铜等。它们的发电原理基本相同，现以晶体为例描述光发电过程。P 型晶体硅经过掺杂磷可得 N 型硅，形成 P–N 结。

当光线照射太阳能电池表面时，一部分光子被硅材料吸收；光子的能量传递给了硅原子，使电子发生了越迁，成为自由电子在 P–N 结两侧集聚形成了电位差，当外部接通电路时，在该电压的作用下，将会有电流流过外部电路产生一定的输出功率。这个过程的实质是：光子能量转换成电能的过程。

2．太阳能发电的应用

太阳能的使用主要分为：家庭用小型太阳能电站、大型并网电站、建筑一体化光伏玻璃幕墙、太阳能路灯、风光互补路灯、风光互补供电系统等，现在主要的应用方式为建筑一体化和风光互补系统。

二、潮汐发电

1．潮汐发电的原理

由于引潮力的作用，使海水不断地涨潮、落潮。涨潮时，大量海水汹涌而来，具有很大的动能；同时，水位逐渐升高，动能转化为势能。落潮时，海水奔腾而归，水位陆续下降，势能又转化为动能。海水在运动时所具有的动能和势能统称为潮汐能。

潮汐能的重要应用之一是发电，潮汐发电就是在海湾或有潮汐的河口建筑一座拦水堤坝，形成水库，并在坝中或坝旁放置水轮发电机组，利用潮汐涨落时海水水位的升降，使海水通过水轮机时推动水轮发电机组发电。从能量的角度说，就是利用海水的势能和动能，通过水轮发电机转化为电能。

2．潮汐发电的形式及优点

潮汐发电有三种形式：

第一种是单库单向电站。即只用一个水库，仅在涨潮（或落潮）时发电，我国浙江省温岭县沙山潮汐电站就是这种类型。

第二种是单库双向电站。用一个水库，但是涨潮与落潮时均可发电，只是在平潮时不能发电，广东省东莞市的镇口潮汐电站及浙江省温岭县江厦潮汐电站，就是这种型式。

第三种是双库双向电站。它是用两个相邻的水库，使一个水库在涨潮时进水，另一个水库在落潮时放水，这样前一个水库的水位总比后一个水库的水位高，故前者称为上水库，后者称为下水库。水轮发电机组放在两水库之间的隔坝内，两水库始终保持着水位差，故可以全天发电。

潮汐发电的优点是成本低，每度电的成本只相当于火电站的 1/8 左右。

模块 2　ZY2700507002

46

三、地热发电

1. 地热发电的原理

地热能是来自地球深处的可再生性热能，它起于地球的熔融岩浆和放射性物质的衰变。地下水的深处循环和来自极深处的岩浆侵入到地壳后，把热量从地下深处带至近表层。其储量比目前人们所利用能量的总量多很多，大部分集中分布在构造板块边缘一带，该区域也是火山和地震多发区。它不但是无污染的清洁能源，而且如果热量提取速度不超过补充的速度，那么热能是可再生的。

地热发电实际上就是把地下的热能转变为机械能，然后再将机械能转变为电能的能量转变过程。

2. 地热发电的类型

目前开发的地热资源主要是蒸汽型和热水型两类，因此，地热发电也分为两大类。

地热蒸汽发电有一次蒸汽法和二次蒸汽法两种。一次蒸汽法直接利用地下的干饱和（或稍具过热度）蒸汽，或者利用从汽、水混合物中分离出来的蒸汽发电。二次蒸汽法有两种含义，一种是不直接利用比较脏的天然蒸汽（一次蒸汽），而是让它通过换热器汽化洁净水，再利用洁净蒸汽（二次蒸汽）发电。第二种含义是，将从第一次汽水分离出来的高温热水进行减压扩容生产二次蒸汽，压力仍高于当地大气压力，和一次蒸汽分别进入汽轮机发电。

地热水中的水，按常规发电方法是不能直接送入汽轮机去做功的，必须以蒸汽状态输入汽轮机做功。目前对温度低于 100℃ 的非饱和态地下热水发电，有两种方法：一是减压扩容法。利用抽真空装置，使进入扩容器的地下热水减压汽化，产生低于当地大气压力的扩容蒸汽，然后将汽和水分离、排水、输汽充入汽轮机做功，这种系统称闪蒸系统。低压蒸汽的比容很大，因而使汽轮机的单机容量受到很大的限制。但运行过程中比较安全。另一种是利用低沸点物质，如氯乙烷、正丁烷、异丁烷和氟里昂等作为发电的中间工质，地下热水通过换热器加热，使低沸点物质迅速气化，利用所产生气体进入发电机做功，做功后的工质从汽轮机排入凝汽器，并在其中经冷却系统降温，又重新凝结成液态工质后再循环使用。这种方法称中间工质法，这种系统称双流系统或双工质发电系统。这种发电方式安全性较差，如果发电系统的封闭稍有泄漏，工质逸出后很容易发生事故。

20 世纪 90 年代中期，以色列奥玛特（Ormat）公司把上述地热蒸汽发电和地热水发电两种系统合二为一，设计出一个新的被命名为联合循环地热发电系统，该机组已经在世界一些国家安装运行，效果很好。

联合循环地热发电系统的最大优点是，可以适用于大于 150℃ 的高温地热流体（包括热卤水）发电，经过一次发电后的流体，在并不低于 120℃ 的工况下，再进入双工质发电系统，进行二次做功，这就是充分利用了地热流体的热能，既提高发电的效率，又能将以往经过一次发电后的排放尾水进行再利用，极大地节约了资源。

四、生物质能发电

1. 生物质能发电的原理

生物质是指通过光合作用而形成的各种有机体，包括所有的动植物和微生物。而所谓生物质能（biomass energy），就是太阳能以化学能形式贮存在生物质中的能量形式，即以生物质为载体的能量。它直接或间接地来源于绿色植物的光合作用，可转化为常规的固态、液态和气态燃料，取之不尽、用之不竭，是一种可再生能源，同时也是唯一一种可再生的碳源。

生物质发电主要是利用农业、林业和工业废弃物为原料，也可以将城市垃圾为原料，采取直接燃烧或气化的发电方式。

2. 生物质能发电的前景

近年来中国能源、电力供求趋紧，国内外发电行业对资源丰富、可再生性强、有利于改善环境和可持续发展的生物质资源的开发利用给予了极大的关注。

世界生物质发电起源于 20 世纪 70 年代，当时，世界性的石油危机爆发后，丹麦开始积极开发清洁的可再生能源，大力推行秸秆等生物质发电。自 1990 年以来，生物质发电在欧美许多国家开始大发展。

中国是一个农业大国，生物质资源十分丰富，各种农作物每年产生秸秆超过 6 亿 t，其中可以作为能源使用的约 4 亿 t，全国林木总生物量约 190 亿 t，可获得量为 9 亿 t，可作为能源利用的总量约为 3 亿 t。如加以有效利用，开发潜力将十分巨大。

为推动生物质发电技术的发展，2003 年以来，国家先后核准批复了河北晋州、山东单县和江苏如东 3 个秸秆发电示范项目，颁布了《中华人民共和国可再生能源法》，并实施了生物质发电优惠上网电价等有关配套政策，从而使生物质发电，特别是秸秆发电迅速发展。

截至 2007 年底，国家和各省发改委已核准项目 87 个，总装机规模 220 万 kW。全国已建成投产的生物质直燃发电项目超过 15 个，在建项目 30 多个。

根据国家"十一五"规划纲要提出的发展目标，未来将建设生物质发电 550 万 kW 装机容量，已公布的《可再生能源中长期发展规划》也确定了到 2020 年生物质发电装机 3000 万 kW 的发展目标。此外，国家已经决定，将安排资金支持可再生能源的技术研发、设备制造及检测认证等产业服务体系建设。总的说来，生物质能发电行业有着广阔的发展前景。

【思考与练习】

1．除风力发电外还有哪些新能源发电技术？

2．太阳能发电、潮汐发电、地热发电和生物质能发电的原理分别是什么？

第三部分

电网结构及
电力系统通信基础知识

第七章　电网结构分析

模块 1　电网结构的可靠性分析（ZY2700505001）

【模块描述】本模块介绍电网和电网结构的概念、电网可靠性的概念和指标、电网可靠性要求等方面的内容。通过概念描述、指标讲解、可靠性分析，了解基本的电网结构可靠性分析知识。

【正文】

一、电网结构的概念

电网结构是指电力网内各发电厂、变电站和开关站的布局，以及连接它们的各电压等级电力线路的连接方式。电网结构的强弱，直接关系到电力网运行的安全稳定、供电的质量和经济效益。随着电力系统的发展，电压等级由低向着更高的方向发展，电网结构也由弱联系向强联系发展。

二、电网可靠性的概念

电网的可靠性评价主要包括充足性和安全性两方面。充足性表示电网内有足够的发、输、配电设施来满足用户负荷的需要（不仅是发电功率和供电功率的平衡），它表达静态情况；安全性则表示电网的动态情况，即电网发生扰动时的承受能力，亦即对任意一种扰动的反应能力，包括局部的和大面积的扰动以及失去主要电源和输电设施的情况。

大电网的安全性是用一系列的准则来评估的。如果它能承受某种给定事件条件，例如三相或单相接地短路故障、一条线路检修时另一条线路故障等，则系统被认定是可靠的。如东北电网在采取联锁切机等措施后，能保证单相永久故障时的稳定。但这类准则不能反应事件发生的风险或概率。可靠性的另一方面即充足性，它是按静态的或事故后停运的状态来分析，一般是指元件是否过负荷、中枢点电压波动是否越限等。大电网供电充足性评价已发展到定量阶段，可以用来计算大电网及其供电点的定量充足性指标。

三、电网可靠性指标

大电网主要包括发电厂及把电力送到主要负荷点的输电系统。评估电网可靠性时应把注意力集中在发电输电方面。

电力网可靠性指标主要有三类，即事件的频率、事件的持续时间、时间的严重程度。其基本计算公式为

$$P = fd / T$$

式中　P ——事件发生的概率；

　　　f ——事件发生的频次；

　　　d ——事件持续的时间；

　　　T ——统计时间（若以年为单位，则 $T = 8760\text{h}$）。

按严重程度划分，电力系统的可靠性指标又分为三种，即：

1. 系统问题指标（System Problem Indices）

系统问题是指偶发事故发生后，在电力系统中造成的后果。例如，线路过负荷或负荷点的电压波动超过规定的界限。系统问题指标包括事件发生的频率、事件的平均持续时间、事件发生的概率等。如线路过负荷的持续时间为 6.5h，频率为 0.05 次/年，则过负荷概率为 $0.05 \times 6.5 / 8760 = 3.71 \times 10^{-5}$ 等。

2. 系统状态指标（System State Indices）

通过系统状态指标来衡量不同偶发事故给系统造成影响的严重程度，即按事件的严重程度将其分类，从而给出系统状态指标。

3. 负荷消减指标（Load Curtailment Indices）

这种指标的特点是，任一事件的严重程度都用缩减负荷表示，而不考虑事件所引起的系统问题。

从对运行的影响看，充足性不足可以引起局部电力不足，而安全性不足将造成停电的蔓延甚至整个系统停止运转。目前大容量电力系统的可靠性评估只涉及充足性，而用概率方法分析安全性则是将来的目标。

四、电网设计和运行的可靠性要求

大电网的可靠性，要求它具有足够的裕度和运行灵活性而不致发生不允许的运行情况，如失去稳定、过负荷、电压不合格或用户断电等。为此，大电网的设计和运行必须满足下列原则要求：

（1）能保证电网的连续、稳定、正常运行，并且有一定的裕度。如各母线的短路容量和整个系统的短路电流水平应能满足设备状况和系统运行的要求，正常运行时元件的电流、电压等不超过规定的限值，有相应的防止内部过电压的措施等。

（2）能保证在发生概率大的事故或不正常情况时，保持电网稳定运行，并不对用户负荷造成大的影响。

（3）能保证在发生比较严重但概率小的事故或不正常情况时（包括电网元件发生某些组合的多重停运），不致造成失去同步、连锁停运或意外的大量用户负荷的供电中断。

（4）在电网的某些元件检修时，仍能有必要的灵活性以保证电网的安全运行。

（5）能保证在发生严重但概率小的扰动后电网不致崩溃，并通过采取预定措施能较快恢复至正常运行情况。

此外，输电系统必须能将所有发电厂发出的电力输送至分配电力的重要枢纽点或供电点，不论是与相邻电网的联络线还是电网内部的主干输电线，都必须有足够的容量和裕度以适应正常情况或事故情况下各电网之间以及电网内部各部分之间电力的输送和交换。任何一个线路不能被依靠去承担超过其承受能力的输送容量。开关设备的配置必须能隔离短路，并且能很快使电网恢复至正常运行情况。

以上要求对各国大电网的设计和运行都是适用的。

五、我国电网的可靠性状况及要求

在我国大电网一般指跨省电网或省级电网，如华北、华东、华中、东北、西北电网以及南方电网等。主干网电压等级从 220、330kV 到 500kV，容量从几百万千瓦到几千万千瓦。因为电网的规模相当大，可靠性的问题也就突出了。电网的不可靠性表现为供电不足、稳定破坏与电压崩溃，甚至表现为全网性大停电。

大容量电网的安全性主要在于防止发生严重连锁性反应的事故的能力。在研究大容量电网的可靠性时，电网结构具有重要意义。我国积累了多年的运行经验，已初步摸索和掌握了一些行之有效的方法。《电力系统安全稳定导则》中总结了我国电网运行和事故的经验教训，结合我国具体情况，提出了保证电网安全稳定运行的基本要求：

（1）为保证电网正常运行的稳定性和频率电压水平，电网应有足够的静态稳定储备和有功无功备用容量，并有必要的调节手段。在正常负荷波动和调节有功无功潮流时，均不应发生自发振荡。

（2）电网结构是电网安全稳定运行的基础，在规划设计中要搞好电网结构，加强主干电网，满足如下要求：

1）能适应发展变化和各种运行方式下潮流变化的需要，具有一定的灵活性。

2）任一元件无故障断开，应能保持电网的稳定运行，且不致使其他元件超过事故过负荷的规定。

3）应有较大的抗扰动能力，满足导则中的各项有关规定。

4）实现分层和分区的原则，主力电源一般应直接接入高压主电网。

（3）在正常运行方式（包括正常检修运行方式）下电网中任一元件（发电机、母线、变压器、线路）发生单一故障时，不应导致主电网发生非同步运行，不应发生频率崩溃和电压崩溃。

（4）在事故后经调整的运行方式下电网仍应有按规定的静态稳定储备。其他元件允许按规定的事故过负荷运行。

（5）电网发生稳定破坏时，必须有预定措施，缩小事故范围，减少事故损失。

我国对电网发生大扰动时的安全稳定可靠性标准，按事件严重程度划分为三级。

第一级：对常见的概率大的单一故障，如单相接地或任一台机组跳闸或失磁，或大负荷的突然变化，必须保证电网的稳定运行和电网的正常供电。

第二级：对概率小的故障，如单回线永久性接地故障，多相短路、同杆并架双回路同时跳闸、大容量机组跳闸或失磁，必须保持电网稳定运行，但允许损失部分负荷。

第三级：对极端严重的大扰动，如多重性故障，故障时开关或保护拒动或误动、失去电源等可能导致电网稳定破坏的事故，则必须采取措施防止频率崩溃，避免造成长时间的大面积停电，并使电网尽快恢复正常运行。

每个电网应针对以上三类事故情况和可靠性要求建立相应的三道安全稳定防线。

【思考与练习】

1．电网的可靠性评价主要包括哪两个方面？

2．通过哪些指标来衡量电网可靠性？

3．我国对电网发生大扰动时的安全稳定可靠性标准分为哪几级？

模块 2　电网结构与安全稳定的关系（ZY2700505002）

【模块描述】本模块介绍电网典型结构和保证电网结构合理性的要求等方面的内容。通过概念描述、规定讲解、电网结构分析，了解电网结构对电网稳定性的影响。

【正文】

一、电力系统稳定的概念

电力系统的稳定性问题就是当系统在某一正常运行状态下受到干扰后，能否经过一段时间后回到原来的稳定状态或者过渡到一个新的稳定状态的问题。如果能够，则系统在该运行方式下是稳定的。反之，则说明系统的状态变量没有一个稳态值，而是随着时间不断地增大或振荡，系统是不稳定的。

所以，电力系统失去稳定就是系统的平衡状态遭到破坏而不能正常工作。正常运行的电力系统的平衡状态有三个主要特征：

（1）系统中所有的发电机均以相同的额定或接近于额定的电角速度 ω 运行。

（2）系统中所有的发电厂、变电站母线的电压在额定值或其附近运行。

（3）系统频率在正常范围内。

发电机组的转速是由作用在转子上的转矩决定，该转矩主要包括原动机作用在转子上的机械转矩和发电机的电磁转矩两部分。如果转子维持同步转速，上面两部分转矩是平衡的，一旦转矩不平衡，就会引起转子加速或减速，转子就会脱离同步转速。原动机的机械转矩是由发电机的动力部分（如水电厂的水轮机和火电厂的汽轮机）的运行状态决定的，发电机的电磁转矩是由发电机及其相连电力系统的运行状态决定，在这些运行状态中发生任何的干扰都会引起作用在转子上转矩的不平衡，也就会引起转速变化，可能导致发电机失去稳定。

根据电力系统所承受扰动大小的不同，可以将电力系统的稳定问题分为静态稳定、暂态稳定和动态稳定三大类。其中小干扰和大干扰是相对而言的，小干扰一般指正常的负荷波动或系统操作；大干扰则指电力系统元件的短路故障和突然断开等。根据《电力系统安全稳定导则》，对电力系统稳定可做出如下规定：

（1）静态稳定是指电力系统受到小干扰后，不发生非周期性失步，自动恢复到起始运行状态的能力。

（2）暂态稳定是指电力系统受到大干扰后，各同步发电机间保持同步运行并过渡到新的或恢复到原来的稳定运行方式的能力。

（3）动态稳定是指电力系统受到干扰后不发生振幅不断增大的振荡而失步。

上述这三类稳定问题均为发电机的同步运行的稳定性问题。在电力系统稳定性研究中，除同步运行稳定性问题外，广义而言，还应包括由于电力系统无功功率不足引起的电压稳定性和故障期间电力系统有功不足引起的频率稳定性问题。

二、电网结构与系统稳定的关系

电网稳定是与电网结构密切相关的,电网越大,稳定破坏的影响越大。这个问题在国外也是到 20 世纪 60 年代多次发生大面积停电后才认识清楚。长期实践表明,一个"病态"的电网,是不能与正常电网相提并论的,"病态"电网常有意想不到的事情发生。要保证可靠供电,只有消除病态,使之正常。我国电网 1970~1980 年共发生稳定破坏事故 210 次,情况很严重,最严重的一次为 1972 年湖北全网瓦解事故,损失约 2400 万元。为解决电网稳定问题,电力部门组织有关单位人员,从逐次分析 210 次事故入手,深入总结,探求改进办法。分析表明,电网结构薄弱,稳定破坏就会经常发生,在电网结构加强后,稳定破坏事故就较少出现。

三、建设合理的电网结构

电网按功能可分为输电网和配电网,输电网由输电线、电网联络线、大型发电厂和变电站组成。所谓主网是指最高电压等级(如 500kV)输电网,在形成初期也包括次一级电压网(如 220kV),共同构成电网的骨架。电网的结构主要指主网的接线方式、区域电网电源和负荷大小,以及联络线功率交换量的大小等。由于能源分布情况以及投资的技术经济等原因,电网不可能一开始就是完善的、结构紧凑的网络。

建设合理的电网结构有需要注意以下几方面问题:

1. 加强受端系统的建设

受端系统是电网的一个组成部分,它以负荷集中区为中心,包括区内和邻近的电厂在内,用较密集的主干网络将变电站和电源连接起来,以接受外部和远方的电能。一个较强的受端系统,能提供足够的短路容量和足够大惯性的相对的无穷大系统,同时由于联系紧密,在各种暂态下内部各电机能够保持同步运行,相当于一个整体。对于这样的受端系统,只要每一个外部电源输送的有功功率占电网容量比重不大,当任何一个外部电源支路故障时,都能把其余外部拉在一起同步运行。受端系统越强,越有能力接受外部远方大容量电厂送入的大量电力,且具有较大的灵活性。加强受端系统建设,是我国电网建设的一个成功经验。

受端系统的形成和发展是客观的。如果受端系统中集中了比重较大的电力负荷和电源,对提高电网的安全稳定水平会起到决定性的作用。在今后的发展中,如果能有意识、有计划地对每一个受端系统予以改进,并作为实现合理的电网结构的一个关键环节予以加强,就能从根本上提高整个电网的安全稳定水平。

在每一个大电网中,除了最重要的也是最大的一个受端系统外,实际上还有一些大小不等的受端系统存在,它们当然也将随着电网的发展而发展,其中有一些还将逐渐随着它自身和高一级电压网的发展而连入主要的大受端系统中,作为更大更集中的受端系统的一个组成部分。

受端应有一定的电压支撑,电压支撑可以是发电机组,也可以是调相机。虽然在负荷中心缺少能源基地,但在现代生活中,在负荷中心附近建设大容量的路口电厂、港口电厂以及核电站也是大势所趋。

2. 电源接入电网的原则

为了进行电力平衡,应对电网分层和分区,明确哪些地区电力有余,哪些地区电力不足,哪些电厂属于全网性的,哪些电厂属于地区性的,这样才能更好地掌握电网的特点,建设合理结构的电网。电源接入电网,主要应遵循分层原则以及分区和分散的原则。

所谓分层原则,是指按网络的电压等级,即网络传输能力大小,将电网由上至下划分为若干层次。为了合理地充分发挥各级电压网络的传输效益,一般来说,不同容量的电厂应当分别接在相应的电压网络上,主力发电厂出线应分别接入主网上的各受电变电站,发电机组容量大的可以一机一线或两机一线,中小型电厂可以分别接入各地区电网受电变电站,发电厂内各机组的母线也不互联,即采用单元制,以减小短路电流,防止连锁反应。

在受端系统建设主力电厂,不能局限于建设电厂就地供应负荷。在发展大电网以后,无论从提高电网的稳定性与灵活性,合理与充分发挥各级电压电网的作用,还是从简化电厂与网络的接线或取得短路电流的合理配合，以选择配置开关等设备考虑，将大容量的电厂直接接入相适应的高压电网，使之成为全系统的共同电源，并由高压电网向地区负荷供电，已是世界电力发展的共同趋势。

电源接入电网还要注意实现合理的电网分区。在一个地域广阔的大电网中，不同地域的重要受端系统可以有几个，这些受端系统间已有或迟早会有较强的高一级电压的联络线，而且会随着电网的发展，日益加强各受端系统间的联系，逐渐把这些受端系统联系成为更大的受端系统。这些受端系统间的联络线，将成为这个大电网的主要通道干线，称为沟通各大受端系统所在区域的电力交通要道。这些强大交通要道的形成，使大电力系统的远方大电源能够得到更合理的开发，通过这些强大的交通要道，可以交换各区域因电源短时多余而需向其他区输出或因电源短时不足而需由其他区供给的电力。而为了充分发挥这些区间联络线的交换能力，在规划设计上，需要设法尽力减轻正常条件下通过它们的电力，而把它们的通过能力留作电源规划上的备用和电网正常运行情况下的事故传输能力备用。因此，安排外接电源的输电网络结构时，需要注意实现远方外接电源直接接入目标受电系统的要求，形成合理的电网分区结构，而让出各大受端系统间联络线在正常运行条件下的传输能力。

分散外接电源是建设结构合理电网的另一重要原则。所谓分散外接电源，包括两点意思：一是各个外部电源，经各自的输电回路，直到受端系统内部，才与其他电源并列；二是每一支路的外部电源输电容量，不超过全电网总容量的一定比重。《电力系统技术导则》中提出了避免一组送电回路容量过于集中，目的是考虑即使在失去这个支路电源时，也不给全系统带来灾难性的后果。

在《电力系统技术导则》中，还推荐研究采用发电机—变压器—线路的单元方式直接接入枢纽变电站。如果要求的输电容量与线路的输电能力能够取得配合，它不失为一种良好的运行接线方式。这种运行方式自动地解决了在失去输电能力时切去相应电源的电网安全稳定要求，同时也简化了电厂接线，从而获得了相应的经济效益，特别对于变电站用地十分困难的水电厂，这种单元式接线送入系统的方式，更有值得研究采用的必要。

3. 电网间联络线

电网与电网间互联是世界电力工业的发展趋势，很多国家已从国内系统的互联发展为国家电网之间的互联。

按照电网设计的不同要求，电网间的联络线的任务大致可以分为：

第一类：一侧系统向另一侧系统供应不大的电力或电能。一般情况下，这类联络线采用的电压等级不高，因为它只是为了向另一系统的边缘地区提供某些固定的有功或无功电力。对于这些联络线，它是否断开对两侧电网的整体影响不大，但涉及对供电地区的可靠供电问题，因此也需要研究分析，避免频繁解列。

第二类：为了在正常情况下进行电网间的经济功率交换，以取得经济效益。这种要求的电网间联络线，对一侧的系统来说，联络线是电源线；而对另一侧系统来说，联络线是负荷线路。因此，通过联络线的最大功率，不应占任一侧系统容量的较大比重。这是为了考虑当联络线可能突然断开时，不致对任一侧系统带来比较严重的后果。这类联络线，一般应当有两回以上，当突然断开任一回时，应能由其余的联络线安全稳定地承受经济功率交换的全部任务。这种联络线的潮流，应当由联网调度或约定的两侧调度系统进行自动控制，以求实现稳定运行和按计划传输经济潮流的任务。

第三类：为了扩大联网后电网的总容量，以便接受更大的集中电源，要求在一侧事故时实现支援。对于这种要求的联络线，必须能够保证当某一侧因故失去可能最大的一个集中电源容量时，保持在整体事故后动态过程中的稳定性，同时在事故后的稳态情况下不过负荷，否则不但不可能完成规定的支援任务，甚至可能使事故更扩大。因此，在设计这类联络线时必须对预计的事故情况进行全过程的动态计算，要考虑自动装置动作切负荷的情况，确保联络线在预想的事故形态下保证动态和稳态的运行稳定性。

电网间的联网，不外直流联网、交流联网和交、直流混合联网三种方式，这三种方式各有其优缺点。

（1）直流联络线。用直流输电作为电网间的联络线有以下优势：

1）直流联络线的潮流，可完全按调度事先的命令控制，因而既能发挥联络线应有的作用，又能限制不良的连锁反应。

2）用直流联络线不存在电网稳定问题，而且利用直流联络线的调制可以改善交流电网的稳定与频率控制。

3）两个庞大的电网联网，例如东欧与西欧，由于两个系统运行条件不同，使运行频率有差别，用交流联网不可能，因而只能采用直流联网。同样的情况，分别为50Hz和60Hz的两个电网也只能采用直流联网。

4）跨海的电缆超出一定距离时，电容电流过大，也只能用直流输电。

5）在交流侧故障时，直流侧不会供给短路电流，不会带来短路电流过大的问题，但换流站的交流母线必须有足够的短路容量，才能保证电压的稳定性与避免出现过高的工频动态过电压。

直流输电也有不足之处：

1）除非作为特别远的距离（如1000km）输电，一般造价较高。

2）技术较为复杂，特别在控制部分。

3）可靠性尚有待改进。

（2）交流联络线。电网互联，交流联络线还是占大多数，但是要认真考虑联网的结构方式，同时还要考虑联网在运行上带来的复杂性，以及由于事故连锁反应带来的问题。对于交流联网，一侧电网的事故可以通过联络线而波及另一侧的电网。防止因联网而扩大事故，是在规划设计和在实际运行中特别需要注意研究解决的重大问题。

电网之间联网要注意考虑的第二个问题，是保持联络线负荷稳定性。一般来说，需要在两侧电网的调度系统中，采取自动的联络线偏差控制，才能随时保持每一侧电网内部的供需基本平衡，而不致当一侧电网的负荷发生波动时，通过联络线向另一侧电网自然地吸收或输出过多的电力。

（3）交、直流混合联网。这种联网方式比单一的直流或交流联网带来的问题更为复杂，因而在规划、设计和运行中需要更加全面地研究、分析和论证。

【思考与练习】

1．正常运行的电力系统的平衡状态主要特征是什么？

2．静态稳定、暂态稳定和动态稳定的含义是什么？

3．电网间的联网有哪几种方式？

模块 3　国内外典型的大停电事故分析（ZY2700505003）

【模块描述】本模块介绍国内外几次典型电网事故。通过对几次典型严重电网事故的分析，了解导致严重电网事故发生的因素和应采取的预防及控制措施。

【正文】

一、美加"8·14"大停电

1．事故概况

美国东部时间2003年8月14日16时10分开始，美国东北部和加拿大电网发生大面积停电事故。事故起始于15：06 俄亥俄州克利夫兰附近的一条345kV线路故障跳闸。

大停电事故主要殃及五大湖区，包括美国东北部的密歇根、俄亥俄、纽约、新泽西、马萨诸塞、康涅狄格等8个州以及加拿大的安大略、魁北克省。共损失61800 MW负荷，100多座电厂停机（包括22个核电站），停电范围9300多平方英里，受影响区域的人口达5000万。图ZY2700505003-1为停电地区示意图。

损失负荷情况：

PJM 电网（宾夕法尼亚州、新泽西州）	4200 MW
中西部电网	13000 MW
魁北克水电系统	100 MW
安大略电网	20000 MW

新英格兰电网	2500 MW
纽约电网	22000 MW
共计	61800 MW

图 ZY2700505003-1　停电地区示意图

2．事故发生前故障区域电网的运行状况

2003 年 8 月 14 日，整个加拿大东部和美国东北部地区的温度较高，由于空调负荷的影响，整个系统负荷较大，但仍属正常的范畴，而且调度员已经成功地使系统渡过了前几年和 2003 年夏季早些时候的更大负荷。当天，通过第一能源公司（FE）控制区的潮流很大，但并没有超出以前的水平，完全在系统可以承受的范围内。尽管东部互联电网在 8 月 14 日 15：05 前的频率质量比近期的历史频率差，但仍然在北美电力可靠性委员会（NERC）规定的安全运行范围之内，这也说明频率质量并不是引发大停电的原因。当天，几台关键的发电机组处于检修状态，这几台机组都是直接为克利夫兰、托莱多和底特律地区提供有功和无功功率的电源。中西部独立系统运行员（MISO）在 8 月 14 日的日计划中已经考虑了这几台发电机以及某些输电设备的停运，经过分析，他们认为系统仍然可以安全运行。事实上，大停电事故也确实并非这几台发电机以及输电设备的停运引起的。15：05，俄亥俄州北部的潮流数据显示 FE 电网的负荷近似为 12 080MW，FE 控制区需要从外部输入 2575MW 的电力，占其总负荷的 21%。在这种大量电力从外部输入以及伊利湖南部周围大城市有大量空调负荷的状况下，FE 电网的无功需求迅速增加。FE 的区域电网从外部净输入的无功约为 132Mvar，导致俄亥俄州北部有几个地方的电压偏低。然而，在 15：05 前，实际测量到的 FE 电网中枢点的电压是在 FE 电网规定的允许范围之内。需说明的是，东部互联电网的许多区域电网对电压合格率的要求比 FE 电网的标准高，例如：美洲电力公司（AEP）区域电网要求电压不能低于额定电压的 95%，而 FE 电网只要求电压不低于额定电压的 92%。在 8 月 14 日，FE 的调度员在系统范围内采取了许多的调压手段，如：增加发电厂的无功输出，改变发电计划，调整变压器分接头，增加电容器的投入以改善系统电压。

3．事故发展过程

从 8 月 14 日 12：15 开始，FE 和 AEP 的控制区内发生了一系列的突发事件，这些事件的累计效应最终导致了东部电网的大停电。依照一些重要事件的发生顺序，事故演变过程可划分为以下阶段：

第一阶段：一系列突发事件使系统运行状况逐渐恶化。

这一阶段从 12∶05 开始到 14∶04，其间有三个重要事件发生：

（1）13∶31，Eastlake 5 号机跳闸。这台机组跳闸要求 FE 电网从相邻电网输入额外的电力以弥补机组跳闸所引起的功率缺额，这就使俄亥俄州北部电网的电压调整更加困难，难以维持较高的电压水平，也使 FE 电网在调整运行方式时缺乏灵活性。

（2）14∶02，345kV Stuart-Atlanta 输电线跳闸。14∶02，由于对树木放电导致该线路对地短路跳闸，造成了 MISO 的状态估计软件不能有效运行，以至于 16∶04 之前 MISO 都没能判明 FE 系统已处于很危险的运行状态。

（3）12∶15～16∶04，MISO 的状态估计软件失效。MISO 的状态估计软件和实时安全分析软件在 12∶15～16∶04 之间没有进行有效运算，造成了 MISO 没能及时对 8 月 14 日下午的电网安全问题提早告警。

第二阶段：14∶14～15∶59，FE 的自动化系统故障。

（1）FE 的告警系统失效。FE 的 SCADA 系统中的告警和记录软件在 14∶14 时收到最后一个有效告警信号后不久即出现故障，之后，FE 的控制台上再没有收到任何告警信号。

（2）EMS 远方终端的停运。在 14∶20～14∶25 之间，FE 的一些安装在变电站的远方控制终端停止了运行，直到 14∶36 FE 的系统调度员才发现这个问题。

（3）EMS 服务器故障。14∶41，负责 EMS 告警处理功能的主服务器当机，备用服务器在 13min 后，即 14∶54 也发生当机。相应的，这两台服务器上的所有 EMS 应用程序都停止了运行。

第三阶段：15∶05～15∶57，FE 的 3 条 345kV 输电线路跳闸。

从 15∶05∶41～15∶41∶35，FE 的 3 条 345kV 线路在低于输电线路事故极限的情况下跳闸。其原因都是线路对树放电，这些树木侵入了线路必须的安全距离。每条线路跳闸停电后，都增加了剩余线路的负荷，造成 FE 控制区电压的进一步降低。

第四阶段：15∶39～16∶08，俄亥俄州北部的 138kV 输电系统崩溃。

16∶05∶57，Sammis-Star 线路由于保护装置测到的测量阻抗很低（低电压、大电流），并误认为是短路故障而断开。尽管在 Sammis-Star 线路断开后，俄亥俄州又有 3 条 138kV 线路断开，但 Sammis-Star 线路的停电才是发生在北俄亥俄州电力系统的安全问题的转折点，最终引起了遍及美国东北部和加拿大安大略地区的连锁大停电。

第五阶段：系统崩溃的扩展和停止。

16∶05，FE 的 Sammis-Star 线路跳闸，触发了 345kV 高压系统的崩溃。7min 内，大停电横扫美国东北部和加拿大。至 16∶13，已有超过 263 个电厂的 531 台机组解列，数千万人处于黑暗之中。解列后的东北部系统的频率、电压大幅振荡，进一步分解成更多小的孤岛。其中有些区域的负荷和发电达到平衡，维持了供电（如纽约州西部约保留了一半负荷），但大部分地区陷入黑暗。

4. 事故原因分析

（1）电网结构方面。美国存在 200 多个独立的电网。这次发生大面积停电事故的东北部地区同样存在着众多的独立电网，电网之间经多级电压和多点进行联网，增加了电网保护和控制(包括解列)的难度。被认为造成大停电的主要导火线是包括底特律、多伦多和克利夫兰地区的 Erie 湖大环网，沿该环同流动的潮流经常无任何预警地发生转向。此次系统潮流突然发生转向时，控制室的调度员面对这一情况束手无策。

（2）电网设备方面。美国高压主干电网至少已有四五十年的历史，一些早期建设的线路及设备比较陈旧，而更新设备又需要大量资金投入。投资电网建设的资金回报周期长、回报率低。例如在 20 世纪 90 年代，投资发电厂资金回报率常常在 12%～15%，而投资输电线路只有 8% 左右。因此，只有当供电可靠性问题非常严重，或是供电要求迫切时，电力公司才会考虑投资修建输电线路。另外，环保方面的限制也增加了输电线路建设的难度。

（3）电网调度方面。由于没有统一调度的机制，各地区电网之间缺乏及时有效的信息交换，因此在事故发展过程中，无法做到对事故处理的统一指挥，导致了事故蔓延扩大。国际电网公司（ITC）追踪到大停电之前 1 小时 5 分钟的数据，认为如果能够早一点得到系统发生事故的一些异常信号，就可能及时采取应急措施，制止大停电事故的发生。

（4）保护控制技术方面。美国电网结构复杂，容易造成运行潮流相互窜动，增加了电网保护、控制以及解列的难度。这次停电事件中，在事故发生初期 FE 与 AEP 公司的多条联络线跳闸（有些在紧急额定容量以下），对事故扩大起到推波助澜的作用。NERC 在对事故记录的调查中发现许多"时标"不准确，原因是记录信息的计算机发生信息积压，或者是时钟没有与国家标准时间校准。

（5）电力市场化体制方面。电力市场化也存在一些负面影响，例如电力放松管制后，电网设备方面的投资相应减少。据美国有关方面的统计资料显示，在过去 10 年内，美国负荷需求增加了 30%，但输电能力仅增加了 15%，由此使高压线路的功率输送裕度减少，电网常常工作在危险区或边缘区。此外，在现有电网条件下虽可以采用一些新技术来提高电网输送容量，以防止事故扩展到全网，但这种投资回报率低，难以吸引足够的投资。

（6）厂网协调方面。由于未建立起厂网协调的继电保护和安全稳定控制系统，使得在系统电压下降时，许多发电机组很快退出运行，加剧了电压崩溃的发生。

（7）系统计算分析和仿真试验方面。此次事故从第一回线路跳开至系统崩溃历时 1 个多小时，由于未及时采取措施而导致了事故扩大。如果事先对这类运行方式做好充分的系统计算分析或仿真试验，采取相应的防范措施，是可以防止事故扩大的。但由于计算分析和仿真试验方面存在不足，未能做好充分的反事故预案准备。

（8）经济性和安全性统筹考虑方面。大停电发生后，在美国从政府、电力公司到公众都在反省，实际上电力行业的人士对技术层次上的原因是清楚的，也曾经提出了不少很好的建议，然而大都没能得到采纳。根本原因在于美国社会以追求经济利益的最大化为唯一目标，尽管也有保证电网安全的呼声，但是比较微弱。而具有公用事业性质的电网公司只能在现有的条件下来管理，在安全性方面存在较多的隐患。

二、欧洲"11·4"大停电

1. 事故概况

欧洲当地时间 2006 年 11 月 4 日 22∶10（北京时间 2006 年 11 月 5 日 5∶10），欧洲电网发生一起大面积停电事故，事故中欧洲 UCTE 电网解列为 3 个区域，各个区域供电严重不平衡，相继出现频率低频或高频情况。事故影响范围广泛，波及法国和德国人口最密集的地区以及比利时、意大利、西班牙、奥地利的多个重要城市，大多数地区在 0.5h 内恢复供电，最严重的地区停电达 1.5h。整个事故损失负荷高达 16.72GW，约 1500 万用户受到影响。

本次大面积停电事故发生于电网用电负荷高峰时段，由于系统潮流大范围转移，电网联络薄弱环节设备相继退出运行，导致欧洲跨国互联电网基本结构遭到破坏、各区域发用电严重失衡，最终造成大量负荷损失。

2. 事故前系统状态

2006 年 11 月 4 日 22∶09，UCTE 电网总发电出力约为 274.1GW，其中风电电力约 15 000MW，系统频率 50.00Hz。

3. 事故的起因及 UCTE 电网解列过程

2006 年 9 月 18 日，Meyerwerft 造船公司向 E.ON 公司提出：为使"挪威珍珠"号轮船于 11 月 5 日 1∶00 通过埃姆斯河，申请停运 380kV 双回 Diele-Conneforde 线路。

E.ON 公司进行了"N-1"安全校核，批准停运申请，并通知相邻的荷兰 TenneT 公司和另一家德国 RWE 公司。11 月 3 日，Meyerwerft 造船公司请求提前 3h 停运该线路。E.ON 公司重新进行安全校核后，同意了该请求。11 月 4 日 21∶29，E.ON 公司将双回 Diele-Conneforde 线路分别停运，并通知 RWE 公司和 TenneT 公司。

Diele-Conneforde 双回线停运后，E.ON 电网和 RWE 电网之间的 380kV 联络线 Landesbergen-Wehrendorf 线潮流由 600MW 上升至 1200MW 左右。与此同时，E.ON 电网内的 330kV Elsen-Twistetal 线和 Elsen-Bechterdissen 线出现电流高报警。

由于 E.ON 电网内 380kV 线路的热稳定限额为 2000A，并且允许过负荷 25% 运行 1h，所以 E.ON

公司认为无需立即采取措施。21：41，E.ON公司在同RWE公司的业务联系中得知：380kV Landesbergen-Wehrendorf 线在 RWE 侧的保护定值与 E.ON 侧不同。RWE 侧的保护限值为 1995A，E.ON 侧则为 2550A，而当时线路电流已接近 1780A。

22：05～22：07，Landesbergen-Wehrendorf 线的潮流增加了 100MW，超过了 RWE 侧 1795A 的保护报警值。22：10 E.ON 公司将 Landesbergen 变电站 2 条母线环并运行后，380kV Landesbergen-Wehrendorf 线立即因过流保护动作跳闸，潮流向南转移，并导致整个 UCTE 电网内多条联络线连锁跳闸。

随着 E.ON 与 RWE、HEP（克罗地亚）与 MAVIR（匈牙利）电网之间的联络线以及 E.ON、APG（奥地利）、HEP 和 MAVIR 等电网的内部联络线相继跳闸，UCTE 电网解列为 3 部分。此外，UCTE 与摩洛哥之间的联络线也由于低频保护动作跳闸。事故期间，共有 31 条 220kV 及以上线路跳闸。

4. 事故暴露出的问题和经验教训

UCTE 对事故的中期调查报告认为，导致此次事故的根本原因可归结为两点，一是 E.ON 公司未严格执行"N-1"标准，二是各 TSO 之间协调不当。

根据事故调查中进行的模拟计算分析，E.ON 及相邻电网在 Diele-Conneforde 双线停运后的系统状态不满足"N-1"准则要求。

造船公司要求提前通航，E.ON 公司被迫提前进行准备工作，但通知相邻电网过迟，造成各单位准备工作均不完善。另外，E.ON 在了解 Landesbergen-Wehrendorf 线路两侧保护定值不一致的问题后，一直没能采取有效措施，也是引发事故的主要原因。

此外，UCTE 还提出了 5 条其他重要因素：

（1）部分并网发电机组对事故处理造成影响。

（2）调度人员事故中处理电网阻塞时受到相关法规限制。

（3）TSO 与 DSO 间在电网恢复时的协调不利。

（4）各 TSO 在进行系统同期并列时协调不利。

（5）人员的培训有待加强。

对事故起因及经过 E.ON 公司提出如下看法：

（1）针对电网交易和系统特性（如风电出力的不确定性），相关部门已采取了多种技术手段并不断改进，但应该认识到人的因素在技术应用中起着决定性的作用。因此，对于各种需求的决策必须由相关部门密切沟通和认真审核后才能做出。

（2）根据目前的调查结果，所有保护和安控装置动作情况及系统潮流变化均与预期结果相同，并避免了电网发生不可控制的事故。同时，也没有发现任何不恰当的检修安排。从长远看，只能靠电网发展才能解决不断增长的电力需求。

三、2005 年华中电网"2·7～2·16"大面积冰闪事故

2005 年春节期间，华中地区遭受罕见恶劣雨雪天气，覆盖范围大，时间跨度长，气温维持在-3～2℃之间，造成电网设备覆冰严重，形成恶性冰灾。湖南、湖北电网相继发生输电线路大范围跳闸和倒塔，输配电设施严重受损，对电网的安全稳定运行造成较大影响。

1. 事故前运行方式

事故前，华中电网正常接线方式运行，因临近春节，电网负荷有所下降。华中电网示意图见图 ZY2700505003-2。

2. 事故经过及影响

2月7～16日凌晨，华中电网内 20 条 500kV 交直流线路相继跳闸 70 条·次，对电网运行造成较大威胁，主要有：

2月10日（正月初二）12：01，葛岗线 A 相故障跳闸；12：23，江复线 A 相故障跳闸，湖南电网与华中主网解列，湖南电网频率从 50Hz 降至 49.00Hz，低频减载动作切除负荷 249MW，损失电量 90MWh；13：13，葛岗线送电，湖南电网与华中主网恢复并列。

2月14日（正月初六）凌晨，龙政直流双极降压运行，向华东电网送电 859MW；1：51，极Ⅰ线路故障停运；2：54，极Ⅰ恢复运行；仅 6min 后，极Ⅱ线路故障停运，由于极Ⅰ恢复及时，未损失送电功率，避免了低谷时段发生华中电网功率严重过剩而华东电网大功率缺额的危险。

2 月 15 日（正月初七）12：17，三万线 A 相故障跳闸；12：23，万龙线 A 相故障跳闸，川渝电网和华中主网解列，川渝电网低频率运行 107s，最低 49.49Hz；12：36，从万县侧对三万线试送成功，但因三峡侧开关保护闭锁，无法合环；12：40，龙斗Ⅲ线 C 相故障跳闸；12：49，对龙斗Ⅲ线试送失败；12：59，从龙泉侧对万龙线试送成功，13：09 从万县侧合环正常，川渝电网与主网并列；13：30，三峡开关保护闭锁问题处理完毕，三万线恢复运行。

事故过程中，500kV 交流线路跳闸 55 条·次，500kV 直流线路跳闸 15 条·次，其中 8 条交流线路跳闸 3 次以上，江复线、江城直流极Ⅱ线路各跳闸 8 次；国调调度的 8 条交、直流线路跳闸 24 条·次，华中网调调度的 12 条线路跳闸 46 条·次。另外，湖南电网 12 条 220kV 线路跳闸 24 条·次，未损失负荷；湖北电网 8 条 220kV 线路跳闸 9 条·次，除葛雁线外，未损失负荷。

因线路覆冰严重，500kV 线路倒塔 25 基，严重变形 4 基；220kV 线路倒塔 25 基，严重变形 1 基。湖南境内 500kV 五民线倒塔 10 基，岗云线倒塔 9 基，复沙Ⅰ线倒塔 5 基；江城直流双极线路 634～637 号塔地线因覆冰弧垂严重，几近接地；220kV 线路断线 3 条，倒塔 17 基。湖北境内 500kV 凤梦线倒塔 1 基，万龙线、孝邵线因覆冰造成地线滑脱而停运；220kV 线路断线 3 条。

线路频繁跳闸对电网安全运行产生巨大影响，造成局部电网先后 7 次从主网解列，低频减载装置动作 3 次；其中，华中电网与南方电网解网 3 次；川渝电网与华中主网解网 1 次；湖南电网与华中主网解网 1 次，低频减载装置动作 1 次，切除负荷 249MW；湖北恩施地区电网与主网解网 2 次，低频减载装置动作 2 次，切除负荷 20MW。

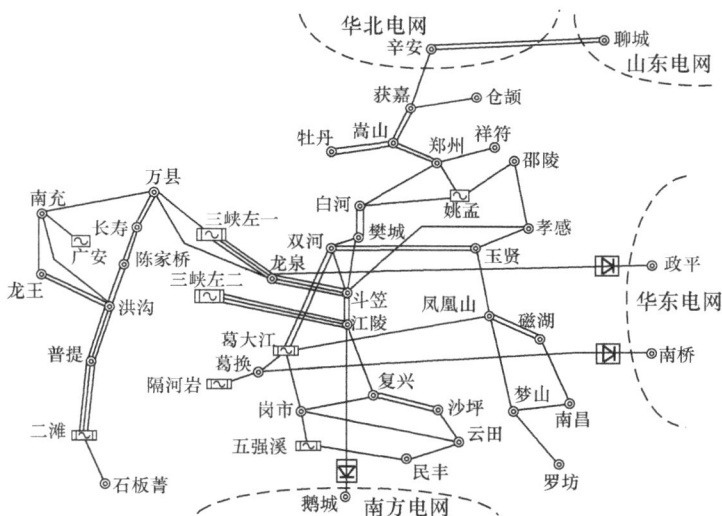

图 ZY2700505003-2　华中电网示意图

3. 问题及措施

事故后，除积极抢修故障设备外，线路等设备还陆续进行了防冰闪、防污闪改造。通过改善绝缘子伞形结构、布置方式、绝缘子串长度、更换合成绝缘子、涂覆憎水性涂料的方式，提高防冰闪、防污闪能力。同时加强线路清扫和特巡工作，开展绝缘子盐密测量，及时掌握线路污秽水平状况。同时应和天气预报部门及时沟通。

【思考与练习】

1. 电网发生大停电事故有哪些危害？

第八章　电力系统通信

模块 1　电力系统通信基础（ZY2700506001）

【模块描述】本模块介绍电力系统通信的概念、主要功能、特点和主要方式。通过概念描述、功能介绍、要点归纳讲解，了解基本的电力系统通信技术。

【正文】

一、电力系统通信的概念

电力系统通信是指利用有线电、无线电、光或其他电磁系统，对电力系统运行、经营和管理等活动中需要的各种符号、信号、文字、图像、声音或任何性质的信息进行传输与交换，满足电力系统要求的专用通信。

二、电力系统通信的主要功能

电力通信网是电网的重要组成部分，是实现电网调度自动化和管理现代化的基础。电力通信网为电网生产运行、管理、基本建设等方面服务，要满足调度电话、行政电话、电网自动化、继电保护、安全自动装置、计算机联网、仿真、图像传输等各种业务的需要。

三、电力系统通信网的特点

电力系统通信，在通信原理和交换功能方面与邮电系统通信比较没有什么根本区别，都是为两点或多点提供通信，建立电信联络。但是两者是有差别的，首先，电力系统通信网的结构取决于电力网的结构、运行方式及管理层次，邮电通信网的结构取决于国家行政管理区划。其次，电力通信网的经济性寓于电网的经济性之中，通信网本身往往把经济性放在第二位，而以电网的生产管理为第一原则。另外，电力系统通信网的干线及专线容量，信息交换容量以及话务量都比邮电通信网小，但是其中继局向多、功能强、可靠性要求高，是一种专用通信网。

四、电力系统通信的主要方式

按传递信息的信道不同，电力系统通信可以分为有线通信和无线通信两大类。有线通信是利用导线来传递信息的。根据导线结构的不同，又分为明线通信、电缆通信、电力线载波通信和光纤通信等方式。无线通信是用无线电波传递信息的。根据无线电波频率的不同，可以分为长波、中波、短波和微波等通信方式。

1. 明线通信

采用架空明线来传递电信号称为明线通信。这种方式易受自然灾害而影响通信质量。已很少使用。

2. 电缆通信

采用埋设在地下的电缆来传递电信号称为电缆通信。

把若干根互相绝缘的导线扭绞绕包在同一护套之中，构成多芯电缆。按其频率特性不同，有音频电缆和高频电缆之分。

与架空明线相比，电缆的优点是：容纳线对的数量较多；受气候的影响和外界的损害较少，埋在地下时，保密性较好。缺点是：衰耗比明线大得多；投资也比明线高。

同轴电缆是在圆筒形导体内部有一根内导体，其高频特性非常好，通常使用在大于 2000MHz 的载波频段上，可以进行数百路载波电话通信。

随着光纤技术的发展和工程造价的下降，主干电路上的明线和电缆将逐渐被光纤取代。

3. 电力载波通信

利用高压输电线传递高频电信号，称为电力载波通信。在电力线路上传输高于工频的 40～

500kHz 载波信号，可以省去昂贵的线路投资，所以，即使在通信技术飞速发展的今天，电力载波仍在继续使用。

电力载波的特点如下：

电力线路导线之间和对地的距离是不完全相同的。这样，大地对不同线路传输的信号影响相差很大。因此，在分析电信号在电力线上传输时，不能直接用有线传输理论，要用自然模分量法。

电力线上有工频高压电流，为阻隔工频传通载频，必须采用以耦合电容器为主体的结合滤波器。

变电站的许多设备，如电压、电流互感器和变压器以及分支电路等，对载波信号会产生分流作用。为了保证载波信号的传输，要采用线路阻波器。

变电站的出线有的平行，有的成一定角度，有的接同一母线，有的接不同母线。但是，它们之间的电气联系是分不开的。必须采用频率分割和载频阻塞法减小各载波通道之间的电磁耦合串音影响。

电力线高频通道的杂音比明线、电缆的杂音高得多，杂音源主要来自电力线。

4. 光纤通信

光纤通信，就是将要传输的语音、图像和数据信号先变成光信号，由光纤进行传输或者在本地进行交换。它是 20 世纪 70 年代发展起来的一种新型通信方式。光也是电磁波，它的频率是很高的，目前的光通信频率在近红外区。光纤通信具有通信容量大、抗干扰能力强、中继距离长等优点。

5. 微波通信

微波是指频率为 300MHz～300GHz 的电磁波。微波通信使用的频段，多数在 1～20GHz 范围。微波在空间基本上是沿直线传播的，由于地球表面是球面，所以微波在地面的传播距离受到限制，一般仅为 40～50km。为了进行远距离微波通信，常在两个通信点之间设立多个接力站，将信号一站一站地传递下去。这种方式称为微波中继通信，简称微波通信。

微波通信的优点：能够提供长距离、宽频带、大容量的信道；受外界干扰小，通信稳定，方向性强，保密性好。

因为微波接力线路是点和点之间的连接，比起有线电路来，抗自然灾害能力强，可靠性比较高。

6. 卫星通信

卫星通信简单地说就是地球上（包括地面和低层大气中）的无线电通信站间利用卫星作为中继而进行的通信。卫星通信系统由卫星和地球站两部分组成。

卫星通信的特点是：通信范围大，只要在卫星发射的电波所覆盖的范围内，从任何两点之间都可进行通信；不易受陆地灾害的影响（可靠性高）；只要设置地球站电路即可开通（开通电路迅速）；同时可在多处接收，能经济地实现广播、多址通信（多址特点）；电路设置非常灵活，可随时分散过于集中的话务量；同一信道可用于不同方向或不同区间（多址连接）。

【思考与练习】

1. 电力系统通信的概念是什么？

2. 电力系统通信网有何特点？

3. 电力系统通信的主要方式有哪些？

第四部分

电 网 调 控

第九章　负荷及出力调整

模块 1　电力系统负荷分类及负荷预测（ZY2700101001）

【**模块描述**】本模块介绍电力系统负荷的分类及负荷预测的方法。通过概念描述、方法介绍、要点归纳讲解，了解不同分类条件下各类用电负荷的特性，并能够进行简单的负荷预测。

【**正文**】

一、电力系统负荷分类

（一）电力系统负荷的组成

电力负荷指发电厂或电力系统在某一时刻所承担的某一范围内耗电设备所消耗的电功率总和，单位为 kW。电力系统负荷由以下部分组成：

1. 用电负荷

电能用户的用电设备在某一时刻向电力系统取用的电功率的总和，它是电力系统负荷中的主要部分。

2. 线损（网损）

电能从发电厂到用户的输配电过程中，产生的损耗称为线损，它包括线路损耗和变压器损耗

$$电网线损率 = \frac{电网损耗电量}{电网供电量} \times 100\% \qquad (ZY2700101001-1)$$

该部分损耗一部分为线路和变压器阻抗回路上流过电流时的损耗，称为可变损耗；另一部分则发生在变压器、电抗器、电容器等设备上的不变损耗，称为固定损耗，如铁损等。当处于大负荷方式时，电网可变损耗占主要部分，此时应提高中枢点电压运行，使传输同等功率时电流减少，以减少可变损耗；当处于小负荷方式时，电网中的变压器固定损耗占有较大比值，而变压器的固定损耗与电压的平方成正比，降低中枢点电压运行可以降低电网线损。因此逆调压方式对于降低配电网线损非常有效。

3. 厂用电负荷

发电厂在发电过程中厂用设备所消耗的有功负荷。

（二）用电系统负荷的分类

1. 根据供电可靠性的要求分类

根据对供电可靠性的要求不同，用电负荷可分为：

（1）一类负荷：中断供电时将造成人身伤亡或政治、军事、经济上的重大损失，或会造成有重大政治、军事、经济意义上的用电单位的正常工作的负荷。如引起社会混乱，发生重大设备损坏，造成重要交通枢纽、干线受阻，造成通信、广播电视中断，造成城市水源中断、环境严重污染等。

（2）二类负荷：中断供电将造成严重减产、停工、局部地区交通阻塞，大部分城市居民的生活秩序被打乱等。

（3）三类负荷：除一、二类负荷之外的负荷，该类负荷停电造成的损失不大。

2. 根据对供电负荷行业的分类

根据对供电负荷行业不同，用电负荷可分为：

（1）农业用电负荷：包括农村排灌、农副业、农业、林业、畜牧、渔业、水利业等各种用电。该类负荷受季节、气候影响较大，用电负荷不稳定。

（2）工业用电负荷：包括各种采掘业和制造业用电。工业负荷日变化趋势受到工作方式影响大，如企业工作班制、工作小时数、上下班时间等，一般一天内会出现早高峰、白高峰和晚高峰三个高峰，

午间和午夜两个低谷。

（3）居民用电负荷：包括城市和乡村居民的生活用电。有以下特点：日负荷曲线变化大，存在高峰和低谷时段；季节变化影响大，南方夏季通风降温、北方及南方部分地区冬季采暖用电使生活用电负荷增加，不同季节高峰及低谷时段发生也不一致。

（4）交通用电负荷：包括公路、铁路车站用电，机场、码头用电，管道运输、电气化铁路用电等。该类用电虽然负荷量不大，但是对人民生活、社会影响巨大。特别是电气化铁路负荷，呈不规则冲击负荷特性，受到列车次数和通过地形影响，用电量虽然很小，但冲击负荷较大。

（5）商业用电负荷：包括商业、公共饮食业、物资供应和仓储业用电等。商业负荷中的照明和空调负荷受到时间影响大，因此在晚高峰达到最高，在节假日商业负荷也会有所增加。

（6）公用事业用电负荷：包括市内公共交通用电、路灯照明用电、文艺及体育单位用电、国家党政机关、社会团体、福利事业和科研事业供电。

（7）其他用电负荷：如地质勘探、建筑业等用电等。

3. 根据对频率、电压特性分类

（1）根据有功负荷的频率静态特性分类：

1）与频率变化无关的负荷，如照明、电弧炉、电阻炉和整流负荷等。

2）与频率一次方成正比的负荷，即恒定转矩的负荷，如球磨机、切削机床、往复式水泵、压缩机和卷扬机等等；此类负荷均由交流电动机拖动，同步电动机的转速与频率成正比，感应电动机取用的功率与阻力矩和转速的乘积成正比，因此在转矩恒定的情况下，可以看作与频率成正比。

3）与频率二次方成正比的负荷，如电网的有功功率损耗近似与频率的平方成正比。

4）与频率三次方成正比的负荷，如煤矿、电厂使用的鼓风机，通风机、静水头不高的循环水泵等。

5）与频率的更高次方成正比的负荷，如静水头更高的给水泵等。

（2）根据有功负荷的电压静态特性分类：

1）与电压基本无关的负荷：同步电动机的负荷完全与电压无关，感应电动机由于转差的变化很小，基本上与电压无关。

2）与电压二次方成正比的负荷：照明负荷与电压 1.6 次方成正比，为简化计算，近似为平方关系。电热、电炉、整流负荷及变压器铁损与电压的平方成正比。

3）与电压二次方成反正比的负荷：线路损失的输送功率不变的情况下，与电压的平方成反比。

电网中无功负荷的主要消耗者是异步电动机，它决定着系统的无功负荷电压特性。其无功损耗分为两部分：励磁无功功率与漏抗中消耗的无功功率。励磁无功功率随着电压的降低而减小，漏抗中的无功损耗与电压的平方成反比，随着电压的降低而增加。输电线路中的无功损耗与电压的平方成反比，而充电功率与电压的平方成正比，当线路消耗和产生的无功正好平衡，此时输送的有功功率就称为线路的自然功率。照明、电阻、电炉等不消耗无功，没有无功静态特性。

二、电力系统负荷预测

（一）负荷预测的目的和内容

负荷预测是从已知的用电需求出发，考虑政治、经济、气候等相关因素，对未来的用电需求做出的预测。它包括两方面的含义：对未来需求量（功率）的预测和未来用电量（能量）的预测。负荷预测的目的是得到合理的电力负荷预测结果，为电网开机方式、运行方式变化和安全稳定校核提供正确的决策和依据。

负荷预测内容主要分为电量预测和电力预测，电量预测包括全社会用电量、网供电量、各行业电量、各产业电量；电力预测包括最大负荷、最小负荷、峰谷差、负荷率、负荷曲线等。

（二）各类负荷预测的作用

根据负荷预测目的的不同可以分为超短期负荷预测、短期预测、中期负荷预测和长期负荷预测：

（1）超短期负荷预测是指未来 1h 以内的负荷预测，对短时期内电力电量平衡、负荷调整、AGC 及联络线调整提供帮助。在安全监视状态下，需要 5～10s 或 1～5min 的预测值，预防性控制和紧急状态处理需要 10min 至 1h 的预测值。

（2）短期负荷预测是指日负荷预测和周负荷预测，分别用于安排日调度计划和周调度计划，包括确定机组启停、水火电协调、联络线交换功率、负荷经济分配、水库调度和设备检修等，对短期预测，需充分研究电网负荷变化规律，分析负荷变化相关因子，特别是天气因素、日类型等和短期负荷变化的关系。

（3）中期负荷预测是指月至年的负荷预测，主要是确定机组运行方式和设备大修计划等。为了合理安排电力系统中期运行计划，降低运行成本，提高供电可靠性提供依据。

（4）长期负荷预测是指未来 3～5 年甚至更长时间段内的负荷预测，主要是电网规划部门根据国民经济的发展和对电力负荷的需求，所作的电网改造和扩建工作的远景规划。对中、长期负荷预测，要特别研究国民经济发展、国家政策等的影响。

（三）负荷预测的方法

电力负荷预测分为传统测方法和现代预测方法。其中传统负荷预测方法又分为经验预测方法和经典预测方法。

1．经验预测方法

经验预测方法一般用于没有历史数据，不能采用模型进行预测的情况，主要是依靠专家的判断进行预测，这种预测方法可以判断出电力需求变化的趋势，包括专家预测法、类比法和主观概率法等。

（1）专家意见法。专家意见法指按照不同的方式组织专家进行负荷预测。包括个人专家预测法、专家会议预测法、专家头脑风暴法和特尔菲法。

（2）类比法。类比法是将类似事物进行分析比较，通过已知事物的特性对未知事物的特性进行预测的一种经验预测方法。

（3）主观概率法。主观概率预测法就是通过若干专家估计事物发生的主观概率，综合得出该事物的概率进行预测的方法。

2．经典预测方法

（1）单耗法。单耗法指按照国家安排的产品产量、产值计划和用电单耗确定需电量。

（2）趋势外推法。根据负荷的变化趋势对未来负荷情况作出预测。方法是找到一条合适的函数曲线反映负荷变化趋势，建立趋势模型。

（3）弹性系数法。弹性系数是电量平均增长率与国内生产总值之间的比值，根据国内生产总值的增长速度结合弹性系数得到规划期末的总用电量。弹性系数法是从宏观上确定电力发展同国民经济发展的相对速度，它是衡量国民经济发展和用电需求的重要参数。

（4）回归分析法。回归预测是根据负荷过去的历史资料，建立可以进行数学分析的数学模型。用数理统计中的回归分析方法对变量的观测数据统计分析，从而实现对未来的负荷进行预测。

（5）时间序列法。根据负荷的历史资料，设法建立一个数学模型，用这个数学模型一方面来描述电力负荷这个随机变量变化过程的统计规律性；另一方面在该数学模型的基础上再确立负荷预测的数学表达式，对未来的负荷进行预测。

3．现代负荷预测方法

20 世纪 80 年代后期，一些基于新兴学科理论的现代预测方法逐渐得到了成功应用。这其中主要有灰色模型法、专家系统方法、神经网络理论、模糊预测理论等。

（1）灰色模型法。灰色预测是一种对含有不确定因素的系统进行预测的方法。以灰色系统理论为基础的灰色预测技术，可在数据不多的情况下找出某个时期内起作用的规律，建立负荷预测的模型。灰色模型法适用于短期负荷预测。

（2）专家系统法。专家系统方法是对于数据库里存放的过去几年的负荷数据和天气数据等进行细致地分析，汇集有经验的负荷预测人员的知识，提取有关规则，借助专家系统，对研究的问题进行判断、预测的一种方法。

（3）神经网络理论法。神经网络理论是利用神经网络的学习功能，让计算机学习包含在历史负荷数据中的映射关系，再利用这种映射关系预测未来负荷。

（4）模糊负荷预测法。模糊负荷预测是近几年比较热门的研究方向。模糊控制是在所采用的控制方法上应用了模糊数学理论，使其进行确定性的工作，对一些无法构造数学模型的被控过程进行有效控制。

（四）负荷预测的步骤

负荷预测工作的关键在于收集大量的历史数据，建立科学有效的预测模型，采用有效的算法，以历史数据为基础，进行大量试验性研究，总结经验，不断修正模型和算法，以真正反映负荷变化规律。其基本步骤如下。

1. 调查和选择历史负荷数据资料

多方面调查收集资料，包括电力企业内部资料和外部资料，从众多的资料中挑选出有用的部分。挑选资料时应选取直接、可靠并且是最新的资料。如果资料的收集和选择得不好，会直接影响负荷预测的质量。

2. 进行历史资料的整理

对所收集的与有关的统计资料进行审核和必要的加工整理，基础资料必须具有代表性、真实程度高、可用度高，从而为保证预测质量打下基础。

3. 对负荷数据的预处理

在经过初步整理之后，还要对所用资料进行数据分析预处理，即对历史资料中的异常值的平稳化以及缺失数据的补遗，针对异常数据，主要采用水平处理、垂直处理方法。数据的水平处理指分析数据时，将前后两个时间的负荷数据作为基准，设定待处理数据的最大变动范围，当待处理数据超过这个范围，就视为不良数据，采用平均值的方法平稳其变化；数据的垂直处理指负荷数据预处理时考虑其 24h 的小周期，即认为不同日期的同一时刻的负荷应该具有相似性，同时刻的负荷值应维持在一定的范围内，对于超出范围的不良数据修正，为待处理数据的最近几天该时刻的负荷平均值。

4. 建立负荷预测模型

负荷预测模型是统计资料轨迹的概括，预测模型是多种多样的，因此，对于具体资料要选择恰当的预测模型，这是负荷预测过程中至关重要的一步。当由于模型选择不当而造成预测误差过大时，就需要改换模型，必要时，还可同时采用几种数学模型进行运算，以便对比、选择。

5. 进行负荷预测

在选择适当的预测技术后，建立负荷预测数学模型，进行预测工作。由于从已掌握的发展变化规律，并不能代表将来的变化规律，所以要对影响预测对象的新因素进行分析，对预测模型进行恰当的修正后确定预测值，得到最终的预测结果。

【思考与练习】

1. 电力系统负荷按照其频率特性可以分为哪几类？

2. 负荷预测包括哪些内容？

3. 超短期负荷预测、短期预测、中期负荷预测和长期负荷预测的作用分别是什么？

模块 2　负荷调整的原则及方法（ZY2700101002）

【模块描述】本模块介绍负荷调整的原则及方法。通过案例介绍及操作技能训练，掌握利用不同的手段调整负荷的方法，并能执行超计划或事故限电、拉闸指令。

【正文】

一、负荷调整的原则

（一）负荷调整的意义

由于负荷的性质不同，各类用户的最大负荷出现的时间也不同。当用电负荷增加时，电力系统发电机出力也应随之增加；当用电负荷减少时，电力系统的发电机出力也须相应减少。如果各种用户最大负荷出现的时间过分集中，电力系统就得有足够的发电机处理满足用户需要，否则就会出现电力系统的发电小于需求，造成低频率运行、拉闸限电。而当用电负荷高峰时间一过，系统发电又多于负荷，造成高频率运行。这些情况的出现都会带来很大危害，同时增加了系统的大量投资。电力系统负荷调整主要达到以下目的：

（1）节约国家对电力工业的基建投资。

（2）提高发电设备的热效率，降低燃料消耗，降低发电成本。

（3）充分利用水利资源，使之不发生弃水状况。

（4）增加电力系统运行的安全稳定性和提高供电质量。

（5）有利于电力设备的检修工作。

（二）负荷调整的原则

调整负荷是一项细致而复杂的工作，政策性强，涉及面广，不仅关系到电网的运行、工矿企业的生产，而且也关系到人民群众的生活和习惯。调整负荷主要应掌握以下原则。

1. 保证电网安全

只有保证电网电网安全，才能够避免电网崩溃引起的大面积停电和带来的巨大经济损失，最大范围保证用户供电。

2. 统筹兼顾

统筹兼顾就是在调整负荷时，要考虑到各种因素，照顾到各方面的利益。既要服从电网的需要，又要考虑用户的可能条件，不能搞平均主义。要根据电力供应的实际能力，结合各个用户的用电特点，合理调度、统筹安排。

3. 保住重点

调整负荷时要以国家利益为重，优先保证居民用电，优先保证各级重点企业和一类负荷的企业用电。

4. 个性化对待

根据不同的电力系统、不同的电源结构，拟定不同的调整负荷方案，采用不同的调整负荷方法。

5. 兼顾生活习惯

在日负荷中的晚高峰时段，要尽力照顾居民的生活照明；应尽量减少对居民生活的影响。

6. 明确限电和其他负荷调整手段的关系

一般的调整负荷手段通过改变部分负荷用电时间，错开用电高峰，没有限制用电量。拉闸限电是负荷调整中一项重要手段，也是最直接有效的手段。和采用其他手段相比，损失了电力电量、对居民生活和企业生产影响大，而且难以做到有序控制，应尽量避免使用。但是在电力电量都缺乏，或者对于电网安全有直接影响时，应该果断采取拉闸限电手段。

二、负荷调整的方法

负荷调整包括日负荷调整、周负荷调整、年负荷调整调整。实施负荷调整必须采用多种手段，这些手段必须遵循有关法律法规，包括政策性负荷调整方法和技术性负荷调整方法。

（一）政策性负荷调整方法

1. 通过电价手段调整

目前，电力系统政策性负荷调整方法主要是依靠政府出台的电价政策，通过经济措施激励和鼓励客户主动改变消费行为和用电方式，减少电量消耗和电力需求。

电价制度是影响面广又便于操作的一种有效的经济手段。电价制度确定的原则是既能激发电力公司实施电力需求侧管理的积极性，又能激励客户主动参与电力需求侧管理活动。电价制定要考虑客户需求容量的大小和电网负荷从高峰到低谷各个时点供电成本的差异对电力公司和客户双方成本的影响，提供客户在用电可靠性、用电时序性和用电经济性之间做出选择，如容量电价、峰谷电价、分时电价、季节性电价、可中断负荷电价等。

2. 其他政策性负荷调整方法

其他政策性负荷调整方法还包括免费安装服务、折让鼓励、借贷优惠、设备租赁鼓励等。

（二）技术性负荷调整方法

1. 改便电力用户的用电方式

改变客户的用电方式是通过负荷管理技术来实现的，它是根据电力系统的负荷特性，以削峰、填谷或移峰填谷的方式将电力用户的电力需求从电网负荷的高峰期削减，转移或增加在电网负荷的低谷期，以达到改变电力需求在时序上的分布，减少日或季节性的电网峰荷，起到节约电力的目的。

（1）削峰。削峰是指在电网高峰负荷期减少电力用户的电力需求。常用的削峰手段主要有以下两种：

1）直接负荷控制。直接负荷控制是在缺电时段，调度人员通过远动或自控装置随时控制客户终端用电的一种方法。由于它是随机控制，常常冲击生产秩序和生活节奏，大大降低了客户峰期用电的可靠性，多数客户不易接受，尤其那些对可靠性要求高的客户和设备，停止供电有时会酿成重大事故，并带来很大的经济损失。因而这种控制方式的使用受到了一定的限制。直接负荷控制一般多使用于城乡居民的用电控制。

2）可中断负荷控制。可中断负荷控制是根据供需双方事先的合同约定，在缺电时段，调度人员向客户发出请求中断供电的信号，经客户响应后，中断部分供电的一种方法。它特别适合于对可靠性要求不高的客户。是一种有一定准备的停电控制。

（2）填谷。填谷是指在电网负荷的低谷区增加客户的电力需求，有利于启动系统空闲的发电容量，减少机组启停。常用的填谷技术有：

1）增加季节性客户负荷。在电网年负荷低谷时期，增加季节性客户负荷，在丰水期鼓励客户以电力替代其他能源，多用水电。

2）增加低谷用电设备。在日负荷低谷时段，投入电气锅炉或采用蓄热装置电气保温，在冬季后半夜可投入电暖气或电气采暖空调等进行填谷。

3）增加蓄能用电。

（3）移峰填谷。移峰填谷是指将电网高峰负荷的用电需求推移到低谷负荷时段，同时起到削峰和填谷的双重作用。它既可以减少新增开机容量，充分利用闲置的容量，又可平稳系统负荷，降低发电煤耗。

2. 节能政策使用

通过指定有效节能政策，改变客户的消费行为，采用先进的节能技术和高效的设备，概括起来有：选用高效用电设备，实行节电运行，采用能源替代，实行余热和余能的回收，采用高效节电材料，进行作业合理调度以及改变消费行为等几个方面。

3. 拉闸限电

拉闸限电是有效预防和快速处置电网紧急事件、保证电网安全稳定运行的有效手段。拉闸限电必须按照限电序位表规定进行。

（1）限电序位表编制原则。按照《电网调度管理条例实施办法》中规定：省级电网管理部门、省辖市级电网管理部门、县级电网管理部门应当根据本级人民政府的生产调度部门的要求、用户的特点和电网安全运行的需要，提出事故及超计划用电的限电序位表，经本级人民政府的生产调度部门审核，报本级人民政府批准后，由有关电网调度机构执行，并抄送该电网管理部门的上一级电网管理部门。事故和超计划用电限电序位表的负荷总量，应当满足电网安全运行的需要。一般事故限电的总容量不低于本地区最高负荷的40%，严禁将正常处于备用或无负荷的线路列入限电序位表中。超供电能力限电序位表容量应达到本地区统调最高负荷的30%，其负荷应尽量选择大容量开关。

限电序位表应当每年修订一次（或者视电网实际需要及时修订），新的限电序位表生效后，原有的限电序位表自行作废。

（2）限电序位表使用原则。各级调度机构的值班调度员，可以在电网发生事故或者用电地区（单位）超计划用电时，分别按照事故和超计划用电限电序位表发布拉闸限电指令，受令单位必须立即执行，不得拒绝或者拖延执行。拉限过程中，其限电序位可以按轮次排列，同轮次的线路（或者负荷）在序位表中不分先后。

对于计划限电，供电企业根据预定的有序用电方案进行负荷安排，当无法满足用户需求且不能从电网取得额外供应时，按照与用户实现商定的协议对用户进行负荷限制，限制负荷时供电企业应提前通知用户，并仅对用户超用部分进行限制。需要直接拉路时，供电企业根据安全需要，在考虑用户保安供电需求的前提下，无须事前通知用户，可按限电序位表进行限电操作。当引发负荷控制的条件改变后，由发布负荷控制指令的单位负责恢复正常供电。

三、案例分析

（一）某变电所的负荷调整

某变电所近两日的负荷曲线图见图 ZY2700101002-1，10：00 所内检查发现进线线路有缺陷，要求该所负荷限额调整为 60MW，如何进行负荷调整？

分析：根据变电所负荷曲线，今日负荷比昨日稍高，估计在晚峰（20：00）最高负荷可达 85MW，而线路的限额为60MW，为了保证安全，需要在晚峰到来前将某变电所的负荷控制在 60MW 以内。

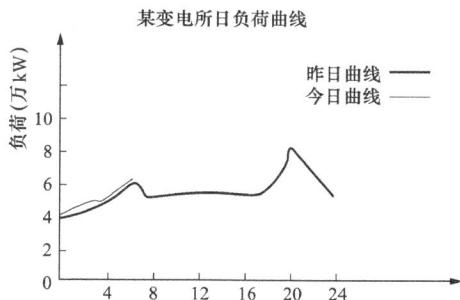

图 ZY2700101002-1 某变电所日负荷曲线图

调整方案：根据负荷曲线，在 17：00 之前，该变电所负荷均在 60MW 以内，可不作调整；但考虑到不可预见因素，可先将该所可转移负荷转走（10MW）。联系用电营销部门，在晚峰负荷到来前，在该所供电范围内避峰错峰，利用负控装置控制（10MW）；若该所负荷仍超过 60MW，则事故限电，保证线路负荷不超过 60MW。

（二）某电网的限电序位表使用规定

1. 超电网供电能力限电序位表使用原则

（1）当超过供电调度计划，在规定时间内未控制到计划，按照上级调度要求或电网实际情况，按该表所列开关，下达拉闸命令。

（2）若电网未发生故障，频率低于 49.8Hz，造成联网线（网供）超用，查不出超负荷情况下，省调可根据当时系统情况通知地调临时压电或直接按超电网供电能力限电序位表直至事故限电序位表切除部分负荷。

（3）当考核点电压低于规定下限电压 5%时，限制超负荷用电地区负荷。

（4）在执行中遇到以下情况可越过：

1）负荷在 1MW 以下的开关。

2）连续几天频繁被拉的开关，尽量避免一天内对同一开关重复拉闸。

3）确实未超用又装有负荷控制装置的专线开关。

4）负荷性质升级的开关。

5）因特殊原因经申请不能停电的开关。

（5）在执行过程中，若该表中所列开关已拉完，可按电网事故拉闸限电序位表拉相应地区的开关（尽可能拉分屏开关）。

2. 事故限电序位表使用原则

（1）联网运行，由于出力不足，致使联网线(网供)功率超过规定控制值，或频率低于 49.8Hz 连续运行时间超过 30min，或频率低于 49.5Hz，上级要求立即限电时。

（2）联网运行时联网线功率或主变下网功率超过稳定控制值时。

（3）考核点电压低于规定下限电压的 5%，持续时间超过 40min，或低于下限电压 10%时，在低电压地区使用。

（4）电网发生事故，造成频率异常或设备过载时。

（5）根据电网接线方式，事故发生地点，范围和程度，出力缺额和设备过载情况，拉闸时可根据具体情况执行。

对于未列入超计划用电限电序位表的超用电单位，值班调度人员应当予以警告，责令其在 15min内自行限电；届时未自行限至计划值者，值班调度人员可以对其发布限电指令，当超计划用电威胁电网安全运行时，可以部分或者全部暂时停止对其供电。

【思考与练习】

1. 负荷调整的原则是什么？

模块 2   ZY2700101002

2．限电序位表编制原则是什么？

模块 3　各类电厂在电力系统中的作用及电厂出力的影响因素
（ZY2700101003）

【模块描述】本模块介绍了各类电厂在电力系统中的作用。通过概念描述、原因分析和举例说明，了解电厂出力调整的基础知识。

【正文】

一、各类电厂在电网中的作用

（一）各类发电厂的运行特点

目前电网中的发电厂主要有火力发电厂、水力发电厂、原子能发电厂和抽水蓄能发电厂四类。此外，随着国家节能减排政策的实施，太阳能、风力、地热、潮汐、生物能等新能源发电厂也蓬勃发展。

1．火力发电厂

火力发电厂是利用煤、石油和天然气在锅炉中燃烧产些蒸汽，用蒸汽冲动汽轮机，由汽轮机带动发电机发电。火力发电厂按蒸汽参数的高低，可分为低温低压电厂、中温中压电厂、高温高压电厂、超高温高压电厂、亚临界压力电厂、超临界压力电厂等。按是否向用户供热，又可分为凝汽式电厂和热电厂，热电厂不但向用户供电，而且向用户供热。

火力发电厂消耗的燃料和冷却水量是相当大的，以 600MW 的发电厂为例，按照每天发电 1200 万 kWh，煤耗 300g/kWh 计算，每天需消耗 3600t 标煤和 201 万 m^3 以上的冷却水。火力发电厂的特点主要有：

（1）发电厂发电需要支付燃料费用，使用外地燃料时还要占用大量的运输能力。但其出力和发电量受自然条件限制小，只要发电设备正常，燃料充足，就可按额定装机容量发电。

（2）发电厂的效率与蒸汽参数有关，蒸汽参数越高，效率越高。即超临界压力电厂效率最高，高温高压电厂效率较高，中温中压电厂效率较低，低温低压电厂效率更低。

（3）发电厂有最小技术出力的限制，有功出力调整范围比较小。因为负荷太小时，可能出现锅炉燃烧不稳定和自然循环锅炉汽水不畅等问题。按照《关于发电厂并网运行管理的意见》，统调 10 万 kW 及以上火电机组调峰能力原则上应达到额定容量的 50%。

（4）火电厂机组启停复杂，时间长，且需耗费大量的能源。负荷的调节也比较缓慢。

（5）热电厂效率较高，但与热负荷相适应的那部分发电功率是不可调节的强迫功率。

2．水力发电厂

水力发电厂是利用天然水流的水能来生产电能，发电功率主要取决于河流的落差及流量，其特点主要有：

（1）水能是能够再生的无污染的能源，利用水能发电，可以节省大量的煤、石油和天然气，不需支付燃料费用，但造价高于火电厂。

（2）水电厂的出力和发电量，取决于水文条件和水库的调节性能，各年间或一年内都有程度不同的波动，此外还要受河流综合利用的限制和影响。

（3）水电厂的出力调整范围较宽，负荷调节速度很快，机组启停迅速方便，调整出力和启停都无需额外耗费能量。

3．原子能发电厂

原子能发电厂是利用原子核裂变产生的能量，将水加热成蒸汽，用蒸汽冲动汽轮机，带动发电机发电。原子能发电厂与火电厂在构成上主要区别在于它用反应堆、蒸汽发生器等组成的核蒸汽发生系统代替蒸汽锅炉，其特点有：

（1）原子能发电厂的造价较高，发电成本与燃煤火电厂相差不大，但低于燃油火电厂；原子能发电厂没有挤占大量运输能力的问题。

（2）原子能发电厂承担急剧变动负荷能力差，投入、退出运行时间长，且需额外耗费能量，易损坏设备。

（3）原子能发电厂大约每年要更换一次燃料棒，一般要停运半个月左右，此外，由于原子能发电厂设备复杂，检修时间长，这些都需要在电网中设置较大的备用容量和调峰容量，同样由于核污染问题，退役后的处理费用也较大。

4. 抽水蓄能电厂

随着电网的发展和人民生活水平的提高，电网峰谷差越来越大，再加上核电和大型火电厂的投入，更需要强大的调峰源，这就使得修建抽水蓄能电厂势在必行。抽水蓄能电厂特点是利用低谷负荷时的电网剩余发电出力，从高程较低的下水库抽水到高程较高的上水库，把电能转换成水能贮存起来；而在电网高峰负荷时，再从上水库放水发电。

目前工作水头在 600m 以下的抽水蓄能电厂大都采用可逆式机组，即机组在抽水时工作在电动机－水泵状态，在发电时工作在水轮机－发电机状态。抽水蓄能电厂有以下特点：

（1）抽水蓄能电厂的启停灵活，可以快速启动，负荷调节速度快，能在一两分钟内即可带满负荷。且抽水蓄能机组能快速由电动机－水泵工况转变为水轮－发电机工况。因此除调峰、调频外，还可作为旋转备用提供事故时的紧急功率支援，是电网中启停迅速，即使在其停运时仍是一种启动快速的备用电源此时还可以起调相机作用。

（2）抽水蓄能机组的循环效率一般为 70%～75%，但能起到削峰填谷的作用，能提高电网中其他发电设备利用率，减少电网中火电机组的启停次数。

（3）抽水蓄能机组具有无环境污染、厂用电小、运行人员少，可靠性高、调节经济性好等优点，有时还有利于水电站更好的发挥综合效益。

5. 风能电厂

风能是取之不尽、用之不竭的清洁能源。风电作为最清洁的能源之一，无污染、可再生，对节省煤炭、石油等常规能源具有非常重要的作用，同时在可再生能源中成本相对较低。因此拥有广阔的发展前景，但是其利用上的地域性和季节性，以及运行中所体现出的随机性及反调峰性等特点，使风电在电网总体电源容量中所占比例受到一定的限制，通过技术及管理手段提高电网对风电的接纳能力，是目前电网调度运行面临的一个重要课题。

（二）各类电厂在电网中的作用

根据上述各类电厂的特点，各类电厂在电网日负荷曲线中的位置应为：

对水源缺乏或水源富余地区的枯水期，径流式水电厂、原子能电厂、热电厂与热负荷相适应的电功率以及高参数大型凝汽式电厂带基荷；部分蒸汽参数稍低的凝汽式电厂（和部分水电厂）带腰荷；抽水蓄能电厂、中温中压凝汽式电厂（或有一定调节水库的大型水电厂）带峰荷。

在丰水期，绝大多数水电厂、原子能电厂、热电厂与热负荷相适应的电功率以及高参数大型凝汽式电厂带基荷；部分蒸汽参数稍低的凝汽式电厂和少数有调节水库的水电厂带腰荷；抽水蓄能电厂、中温中压凝汽式电厂及个别有多年调节水库的水电厂带峰荷。

二、影响电厂出力的因素

这里主要介绍火力发电厂、水利发电厂、风力发电厂影响出力因素。核电厂受机组负荷调节能力差，只适合带基荷接近额定功率经济运行；至于太阳能、地热、潮汐、生物能等新能源发电厂，容量很小，这里不作介绍。

（一）影响火电厂出力的主要因素

火电机组通过锅炉、汽机、发电机，将燃煤储存的化学能转化为电能。其中任何一个环节出了问题都会影响到机组的出力，因为各个电厂实际情况不同，所以对负荷影响也不完全相同。

1. 煤质

煤质对火电机组的出力影响非常大。煤质差时，相同的煤量释放出来的能量会少很多，因此一台锅炉即使将给煤量加至最大，也很难达到额定出力。煤质差的时候不仅仅限制机组出力，而且由于燃烧差煤产生很多积灰、结焦和腐蚀性气体，对锅炉故障的加速发生、锅炉的寿命都会造成很大的影响。

2. 本体故障

锅炉、汽轮机、发电机出现异常，均会影响到机组出力。如当锅炉省煤器、水冷壁、过热器和再热器发生泄漏时，在泄漏不严重的情况下，如能维持汽包水位、主再热蒸汽压力，可以采用降压运行，适当降低负荷；高压加热器对给水温度有着重要的影响，高加退出时，只能降负荷运行。

3. 辅机故障

火电厂辅机故障对负荷同样会造成影响。

给煤机：直吹式制粉系统中原煤仓、给煤机不下煤，中间储仓式系统中的给粉机不下粉等，从而导致送到炉膛中的煤粉量不足，同样会限制机组的出力。

磨煤机：对正压直吹式制粉系统，磨煤机的停运对锅炉运行有很大的影响。对中间储仓式制粉系统，只要粉仓中的粉位足够高，停1～2台磨煤机对系统影响不大，而多台给粉机停运时则对机组出力影响很大。

引风机、送风机、一次风机：引风机、送风机和一次风机是火电机组非常重要的辅机之一，当单台引、送风机故障跳闸时，会影响10%～20%的负荷。单台一次风机跳闸对负荷影响更大，因为一次风机的跳闸直接影响一次风量，也就是直接影响燃烧量，一般直接影响 10%～20%的负荷。

凝汽器真空度：当凝汽器中的真空度下降时，蒸汽的做功能力会下降，为了维持相同的出力就需要增加蒸汽量，从而对汽轮机的轴承造成更大的推力。因此凝汽器真空度下降对汽轮机的影响很大。

给水泵：火电机组一般配有两台50%的汽泵和一台50%的电泵。正常运行时，两台汽泵各带50%的负荷，当一台汽泵故障，将会联启电泵，若两台汽泵都故障，备用电泵可以带约60%负荷。

（二）影响水电厂出力的因素

影响水电厂出力的因素从技术层面来说，包括转轮效率、水位、工作水头和过机流量等因素。水电厂的出力不仅受天气、水情等自然条件的影响，还要受到诸多社会因素的影响。

1. 水轮机转轮的效率

对水轮机的出力和电厂的效益影响重大，转轮效率也是水电厂设计、水轮机选型的关键参数，同时也是反映水轮机设计、制造水平的重要指标。

2. 水头影响

当上游水库水位不同时，运行机组的水头是不同的，因此当水库水位较低时，即使机组出库闸门开到最大，机组的出力也可能达不到最大。水电机组在发电过程中，下游的水位受到本厂下放流量和下级水库影响会有不同，因此下游的水位与设计尾水位会有不同。当下游水位会高于设计尾水位，造成一定的水头损失，从而限制了运行机组的出力。特别是对于工作水头一般较低贯流式机组影响更大。

3. 过机流量不足

额定水头时的过机流量不足，也是造成机组出力受限的主要原因。造成机组过机流量不足的原因包括水头、流道、转轮单位转轮、导叶浆叶协联关系等多方面因素。

4. 水库调度原则

根据国家的水库调度原则，水库调度不只是为了发电，还要考虑防洪、灌溉、航运、环保和养殖等，要力求最大综合效益。在汛期来临之前要考虑腾空库容，以避免大量来水造成弃水；汛期中应按防洪限制水位控制水库水位；汛期结束前要考虑停机蓄水。周边地区居民生活用水、工农业用水可能取自上游，对上游库区水位存在一定限制。水库下游可能有工作，对下游库区水位有要求。上下游可能需要通航，对发电流量、上下游库区水位可能有要求。上述因素都会对机组出力造成影响。

（三）影响风电机组出力的因素

风电受自然因素影响非常大。

1. 风能资源

由于风能的能量与风速的立方成正比，所以，风力发电机组的输出功率主要取决于风速的大小。而风速是随时变化的，因此风电机组的出力受风速的影响非常大。因此，风电场选址至关重要，一定要做好前期的测风工作。

2. 环境

风电场当地的地形、海拔、气温、气压、空气湿度等都能影响风电出力。

【思考与练习】

1. 各类电厂在电网中的作用是什么？
2. 影响火电厂及水电厂出力的因素主要有哪些？

模块 4 出力调整的注意事项（ZY2700101004）

【模块描述】本模块介绍电厂出力调整的原则、方法及调整的注意事项。通过原理讲解、图形示意、案例介绍，掌握合理调整出力，保证发供电平衡的方法。

【正文】

一、出力调整的注意事项

（一）保证电网安全稳定运行

（1）出力调整必须满足电网安全约束条件，不允许出现线路、变压器过载情况，不允许联络线潮流超过稳定限制运行。其运行方式要满足《电力系统安全稳定导则》要求，满足 N-1 原则，即任一元件无故障或因故障断开，能保持电力系统稳定运行和正常供电，其他元件不过载，电压和频率均在运行范围内。当不满足这一条件时，应立即调整方式直到符合要求。

（2）出力调整应保证电能质量，满足频率及电压调整的需要。发用电平衡。各个电压中枢点电压在规定范围内。

（3）某些电厂开机方式和出力调整受到电压、保护、安全稳定的约束，出力调整应当注意开机方式应当满足这一约束。当电力系统经较弱联系向受端系统供电或受端系统无功电压不足时，还应调整方式，满足电压稳定需要。

（4）出力调整应留有足够的备用，满足备用容量需要。按照《电力生产事故调查规程》，区域电网、省网实时运行中备用有功功率不能小于下列数值：

电网发电负荷	备用有功功率（占电网发电负荷%值）
40 000MW 及以上	2%或系统内的最大单机容量
20 000～40 000MW	3%或系统内的最大单机容量
10 000～20 000MW	4%或系统内的最大单机容量
10 000MW 及以下	5%或系统内的最大单机容量

（5）单一联络线相连的两个系统，为避免联络线跳闸后出现频率稳定问题，应将该联络线潮流调低，满足频率稳定需要。

（6）出力调整时，要进行超短期负荷预测，带有前瞻性，考虑到负荷变化需要，及时开停机，调整出力调整策略。

（二）满足电网经济运行和节能调度需要

出力调整时，要注意各个发电厂的合理组合，满足电网经济运行和节能调度需要。

（1）充分合理地利用水利资源，尽量避免弃水，提高水能利用率。由于防洪、航运、给水等原因必须向下游放水时，所放水量应尽量用来发电。按照发改委《可再生能源发电有关管理规定》，在确保电网安全稳定运行的情况下，保证可再生能源发电全额上网。

（2）努力降低系统的总煤耗，让效率高的机组多带负荷，给热电厂分配与热负荷相适应的电负荷，让效率高的机组带稳定负荷，效率低的中温中压机组带变动负荷。尽量减少功率损耗。

（3）执行国家的燃料政策，减少烧油电厂的发电量，增加烧劣质煤电厂和坑口电厂的发电量。

（4）适当选用电网旋转备用机组，充分发挥抽水蓄能机组的静、动态效益。

（三）满足"三公"调度需要

认真落实国网公司"三公"调度十项措施，严格执行购售电合同和并网调度协议，坚持依法公开、公平、公正调度。

二、案例分析

某地，水火电比例约为1:1，水电主要集中在西部电网，东部为负荷中心，火电为主、东西部均有分布，正常情况下大量潮流通过联络线从西部向东部输送。某日上午，天气突然变化，出现大范围强降雨。受此影响，电网负荷急剧下降，导致水电出力无法带满，同时水电大量来水，即将出现弃水，需要进行出力调整。电网结构示意图见图 ZY2700101004-1。

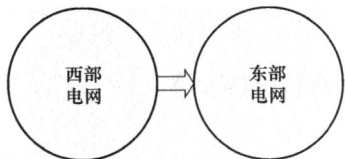

图 ZY2700101004-1　某电网结构示意图

分析：为避免或减少水电弃水，必须要加大水电发电方式，考虑到降雨时间比较长，还要防止径流式电站可能出现的出力降低以及排渍负荷增加。因此需要在保证安全的前提下停一部分火电机组，且要留有足够选择备用。

处理：协调负荷及来水，近期内均为该种天气，安排停部分火电机组，安排停机顺序为：优先停西部电网火电机组，东部电网机组尽量少停，将西部电网东送潮流控制在允许范围内。未停火电机组投油调峰，带最低负荷，以利水电多发，并为系统留出备用。到晚上，因降雨过大，径流式电站无水头，纷纷停机，加上部分地区因内涝开始将电排开出排渍，将火电出力增加。既减少了水电弃水，又保证了电网安全。

【思考与练习】

1．区域电网、省网实时运行中备用有功功率应大于多少？

2．出力调整时，为保证电网安全稳定运行，应注意哪些事项？

3．根据当地电网实际情况，针对网内电源出力调整方面安排 DTS 实训。

第十章 调 整 电 压

模块 1 无功负荷及无功电源（ZY2700102001）

【模块描述】 本模块分析影响电压的各种因素并介绍无功电源设备。通过条文解释、原理讲解、列表说明、案例分析，了解电力系统中无功电源设备及负荷。

【正文】

一、无功负荷

电网无功负荷包括变压器、异步电动机、电抗器等所消耗的励磁功率，另外还包括电网中各个环节的输电线路和变压器串联阻抗之路中电抗上的无功损耗。

（一）无功功率负荷

白炽灯、电阻炉等不消耗无功，个别的如同步电动机可以发出无功，大多数用电设备，其中主要是异步电动机则要消耗无功。

（二）输电线路的无功损耗

输电线路的无功损耗共分为两部分，即串联电抗 X 和并联电纳 B 中的无功损耗。串联电抗中的无功损耗与负荷电流的平方成正比呈感性；并联电纳中的无功损耗与电压平方成正比呈容性。输电线路作为一个元件，究竟消耗还是发出无功，要视其具体情况而定。

一般 35kV 及以下的架空线路，电纳的充电功率较小，都是消耗无功功率；110kV 架空线路在传输功率小于 3MVA 或空载时，电纳中产生的容性无功功率，除了抵偿电抗中的损耗外，还会多余，此时线路表现为无功电源，每百千米充电无功约 3.3Mvar。其他情况基本均呈感性，为无功负荷。220kV 单导线架空线路在传输负荷小于 130MVA 时呈容性，每百千米充电无功约 13Mvar，双分裂架空线路在传输负荷小于 150MVA 时呈容性，每百千米充电无功约 15～16Mvar。500kV 四分裂架空线路只有在传输负荷大于 1000MVA 时才会呈现感性，一般均呈容性，其每百千米充电无功约 110Mvar。当线路消耗和产生的无功正好平衡，此时输送的有功功率就称为线路的自然功率。输电线路充电无功参考值见表 ZY2700102001-1。

表 ZY2700102001-1　　　　　输电线路充电无功参考值

导线型号	充电功率（Mvar/100km）					
	110kV	220kV		330kV	500kV	750kV
	单导线	单导线	双分裂	双分裂	三分裂	四分裂
LGJ-95	3.18					
LGJ-120	3.24					
LGJ-150	3.3					
LGJ-185	3.35		17.3			
LGJ-240	3.43	12.7	17.5	36.9		
LGJQ-300	3.48	12.9	17.7	37.3	94.4	
LGJQ-400	3.54	13.2	17.9	37.5	95.4	215
LGJQ-500		13.4	18.1	38.2	96.2	217
LGJQ-600		13.6	18.2	38.6	96.7	218
LGJQ-700		14.8	18.3	38.8	97.2	219

（三）变压器无功损耗

变压器的无功损耗包括励磁支路损耗和绕组漏抗损耗两种。其中励磁损耗的百分比基本等于空载电流的百分值，约为 1%～3%，大值用于配电变压器。漏抗损耗在变压器满载时，基本等于短路电压 U_s 的百分值，约为 10%左右。对一台变压器或一级变压网络来说，变压器中的无功损耗并不大，但对多电压等级网络来说，变压器中的无功损耗就相当可观。

在大电网中，若无功需求仅靠发电机供给，一方面会造成电网不必要的有功损耗，另一方面也远远不够，因此电网必须在 110kV 及以下变电站装设无功补偿设备才能满足负荷的无功需求。

（四）并联电抗器

并联电抗器是吸收无功的设备。由于超高压长距离架空线路和电缆线路的日益增多，线路充电无功过剩问题日益严重，并联电抗器在超电网中得到了广泛的应用。

对 220kV 及以下电网，《电力系统电压和无功电力技术导则》（试行）规定：在电网轻负荷时，对 110kV 及以下的变电站，当电缆线路较多且在切除并联电容器后，仍出现向电网侧送无功时，应在变电站低压母线上装设并联电抗器；对 220kV 变电站，在切除并联电容器后，其一次母线功率因数高于 0.98 时，应装设并联电抗器。

二、无功电源

（一）发电机

发电机是电网中唯一的有功功率电源，同时又是最基本的无功功率电源。发电机根据系统需要，既能够发出无功，也能够吸收无功，改变发电机的无功功率输出，一般可通过改变进入转子回路的励磁电流来实现。根据励磁电流决定的发电机四种工作状态分别为：

（1）当发电机的功率因数 $\cos\varphi_N = 1$ 时，定子电流全部为有功电流。在这种工作状态下，发电机只送出有功功率，而无功功率为零。这种工况的励磁电流称为正常励磁电流。

（2）在正常励磁电流的基础上增加励磁电流，使 φ_N 角减小，功率因数变为滞后，发电机在送出有功功率的同时也送出无功功率。此时这种励磁工况叫做"过励"，一般发电机正常均运行于"过励"工况。

（3）在正常励磁电流的基础上减小励磁电流，使 φ_N 角增大，功率因数变为超前，发电机在送出有功功率的同时吸收无功功率，即发电机进相运行，该种励磁工况叫做"欠励"。《电力系统电压和无功技术导则》（试行）规定：新装机组均应具备在有功功率为额定值时，功率因数进相 0.95 的运行能力。

（4）在不考虑发电机阻尼和自动调节等情况下，当励磁电流减小到一定程度时，功角等于 90°，此时发电机吸收无功功率最大，达到静态稳定极限。若考虑自动调节器作用，则发电机静稳极限角大于 90°。

（二）并联电容器

并联电容器发出无功功率，提高电压。并联电容器只能根据负荷变化、电压波动分组投切，调压是阶梯形的，与母线电压平方成正比，在电网发生故障或其他原因使电压下降时，电容器无功输出的减少将导致电压进一步下降，其无功功率调节性能相对较差。

电力电容器由于靠介质储能工作，其设计所取的电场强度较高，因此过电压、过电流或运行温度过高时会影响其寿命，严重时甚至会发生漏油、鼓肚、爆炸等事故。同时电容器对电网中的谐波特别是高次谐波比较敏感，甚至会因此造成严重过负荷，运行中并联电容器常需要串 6%容量的电抗器。

（三）同步调相机

同步调相机是一种专门设计的无功功率电源，是不带机械负载的同步电动机。一般装设在电网的负荷区，它从电网吸收少量有功功率供给其运行时的铜耗、铁耗和机械损耗等，并根据电网要求调节其无功功率的方向和大小。

调相机的优点是：可以从正、反两个方向平滑改变输出或吸收的无功功率，调节范围大，调节性能好，能自动地维持电网电压，起到稳态电压支持作用，改善电网潮流分布，降低电能损耗。特别因有强励装置，在电网故障情况下，能有效地调整电网电压，提高电网稳定性。

调相机的缺点是：投资大，运行维护比较复杂且费用较大，有功损耗大，动态调节响应慢，增加电网短路容量。

（四）电缆

电缆由于电抗值小，再加上具有更高的电纳值，更容易比输电线产生无功功率。

（五）用户同步电动机

同步电动机可以在功率因数超前的方式下运行，除带机械负荷外，并向电网输送无功功率。挖掘同步电动机无功出力时，要注意保证电机的安全，做到"三不超"，即电动机的定子电流，转子电流和温度都不超过额定值。

（六）静止无功补偿器

由于我国超高压大容量长距离输电电网的不断出现，稳定运行问题也更加突出，因此在考虑超高压电网的无功补偿时，要考虑超高压电网的静态和暂态稳定运行问题。静止补偿装置能较好地解决上述问题。与调相机比较，它的调压速度快，并能抑制过电压、电网功率振荡和电压突变，吸收谐波，改善不平衡度等优点，且运行可靠、维护方便、投资少。

（七）静止无功发生器及新型无功发生器 SVG

静止无功发生器实质上是一个电压源型逆变器，有可关断晶闸管适当地通断，将电容上的直流电压转换成与电网电压同步的三相交流电压，再通过电抗器和变压器并联接入电网。适当控制逆变器的输出电压，就可以灵活地改变其运行工况，使其处于容性、感性或零负荷状态。与静止无功补偿器相比，静止无功发生器响应速度更快，谐波电流更少，而且在系统电压较低时仍能向系统注入较大的无功。

（八）其他无功补偿设备

随着电网技术发展，新的无功补偿设备也在逐步应用，如新型静止无功发生器 ASVG、静止同步补偿器（STATCOM）等。

三、影响电力系统电压的因素

在同一等级的电网中，电压的高低直接反映了本级无功的平衡。和频率不同的是，各个中枢点的电压特性更具有地区性质，即不同的无功功率供需分布关系不同，那么不同点的电压在同一时刻的表现也不同。因此，影响电压的主要因素在于该电压点的无功平衡情况，当无功过剩时，电压就会升高，反之，电压就会降低。

影响电力系统电压的因素主要有：

（1）电网发电能力不足，缺无功功率，造成电压偏低。

（2）电网和用户无功补偿容量不足。当电网无功缺少，容性无功补偿不足时，电压偏低；当电网中无功过剩，感性无功补偿不足时，电压偏高。

（3）供电距离超过合理的供电半径。

（4）线路导线截面选择不当。

（5）受冲击性负荷或不平衡负荷的影响。

（6）系统运行方式改变引起的功率分布和网络阻抗变化。

（7）在生产、生活、气象等条件引起的负荷变化时没有及时调整电压。如当晚高峰到来时，系统负荷增长，此时如果不投入电容器、退出电抗器，增加发电机无功进行补偿，系统电压就会降低。

（8）还有一些人为的因素，如对电压不重视，电压管理存在问题等。

（9）对于用户，电压质量还涉及供电设备（线路和变压器）压降及其调压方式（逆调压、顺调压和常调压）以及改变系统运行方式、调变压器分接头（有载和无载）、投切电容器等调压措施的实施情况。

四、案例分析

某 500kV 变电站无功补偿装置配置如下：

（1）500kV 并联电抗器：两回 500kV 线路并联电抗器，500kV 母线并联电抗器，用来补偿线路容性充电电流，以限制电网工频过电压和操作过电压，降低系统绝缘，提高系统运行稳定水平。

（2）主变压器低压侧无功补偿装置：两组 35kV 并联电抗器（2×45Mvar）和三组 35kV 并联电容

器（3×30Mvar），其无功容量在感性 90Mvar 和容性 90Mvar 之间，来满足无功的就地平衡，使其平衡在额定电压运行水平，改善和提高电能质量。

【思考与练习】

1．电网中的无功负荷主要包括哪些？

2．影响电力系统电压的主要因素有哪些？

模块 2　电压调整的原则及方法（ZY2700102002）

【模块描述】本模块介绍电压调整的原则及方法。通过要点归纳讲解、图形示意、案例学习及操作技能训练，掌握不同情况下电压调整的方法。

【正文】

一、电压调整的原则

（一）电压调整的原则

电网的无功补偿实行分层分区就地平衡的原则。在电压的调整上，也应该按照分层平衡和地区供电网络无功电力就地平衡原则。在无功平衡上要注意：

（1）各级电压电网间无功交换的指标是两个界面上各点的供电功率因数 $\cos\varphi$，该值需要分别根据电网结构和系统高峰负荷期间与低谷期间负荷来确定，以保证无功电力平衡有所遵循。

（2）安排和保持基本按分区原则配置紧急无功备用容量，以保证事故后电压水平在允许范围内。

在主电网的综合无功平衡电压分析中，可按发电厂、有一定调节能力的变电站（如变压器低压侧配置有电容器或电抗器）、调节能力较差的变电站（仅为有载调压或下级网无功负荷可调整）三个档次来做好电网的总体无功平衡设想，确定各厂站在各种负荷水平下的无功整策略，使电网电压在不同的负荷水平下都有一个大致的控制范围。

（二）电压监测点和电压中枢点

1．电压监测点

电压监测点指电网中可反映电压水平的主要负荷供电点以及某些有代表性的发电厂、变电站。只要这些点的电压质量符合要求，其他各点的电压质量也就能基本满足要求。一般电压监测点的设置原则为：

（1）与主网（220kV 及以上电压电网）直接相连的发电厂高压母线电压。

（2）各级调度"界面"处的 220kV 及以上变电站的一次母线电压和二次母线电压。其中 220kV 指具有调压变压器的一、二次母线，否则只能取一次母线或二次母线电压。

（3）所有变电站（含供城市或城镇电网的 A 类母线）和带地区供电负荷发电厂的 10(6) kV 母线是中压配电网的电压监测点。

（4）供电公司选定一批具有代表性的用户作为电压质量考核点，其中包括：

1）110kV 及以上供电的和 35(63) kV 专线供电的用户（B 类电压监测点）。

2）其他 35（63）kV 用户和 10（6）kV 用户的每一万千瓦负荷至少设一个母线电压监测点，且应包括对电压有较高要求的重要用户和每个变电站 10(6) kV 母线所带有代表性线路的末端用户（C 类电压监测点）。

3）低压（380/220V）用户至少每百台配电变压器设置一个电压监测点，且应考虑有代表性的首末端和重要用户（D 类电压监测点）。

4）供电（电业）公司还应对所辖电网的 10kV 用户和公用配电变压器、小区配电室以及有代表性的低压配电网中线路首末端用户的电压进行巡回检测。检测周期不应少于每年一次，每次连续检测时间不应少于 24h。

2．电压中枢点

电网中重要的电压支撑点称为电压中枢点，电压中枢点一定是电压监侧点，而电压监测点却不一定是电压中枢点。因此电网的电压调整也就转化为监视、控制各电压中枢点的电压偏移不越出给定范围。一般电压中枢点选择原则为：

（1）区域性水、火电厂的高压母线（高压母线有多回出线）。

（2）母线短路容量较大的 220kV 变电站母线。

（3）有大量地方负荷的发电厂母线。

中枢点变电站设置的数量不应少于全网 220kV 及以上电压等级变电站总数的 7%～10%。中枢点电压允许偏移范围的确定，是以网络中电压损失最大的一点（即电压最低的一点）及电压损失最小的一点（即电压最高的一点）作为依据，使中枢点电压允许偏差在规定值的±5%以内。

中枢点的最低电压等于在地区负荷最大时，电压最低一点的用户电压下限加上到中枢点间的电压损失；中枢点的最高电压等于在地区负荷最小时，电压最高一点的用户电压上限加上到中枢点间的电压损失。当中枢点的电压上、下限满足这两个用户的电压要求时，其他各点的电压就基本上均能满足要求。

如果中枢点是发电机的低压母线时，除了要满足上述要求外，还应满足厂用电电压与发电机的机端最高电压及能维持稳定运行的最低电压要求。

3. 电压允许的范围

（1）按照《电力系统电压和无功电力技术导则》（试行），正常情况下电压允许范围：

用户受电端的电压允许偏差值：

1）35kV 及以上用户供电电压正负偏差绝对值之和不超过额定电压的 10%。

2）10kV 用户的电压允许偏差值，为系统额定电压的 ±7%。

3）380V 用户的电压允许偏差值，为系统额定电压的 ±7%。

4）220V 用户的电压允许偏差值，为系统额定电压的 +5%～−10%。

5）特殊用户的电压允许偏差值，按供用电合同商定的数值确定。

发电厂和变电站的母线电压允许偏差值：

1）500(330)kV 母线：正常运行方式时，最高运行电压不得超过系统额定电压的 +110%；最低运行电压不应影响电力系统同步稳定、电压稳定、厂用电的正常使用及下一级电压的调节。

向空载线路充电，在暂态过程衰减后线路末端电压不应超过系统额定电压的 1.15 倍，持续时间不应大于 20min。

2）发电厂和 500kV 变电站的 220kV 母线：正常运行方式时，电压允许偏差为系统额定电压的 0～+10%；事故运行方式时为系统额定电压的 −5%～+10%。

3）发电厂和 220(330)kV 变电站的 110～35kV 母线：正常运行方式时，电压允许偏差为相应系统额定电压的 −3%～+7%；事故后为系统额定电压的 ±10%。

4）发电厂和变电站的 10(6)kV 母线：应使所带线路的全部高压用户和经配电变压器供电的低压用户的电压，均符合用户受电端的电压允许偏差值中 2）～5）的规定值。

（2）异常及事故电压的规定：

按照《电业生产事故调查规程》，对异常及事故电压有以下规定：

电网电压监测点的电压异常是指监测点电压超出调度规定的电压曲线数值的 ±5%，当延续时间超过 1h 时为电网一类障碍；或超出规定数值的 ±10%，且延续时间超过 30min 时也为电网一类障碍。

电网电压监测点的电压事故是指监测点电压超出调度规定的电压曲线数值的 ±5%，并且延续时间超过 2h，或超出规定数值的 ±10%，且延续时间超过 1h。

二、电压调整的方法

（一）顺调压方式

即最大负荷时允许中枢点电压低一些（但不得低于线路额定电压的 102.5%），最小负荷时允许中枢点电压高一些（但不得高于线路额定电压的 107.5%）。在无功调整手段不足时，可采用这种方式，但一般应避免采用。只有在负荷变动甚小，线路电压损耗小，或用户处于允许电压偏移较大的农业电网，才能采取该种方式。

（二）逆调压方式

如中枢点供电至各负荷点的线路较长，各点负荷的变动较大，且变化规律大致相同，则在最大负荷时，要提高中枢点电压以抵偿线路上因最大负荷而增大的电压损耗。在最小负荷时，则要将中枢点电压降低一些以防止负荷点的电压过高。这种中枢点的调压方式称为"逆调压"。一般采用逆调压方式的中枢点，在最大负荷时保持电压比线路额定电压高 5%；在最小负荷时，电压则下降至线路的额定电压。此种方式大多能满足用户要求，因此在有条件的电网均应采用逆调压方式。

（三）恒调压方式

如果负荷变动较小，线路上的电压损耗也较小，则只要把中枢点电压保持在较线路额定电压高 2%～5%的数值，不必随负荷变化来调整中枢点的电压即可保证负荷点的电压质量。这种调压方式称为恒调压或称常调压。

从电网的组成可以看出，造成电网有功电力和电能损耗的主要元件是输电线和变压器，其有功功率损耗主要由两部分组成，一部分为线路和变压器阻抗回路上流过电流时的损耗，称为可变损耗；另一部分则发生在变压器、电抗器、电容器等设备上的不变损耗，也称为固定损耗。负荷大时，可变损耗大，电网中可变损耗是主要的，此时中枢点提高电压运行，使传输同等功率负荷时电流减小，从而减少了可变损耗；相反，负荷小时，电网中的变压器固定损耗（如铁损等）占有较大比值，例如非农排季节时，广大的农村配电网就是这种情况，此时为数众多的配电变压器都在轻负荷下运行，其固定损耗远大于电网的可变损耗，而变压器的固定损耗又正比于电压的平方，此时为减少轻负荷时配电电网的固定损耗，中枢点应当降低电压运行。而这种调压方式正是逆调压方式，因此可以说逆调压方式对于降低配电网线损是很有效的。

（四）电压调整的具体方法

根据各发电厂和变电站在电网中的位置和无功调整能力的大小，分别明确其相应的电压控制范围，使电网的电压控制按无功平衡要落实到各厂站的电压控制上来，从而使电网电压运行质量不仅在正常方式下得到保证，而在某些特殊方式下也能化解不利的运行方式对电网运行电压的影响。具体来说就是在实际作中，调度下达电压曲线时，以电厂调压为主，各变电站协调配合，按照分层和就地平衡原则，在网架适宜的电网按逆调压原则控制。当厂站电压偏移电压曲线时，可以通过以下办法进行调节。

（1）调整发电机、调相机的无功出力。

（2）投退补偿电容，补偿电抗及动用其他无功储备。

（3）调整潮流，转移负荷。

（4）在不影响系统稳定水平的前提下，按预先安排断开轻载线路或投入备用线路。

（5）电压严重超下限运行时，按规定切除相应地区部分用电负荷。

（6）改变变压器变比。改变变压器变比调压，只能改变无功的分布，因此只能在电网无功功率充裕情况下进行，否则不但不可能起到调压作用，反而会对电网稳定运行起到负作用。

（7）当无功功率缺乏时，提高电压应在高峰负荷到来前完成。

值得注意的是，提高电压时，一般是先将电压最低地区的电厂及无功补偿设备调至最大，其中尤应以从低到高的电压顺序优先投入电容器为原则，并按此顺序由受端电网到主电网的方向逐步调整，从而维持电网电压运行于一个较高的电压水平，同时使电网损耗最小。降低电压时，调压顺序与提高电压时相反，即首先降低主电网电厂及中枢点的电压，然后再减少地区电厂的无功功率，此时若电网电压仍然偏高，则按从高电压等级到低电压等级的顺序切除无功补偿设备。

当边远地区（远离电源集中的电网）的电压下降时，想用提高主电网的电压来提高边远地区的电压几乎不可能，因为提高主网电压，必然导致无功流动负荷加大，输电线电压损失增加，严重时甚至会使边远地区的电压水平更加恶劣。同样当个别节点的电压太高，想用降低主网的电压来降低个别节点的电压也是很难的。

三、调频和调压的关系

电网频率和电压的变化是相互影响的。当电网频率下降时，无自动励磁调节器的发电机发出的无功功率将减少（发电机电动势是按励磁接线的不同，随频率的平方或三次方成正比变化的），用户需要的无功功率将增加。此时若电网无功电源不足，便会在频率下降时使电网电压下降。所以在频率下降的电网中，电压是很难维持正常水平的，通常频率下降 1%时，电压下降 0.8%～2%。而当电网频率上升时，发电机的无功出力将增加，而用户的无功功率却减少，结果导致电网电压上升。

同样电压的变化也会影响电网的有功负荷。在发电负荷一定时，电压升高，有功负荷增加，引起电网频率下降；电压降低，用户的有功功率将减少，电网有功负荷下降，反过来起到了阻止频率下降的作用。

因此，电网的频率与电压相互关联，但频率调整与电压调整的相互影响在正常参数（额定参数）附近运行时相互影响并不大。即在额定频率附近，若想用调整频率的办法来改善电压，或用调整电压的办法来改善电网频率，其作用都不大。但是，在电网事故运行情况下，负荷的频率静态特性和电压静态特性间的相互影响就可能很大，如在一个由联络线或大型发电厂输入很大功率的电网内，当联络线（或发电厂）跳闸后，若不考虑负荷的电压静态特性对负荷的影响，则受端曰网的频率将会因功率缺额太大而严重下降；但在考虑负荷的电压静态特性后，频率下降的程度有时可能不大，甚至还会出现稍许升高的现象。其原因就是在当发电厂机组（或联络线）跳闸后，（受端）电网电压严重下降，引阵起了有功负荷的大幅度下降，从而造成有功功率短时过剩的结果。

四、案例分析

如图 ZY2700102002-1 所示，因相关检修方式的安排，某局部小电网与主网只有两回线路联系，且局部小电网内部没有大的电源点即没有大电厂。

电网负荷高峰时，局部小电网电压偏低，作为值班调度员，应依次采取以下措施：

（1）在局部小电网内，退出补偿电抗，增加小电厂无功出力，投入补偿电容。

（2）提高主网距离局部小电网较近电厂及变电站的电压。

（3）将局部小电网的部分负荷转至主网供电。

（4）电压严重超下限运行时，按规定切除局部小电网中部分用电负荷。

（5）当无功缺乏时，不建议采取调整变压器分头调整电压。

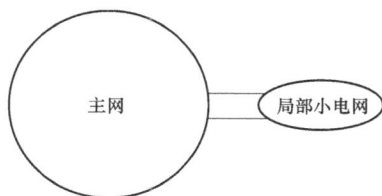

图 ZY2700102002-1　某电网结构示意图

【思考与练习】

1．按照《电力系统电压和无功电力技术导则》，正常情况下用户受电端电压允许偏差范围是多少？

2．当厂站电压偏移电压曲线时，可以通过哪些办法进行调节？

3．根据当地电网实际情况，针对网内无功电压调整方面安排 DTS 实训。

国家电网公司
STATE GRID
CORPORATION OF CHINA

国家电网公司
生产技能人员职业能力培训专用教材

模块
1

ZY2700103001

第十一章 调整频率、合理安排备用

模块 1 影响频率的因素（ZY2700103001）

【模块描述】本模块分析影响电网频率的因素。通过原因分析、图形讲解、案例学习，掌握造成频率波动的原因。

【正文】

一、电网的功频静态特性

（一）负荷的频率静态特性调节效应

1. 负荷的频率静态特性

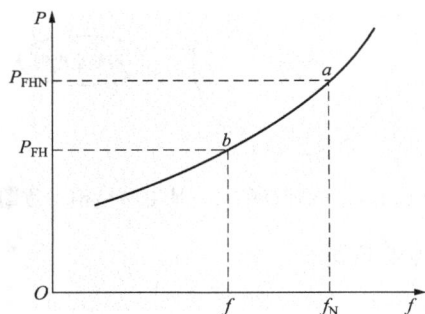

图 ZY2700103001-1 负荷的频率静态特性

电网中，当电源与负荷失去平衡时，则频率将立即发生变化。由于频率变化。整个系统的负荷也将随频率的变化而变化。这种负荷随频率变化而变化的特性叫负荷的频率静态特性。负荷的频率静态特性可以用图 ZY2700103001-1 曲线表示。当电网频率变化时，此时电网负荷也随之产生变化，随着频率的增高而增大，随着频率的降低而减小。一般由于负荷的功率特性中线性成分较大，与频率三次方及以上成正比的负荷所占成分较小，再加上电网的实际频率变化范围很小，因此在实际应用中，负荷的功频特性可用一条直线近似表示。

2. 负荷的静态调节效应系数

当负荷的频率静态特性用线性方程表示时，负荷的静态调节效应系数可表示为

$$K_{FH} = \frac{\Delta P_{FH}\%}{\Delta f\%} \qquad\qquad (ZY2700103001\text{-}1)$$

负荷的静态调节效应系数一般由试验求得。其数值的大小除与电网各类负荷比重有关外，还与电网负荷的大小有关。

（二）发电机静态频率调节效应

1. 发电机的功频静态特性（见图 ZY2700103001-2）

当电网有功功率平衡遭到破坏，引起频率发生变化时，发电机组的调速系统将自动地改变汽轮机的进汽量或水轮机的进水量以增减发电机组的出力，这种反映由频率变化而引起发电机组出力变化的关系，叫发电机调速系统的功频静态特性，发电机组的功频特性决定于发电机调速系统的功频静态特性。

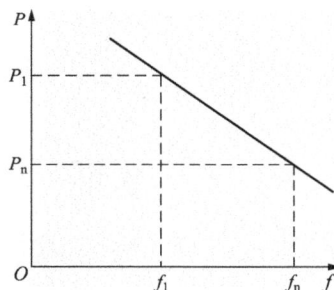

图 ZY2700103001-2 发电机的功频静态特性

2. 发电机调速系统功频静态频率调节效应系数

发电机调速系统功频静态特性曲线斜率为发电机调速系统功频静态频率调节效应系数

$$K_F = \frac{\Delta P_F\%}{\Delta f\%} \qquad\qquad (ZY2700103001\text{-}2)$$

（三）电网的频率静态特性（见图 ZY2700103001-3）

电网的功频静态特性取决于负荷的功频静态特性和发电机组的功频静态特性。由负荷的功频静态

特性和发电机的功频静态特性经推导可得出

$$K = \frac{\Delta P\%}{\Delta f\%} = \rho K_{\mathrm{F}} + K_{\mathrm{FH}} \quad （ZY2700103001\text{-}3）$$

式中　　$\Delta P\%$——电网有功功率变化的百分值；

　　　　$\Delta f\%$——电网频率变化量的百分值；

　　　　ρ——备用容量占电网总有功负荷的百分值。

当电网有足够的备用容量时，发生功率缺额只会引起不大的频率下降；在同样功率缺额情况下，如无备用容量，则电网频率下降较大。

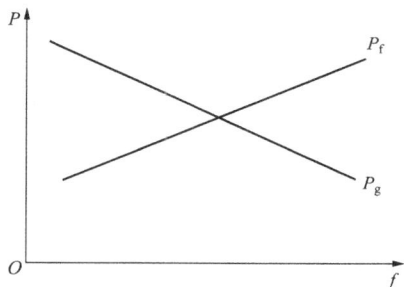

图 ZY2700103001-3　电网的频率静态特性

二、影响频率的因素

1. 发电机出力与负荷功率不平衡引起系统频率变化

当电网中的有功负荷变化时，系统频率也将发生变化。发电机的频率调整是由原动机的调速系统来实现的，当系统有功功率平衡遭到破坏，引起频率变化时，原动机和调速系统将自动改变原动机的进汽（水）量，相应增加或减少发电机的出力。

2. 短路功率引起频率降低

系统发生三相短路时，在短路电流所流经的元件上都要消耗一定的有功功率，若 R_c、X_c 是系统基处至故体点的短路电阻和电抗，最严重的短路发生在 $R_c = X_c$ 处的三相短路，有功损耗为无功损耗的一半。对于容量在 300MW 以下的小系统，在低压网络内发生故障，且切除时间较长时，这种附加的功率损耗对系统的影响是不可忽略的；对于大容量系统，短路功率损耗的相对值较小，且切除故障时间较短，故短路有功损耗对频率的影响可忽略不计。

3. 系统振荡及异步运行引起频率变化

当系统振荡及异步运行时，由于均衡电流的流动而使有功损耗增加。随着电势夹角的增大，电流也增大。当电势夹角达到 180° 时，电流达最大值，即相当于系统的电气中心发生三相短路一样，该电流在系统中引起的有功损耗是很大的，在功率缺额较大的受端系统将引起附加的频率降低。异步运行时，各发电机的频率不同而造成各点脉动电压频率不等。

4. 感应及同步电机反馈电压的频率变化

当供电线路切除时，受端变电站的电压不会立刻消失，这是由于同步电机和感应电机惯性转动而维持一个频率衰减的电压所致。同步电机在励磁断路器未断开情况下转动就如同发电机一样运行，感应电机也因系统有电容器而形成自激发电方式。一般情况下，感应电机在断开电源 $2\sim 2.5\mathrm{s}$ 的时间内保持一个高于额定电压 20%左右的低电压。

三、案例分析

某电力系统总负荷为 5000MW，$K_{\mathrm{PH}} = 2$，正常运行时系统频率为 50Hz，所有发电机均满载运行，如果电力系统在发生事故后失去 500MW 的电源功率，不考虑低频减载动作，求系统的频率下降到多少？

分析：由式（ZY2700103001-1）知

$$\Delta f\% = \Delta P\% / K_{\mathrm{PH}} = 0.1/2 = 0.05$$

则系统频率下降为 $\qquad f = 50 - 50 \times 0.05 = 47.75 （\mathrm{Hz}）$

【思考与练习】

1. 某电力系统总负荷为 4000MW，$K_{\mathrm{PH}} = 1.5$，正常运行时系统频率为 50Hz，所有发电机均满载运行，如果电力系统在发生事故后失去 350MW 的电源功率，不考虑低频减载动作，求系统的频率下降到多少？

2. 影响频率的因素有哪些？

模块 2　频率调整的方法（ZY2700103002）

【模块描述】本模块介绍电力系统频率调整的方法。通过概念讲解、调整方法介绍、案例分析和操作技能训练，掌握系统频率调整的方法。

【正文】

按照《电能质量电力系统频率允许偏差》规定，国家规定标准频率为 50Hz，对容量在 3000MW 以上的系统，频率允许偏差为（50±0.2）Hz，电钟指示与标准时间偏差不大于 30s，容量在 3000MW 以下的系统，频率允许偏差为（50±0.5）Hz，电钟指示与标准时间偏差不大于 1min。频率是电能质量的一个重要指标。

一、电网的调频方式

电网的调频方式分为一次调频和二次调频。为使负荷得到经济合理分配，达到运行成本最小目标，电力系统还进行三次调频。

1. 一次调频

电网的一次调频是指由发电机组调速系统的频率特性所固有的能力，是随频率变化而自动进行调整频率的有差调节过程。当频率偏离额定值时，将引起装在发电机大轴上汽轮机调速器转速感应机构的状态改变，汽门或导水叶的开度随之发生变化，在不改变调速器变速机构位置的情况下，按机组的调差系数调整发电机有功功率。

一次调频特点是频率调整速度快，恢复频率及时，但调整量随发电机组不同而不同，且调整量有限，值班调度员难以控制。

2. 二次调频

电网的二次调频是指当电网负荷或发电机出力发生较大变化时，一次调频不能恢复频率至规定范围时采用的一种频率的无差调节过程。通过人工或自动调节装置改变调速器变速机构位置，使汽门或导水叶的开度变化，达到调整发电机有功功率的目的，力图恢复频率至额定值。二次调频分为手动调频和自动调频两种方式。

（1）手动调频。在调频厂，由运行人员根据系统频率的变动来调节发电机的出力，使频率保持在规定范围内。手动调频的特点是反映速度慢，在调整幅度较大时，往往不能满足频率质量的要求，同时值班人员操作频繁，劳动强度大。

（2）自动调频。这是现代电网采用的调频方式，自动调频是通过装在发电厂和调度中心的自动装置随系统频率的变化自动增减发电机的发电出力，保持系统频率在较小的范围内波动。自动调频是电网调度自动化的组成部分，它具有完成调频、经济调度和系统间联络线交换功率控制等综合功能。

3. 三次调频

三次调频是为使负荷分配得经济合理，达到运行成本最小的目标，按最优化准则将区域所需的有功功率分配于各受控机组的调频方式。要实现机组经济负荷分配需要预先编制火电机组耗煤曲线和耗量微增率曲线，计算网损微增率。当水、火电机组同在一区域运行时，应先根据给定水耗量确定换算系数，再运用等微增率准则并考虑安全约束条件，最优分配有功功率。

二、频率调整的方法简介

（一）预留调整容量

调频前，应该根据日负荷计划，按预计负荷的增长和各个电厂计划出力变更的情况，预留出足够的调频容量。在负荷增长时期，主要预留上调空间；在负荷下降期间，主要预留下降空间。特别注意尖峰负荷和低谷负荷的负荷变化。在电力电量平衡时，不仅应考扭整个系统的电源与负荷的平衡，也应当考虑各地区的电源与负荷的平衡和联络线上输电功率的变化、电网稳定限制。当预计负荷与实际负荷相差较大时，应该进行超短期负荷预测，根据预测结果，修改发电厂计划，调整可调容量。当可调容量不够时，应当修改电厂出力、开停机组，保留足够的可调容量。

（二）指定调频电厂

主调频厂负责率调整，频率监视厂的任务是按电网经济调度的原则进行电网调峰，以保证调频厂经常具有一定的频率调整容量。在水火电厂并存的电网中，一般选水电厂为主调频厂，大型火电厂中高效率机组带基荷，效率低的机组作为辅助调频厂。在水电大发季节，为多发水电，一般由水电厂带基荷，而火电厂调频。水电厂无论是带基荷或是调频都必须考虑防洪、航运、渔业、工业、人民生活用水等综合利用的要求。

（三）利用自动发电控制（Automatic Generation Control，AGC）进行调频

就电网调频而言，在目前的现代化大电网中，仅靠主调频厂的调频容量和调整能力很难适应电网频率的调整要求。即使在同一时间内动用多个电厂参与调频，由于所需信息分散在各地难以综合考虑优化控制等原因，仅借发电厂的频率调整根本无法全面完成调整经济功率分配方面的任务，因此现代电网二次调频大多采用自动调频方式。自动调频不但速度快，可以保持电网频率在额定值上下允许范围内运行，而且可按最优原则分配参与二次调整的各台机组的功率，使电网潮流分布经济、安全，同时对联络线功率的控制也很有利。自动发电控制则可较好的完成该项任务。

（四）具体调频方法的应用

（1）对周期在 10s 以内的负荷变化所引起的频率波动是极微小的，在负荷频率特性的作用下，通过负荷效应，负荷能够自行吸收这种频率波动。

（2）对周期在 10s 至几十秒之间的负荷变化所引起的频率波动，可通过频率的一次调整来减少频差，运行频率将在偏离额定频率的极小值处达到平衡。

（3）对周期在几十秒到几分钟内变化且幅度也较大的负荷变化所引起的频率波动，如电炉、电铁等，仅靠一次调频是不够的，必须进行频率的二次调频。利用人工或者 AGC 进行调整。

（4）变化十分缓慢的持续分量，一般是由于生产和人民生活习惯、气象条件变化造成，这也是负荷变化的组要因数，需要结合负荷预测进行调整。

（五）独立运行小电网调频

这种情况是指事故情况下，一台或多台机组带部分负荷与大电网解网，独立运行。其主要问题是小网负荷不重，网内负荷波动和冲击对频率影响大，被迫进行调频机组没有进行过调频，缺乏调频经验，火电机组可能运行在低于稳燃负荷的低负荷工况下，水电机组可能运行在振动区或气蚀区。网内自动装置未考虑频率波动大和调频需求，各机组间存在抢负荷现象，调速器不满足调频需求。此时频率调整需要注意以下情况：

（1）首先指定调频厂调频，其他电厂按照调度指令接带负荷。调频厂一般选择调频性能较好水电机组或有调频经验机组。

（2）孤网内所有机组 AGC 均退出。除指定调频厂外，其他电厂调速器均退出自动，以防止抢负荷。

（3）调度员调整网内负荷和电厂出力，可以采取加减非调频厂出力，开停小网内机组，拉闸限电等手段，给调频厂留出调整空间，水电厂调频要避开振动区、火电厂运行尽量在稳燃区间。

（4）频率不稳时，孤网内低频减载退出，以避免频率波动造成低频减载反复动作，造成负荷波动。

（5）孤网内对调频可能造成影响负荷，特别是冲击负荷要妥善处理。对于影响较大的负荷，可以采取停电、限制生产等措施。

（6）孤网运行电能质量差，供电可靠性低，安全风险大，长期运行还可能造成用户设备损坏，大负荷变动情况下可能会造成汽汽轮机损坏，因此有条件应尽快并网。

三、案例分析

某局部电网，当日实时负荷 500MW，内部有一装机 4×50MW 水电厂 A，开机方式为一台机运行，负荷 50MW；另有装机 2×600MW 火电厂 B，开机方式为一台机运行，负荷 550MW，该局部电网外送功率 100MW。因电网故障，对外联络线跳闸，该局部电网解列运行。

处理：

（1）立即通知电厂 A 为调频厂，负责小系统调频；并将电厂 A 备用机组全部开出，将电厂 A 的 AGC 退出。

（2）逐步调整电厂 B 出力，保证电厂 A 上下调节有足够负荷空间；将电厂 B 的 AGC 退出。

（3）通知在频率波动时损失负荷逐步恢复。

（4）及时操作将该局部电网并入系统，并收回调频权，恢复正常方式。

【思考与练习】

1．正常情况下频率允许偏差是多少？

2．频率调整的方法有哪些？

3．事故情况下，解列后独立运行小电网调频要注意哪些问题？

4．根据当地电网实际情况，针对系统频率调整安排 DTS 实训。

模块 3　主、辅调频厂的选择（ZY2700103003）

【模块描述】本模块介绍电力系统主、辅调频厂的选择。通过概念描述、问题分析讲解、案例学习，掌握在不同运行情况下进行主、辅调频厂选择的方法。

【正文】

一、调频厂的分类

在电网中，所有有调整能力的发电机组都自动参与频率的一次调整。而为了使电网恢复于额定频率，则需要电网进行二次调频。同时为了避免在调整过程中出现过调或频率长时间不能稳定的现象，电网频率的二次调整就需要对电网中运行电厂进行分工和分级调整，即将电网中所有电厂分为主调频厂、辅助调频厂和非调频厂三类。主调频厂（一般是 1～2 个）负责全电网的频率调整（即二次调频）工作，辅助调频厂也只有少数几个，只在电网频率超出某一规定值后才参加频率调整，其余大多数电厂则都是非调频厂，在电网正常运行时，按预先给定的负荷曲线带固定负荷。

二、调频厂及负荷监视厂的任务

调频厂必要时分为主调频厂和辅助调频厂，其余不参与调频电厂负责进行负荷监视。

1．调频厂的任务

主调频厂应经常保持系统频率不超过运行范围，因此应有一定的可调容量，辅助调频厂当发现频率超过 50 ± 0.2Hz 时，应立即进行调整，使其恢复至 50 ± 0.2Hz 内，频率调整厂无调整容量时应立即报告调度。

2．负荷监视厂的任务

负荷监视厂的任务是按电网经济调度的原则进行电网调峰，以保证调频厂经常具有一定的频率调整容量。为此要求：

（1）认真执行日调度负荷曲线，包括开停机炉或少蒸汽运行调峰。各厂自行按计划曲线增减出力或按调度命令增减出力。

（2）当系统频率超过 ± 0.2Hz，不见恢复时应立即主动调整出力，并报告调度。

通常系统的主辅调频厂是固定不变的，只有在系统内水火电厂并存时，才会出现较多变更主调频厂的情况。

如果日负荷计划编制准确，同时各电厂又都能按发电计划（或根据调度员指令）调整各自出力时，主调频厂是能够随时调整系统的频率并使其不超过允许的波动范围的，但由于种种原因，往往会出现负荷和电厂出力与计划有出入的现象。这种情况下，调度员就应根据系统情况随时修改和调整有关电厂的出力，保证主调频厂有足够的调整容量和频率正常。

三、调频厂的选择

主调频厂负责电网频率调整，所以主调频厂选择的好坏直接关系到频率的质量。一般选择主调厂时，应考虑以下问题：

（1）主调频厂需具有足够的调频容量和调频范围。

（2）主调频厂需具有与负荷变化相适应的调整速度。

（3）主调频厂在调整出力时应符合安全及经济运行的原则。

（4）主调频厂在调整出力时不应引起有关联络线过负荷跳闸或失去稳定运行。

（5）主调频厂在调频时引起的电压波动应在允许范围内。

在水、火电厂并存的电网中，一般选水电厂为主调频厂，大型火电厂中高效率机组带基荷，效率低的机组可作为辅助调频厂。因为水电厂调频不仅速度快和操作简便，而且调整范围大，只受发电机容量的限制，基本上不影响水电厂的安全运行。

火电厂调频不仅受到汽机和锅炉出力增减速度的限制，而且还受到锅炉最低出力的限制。汽机增减负荷速度主要受到汽机各部分热膨胀的限制，特别是高温高压机组在这方面要求更严，锅护增减出力一般要比汽机快些。但与燃料质量关系很大。供热机组不适宜调频，因为供热机的出力要受抽汽量的限制。

在水电大发季节，为多发水电，一般由水电厂带基荷，而由火电厂调频。水电厂无论是带基荷或是调频，都必须考虑防洪、航运、渔业、工业、人民生活用水等综合利用的要求。

四、案例分析

如图 ZY2700103003-1 所示系统，某电网包括可分为东部电网和西部电网，电厂主要集中在西部电网，负荷集中在东部电网，东西部电网间通过联络线相连，联络线上有稳定控制。现电厂 A、C 为大型节水电厂，调节能力较强，电厂 B 为径流式水电厂，电厂 D 为火电厂，请选择调频厂。

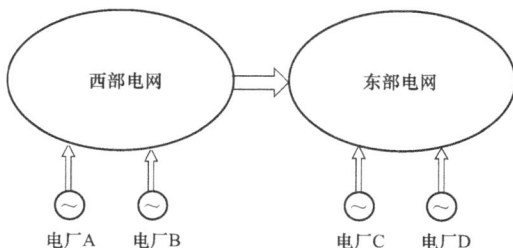
图 ZY2700103003-1　某电网结构示意图

分析：首先，由于水电厂调节性能要好于火电厂，优先选择水电作为调频厂，将电厂 D 排除；其次，在水电厂中，径流式电厂调节性能不好，因此将电厂 B 排除。电厂 A、C 均具备较好的调节性能，能够满足调频需要，但电厂 C 处在受端东部网络中，西电东送通道有稳定限制，如果用 C 电厂调节，有可能将联络线潮流加重，导致过稳定限制。

处理：指定西部电网中 A 电厂调频。

【思考与练习】

1．调频厂如何分类？

2．如何选择调频厂？

模块 4　自动发电控制（ZY2700103004）

【模块描述】本模块介绍自动发电控制（AGC）的基本知识。通过功能介绍、控制方式讲解和案例学习，掌握 AGC 的控制方式，并能熟练使用 AGC 进行电网的调峰、调频。

【正文】

一、AGC 的基本功能

随着电网的发展，仅靠主调频厂的调频容量很难适应电网频率的调整要求，即使在同一时间内动用多个电厂参与调频，由于所需信息分散在各地难以综合考虑优化控制，无法全面完成调整经济功率分配方面的任务，因此现代电网二次调频大多采用自动调频方式，自动调频不但速度快，可以保持电网频率在额定值上下允许范围内运行，而且可按最优原则分配参与二次调整的各台机组的功率，使电网潮流分布经济、安全，同时对联络线功率的控制也很有利。我国目前电网自动化能量管理系统（EMS）中的自动发电控制（AGC），则可较好地完成下列任务：

（1）调整全网的发电出力使之与负荷需求的供需静态平衡，保持电网频率在正常范围内运行。

（2）在联合电网中，按联络线功率偏差控制，使联络线交换功率在计划值允许偏差范围内波动。

（3）在 EMS 系统内，AGC 在安全运行前提下，对所辖电网范围内的机组间负荷进行经济分配，从而作为最优潮流与安全约束、经济调度的执行环节。

（4）在电网故障时，AGC 将自动或手动退出运行。而在非事故情况下，当电网出现功率缺额和频率下降，或当电网负荷下降且频率上升时，AGC 均可具有自动开停机组的功能。因此若抽水蓄能电厂采用 AGC 及其自动开停机或转换运行工况的功能，将大大增加抽水蓄能机组的事故备用和调峰作用。

二、电厂 AGC 控制模式设定

（一）AGC 电厂端的控制环节主要方式

1．水电厂的单机控制方式

这种控制方式调度中心直接控制单机。该方式下由于调度中心的 AGC 程序不能充分考虑水轮发电机间的经济分配，一定程度上影响电厂经济运行的积极性。

2. 水电厂的集中控制方式

水电厂的集中控制方式主要建立在水电厂有比较成熟的计算机的基础上，调度中心 AGC 的控制命令为全厂总的功率设定值，传送到水电厂计算机监控系统的上位机，然后由厂站计算机系统根据机组的经济运行原则并考虑各种机组限值，将总出力命令分配给各机组。

对梯级水电站可以通过流域计算机控制系统的上位机实现 AGC 系统分级分层过程控制。调度中心 AGC 的控制命令为流域总的功率设定值，传送到流域计算机控制系统的上位机，然后由流域计算机系统根据梯级水电站的经济运行原则并考虑各种约束，将总出力命令分配给各梯级水电站厂内计算机控制系统的上位机。

3. 火电厂的单机控制方式

火电厂一般采用单机控制方式，每个 PLC 控制着一台机组。火电机组的控制系统比较复杂，不但机炉相互配合方式比较多，而且涉及众多的辅机系统。一般说来火电厂的机组是经机炉协调控制系统(Coordinated Control System, CCS)进行控制的，CCS 对于机、炉、电复杂的运行工况具有完整的监视和控制功能，对远方调度中心下达的 AGC 指令有监视和保护措施，机炉的调节特性和跟踪负荷的能力较强。对于未配置 CCS 的火电机组，可以安装火电机组调功装置，接收调度端的日计划负荷曲线并按计划曲线运行，必要时也可参与 AGC 闭环控制的次紧急和紧急调节。

4. 火电厂的集中控制方式

火电厂机组综合自动化改造完成后，由分布式控制系统（Distribution Control System，DCS）对全厂每台机进行综合协调控制和经济负荷分配。调度中心 AGC 的控制命令为全厂总的功率设定值，传送到分布式控制系统 DCS 的上位机，然后由 DCS 根据机组的经济运行原则并考虑各种机组限值，将总出力命令分配给各机组。

（二）电厂 AGC 运行状态

以某省电网 AGC 为例，AGC 可能处于下面几种工作状态，其中一部分状态由调度人员根据需要来选择，另一部分是由于某些原因不能正常执行，由程序自动设置的。

1. 在线状态（RUN）

AGC 在这种工作状态下，所有功能都投入正常运行，进行闭环控制。

2. 离线状态（STOP）

AGC 在这种工作状态下，对机组的控制信号均不发送，但测量监视、ACE 计算、AGC 性能监视等功能投入正常运行，可以在画面上监视所有工作情况和运行数据，接受调度人员更改数据。离线状态 STOP 可以由调度人员手动转换成在线状态 RUN。

3. 暂停状态（PAUS）

暂停状态并非调度人员选择的状态，而是由于无有效的频率量测使得 AGC 不能可靠的执行其功能而设置的暂时停止状态，在给定的时间内，一旦得到可靠的测量数据，立即恢复原工作状态。但如果在规定的时间内不能得到可靠的测量数据，则自动转至离线状态。暂停状态与离线状态执行同样的功能。

（三）机组的调节模式

按照机组的特性和在电网中的地位，调度员可以将各机组 AGC 承担调节功率模式分为以下几种，从而可以让不同的机组承担不同的调节作用。

1. O (Off-regulated)

该机组在任何情况下都不承担调节功率。

2. R (Regulated)

该机组在任何需要的情况下，无条件承担调节功率。

3. A (Assistant)

当控制区域处于次紧急调节区域或紧急调节区域时，该机组才承担调节功率。

4. E (Emergency)

当控制区域处于紧急调节区域时，该机组才承担调节功率。

三、电厂 AGC 考核

在电监会颁布的电监市场[2006]43 号文《并网发电厂辅助服务管理暂行办法》中，规定了对并网发电机组提供 AGC 服务的考核内容，包括 AGC 机组的可用率、调节容量、调节速率、调节精度和响应时间进行考核。

在 DL/T 1040—2007《电网运行准则》中规定，拟并网的 200MW（新建 100MW）及以上火电和燃气机组，40MW 及以上水电机组和抽水蓄能机组应具备 AGC 功能，参与电网闭环自动发电控制，并要求 AGC 各项指标应满足《电网运行准则》和并网调度协议要求。《电网运行准则》中各项指标如下：

1．AGC 机组的可用率

发电机组 AGC 可用率应不低于 90%。

2．AGC 调节范围

火电和燃气机组的 AGC 最大调节范围为 50%～100%机组额定功率，全厂调节的水电厂调节范围为 0～100%全厂额定功率，实际运行中应避开调节范围内的振动区和空蚀区。

3．调节速率和响应时间

（1）采用直吹式制粉系统的火电机组：

1）AGC 调节速率不小于每分钟 1%机组额定有功功率。

2）AGC 响应时间不大于 60s。

（2）采用中储式制粉系统的火电机组：

1）AGC 调节速率不小于每分钟 2%机组额定有功功率。

2）AGC 响应时间不大于 40s。

【思考与练习】

1．AGC 的基本功能是什么？

2．国家发改委颁布的《电网运行准则》规定电厂 AGC 各项指标是多少？

模块 5　电网的备用容量（ZY2700103005）

【模块描述】本模块介绍电网备用容量的相关内容。通过定义讲解、条文解释、计算举例，掌握根据电网运行情况合理分配电网备用容量的方法。

【正文】

一、备用容量的作用

电网备用容量是指电网为在设备检修、事故、调频等情况下仍能保证电力供立而设的备用容量。

电网中的负荷一直处在变动之中，当电网出现电源故障（包括电力输送环节的故障）致使电网运转电源容量不足时，旋转备用、冷备用机组能否及时投入运行，抽水蓄能机组能否迅速从抽水转换成发电工况，限制对预先协议调荷用户的供电能否实现等因素，决定着电网频率能否迅速回升至正常值。当电网中大用户由于自身故障等原因突然中断受电时，调频调峰机组能否及时相应地减小出力，抽水蓄能机组能否快速转换成抽水工况；频率升高过多时，电源的超速保护能否快速切除部分机组，都对保证机组运行安全和电网频率质量起着决定性的作用。同样日常运行调度的负荷预报、检修及冷、热（旋转）备用的安排，线路检修及网络接线的方式变更等，在电源电力、电量和负荷需求平衡的状态上，若负荷预报误差太大或调度安排不当，一样会影响电网运行的频率。从频率偏离正常值允许的幅值和对设备安全威胁程度来看，高频率比低频率更具有危害性，因此调度运行必须采取果断的措施迅速予以遏制。

电网中电源容量大于发电负荷的部分称为电网电源备用容量。电网电源备用容量分为有功功率备用容量和无功功率备用容量。只有有了备用容量，电网在各种情况下，如负荷预测偏差、大机组跳闸、电网事故等情况下，才能及时调整电网频率，保证电能质量和电网安全、稳定的运行，保证对用户可靠供电，也才有可能按最优化准则在各发电机组间进行有功功率的经济分配。

除电源备用外，为应对以下情况，还应该留有用电负荷备用。用电负荷备用要求日计划安排任何时刻发电机组必须都有一定下调容量，以满足以下情况。

（1）负荷预测不准，实际负荷低于预计负荷，导致低谷期间无下调空间。

（2）因各种原因，导致发电方式需要作出大的调整，如突然大量来水，为避免弃水或防汛要求水电方式加大，停火电机组时间上不能满足要求。

（3）大负荷切除。因冶炼等高能耗企业内部故障或送电线路跳闸，导致系统负荷大量损失。

目前，一般把电源备用称为正备用，而把用电负荷备用称为负备用。本模块主要讨论电源备用，以下备用容量均为电源备用容量。

二、备用容量的分类及设置标准

（一）备用容量分类

电网有功备用容量按设置的目的可分为负荷备用、事故备用、检修备用和国民经济发展备用。

1. 负荷备用

为满足电网中短时负荷波动和计划外的负荷增加而设置的备用容量。按照《电力系统技术导则》（试行）规定，负荷备用容量是指接于母线且立即可以带负荷的旋转备用容量，用以平衡瞬间负荷波动与负荷预计误差。负荷备用容量一般由水电机组（包括抽水蓄能机组）或火电机组承担。

2. 事故备用

当电网中发电设备发生偶然事故时，为保证电网正常供电而设置的备用容量。事故备用的大小与电网容量的大小、机组出力的多少、单机容量的大小、电网中各类电厂的比重和电网供电可靠性的要求等因素有关。按照《电力系统技术导则》（试行），事故备用容量是指在规定时间内（例如 10min 内），可供调用的备用容量。其中至少有一部分（例如 50%）是在系统频率下降时能自动投入工作的备用容量。

3. 检修备用

为保证电网的发电设备定期进行大修不影响电网正常供电而设置的备用容量。检修备用的大小，应按有关规程要求安排的电网年度检修计划确定，只有当季节性负荷低落所空出的容量及水、火电机组丰、枯季互补容量不足以保证全部机组周期性检修时，才需要设置检修备用容量。按照《电力系统技术导则》（试行），检修备用容量一般应结合系统负荷特点，水火电比重，设备质量，检修水平等情况确定，以满足可以周期性地检修所有运行机组的要求。具体数值与负荷性质、机组台数、设备状况、检修工期等有关。

4. 国民经济备用

考虑电力工业的超前性和负荷超计划增长而设置的备用。国民经济备用的大小与国民经济发展状况有关，一般约为最大发电负荷的 3%～5%。

（二）备用容量设置标准（按照电网大小）

按照《电网调度管理条例实施办法》，跨省电网管理部门和省级电网管理部门编制发电、供电计划以及调度机构编制发电、供电调度计划时，应当留有备用发电设备容量，分配备用容量时应当考虑电网的送（受）电能力。备用容量包括负荷备用容量、事故备用容量、检修备用容量。电网的总备用容量不宜低于最大发电负荷的 20%，各种备用容量宜采用如下标准：

1. 负荷备用容量

一般为最大发电负荷的 2%～5%，低值适用于大电网，高值适用于小电网。

2. 事故备用容量

一般为最大发电负荷的 10%左右，但不小于电网中一台最大机组的容量。

3. 检修备用容量

一般应当结合电网负荷特点，水、火电比例，设备质量，检修水平等情况确定，一般宜为最大发电负荷的 8%～15%。

电网如果不能按上述要求留足备用容量运行时，应当经电网管理部门同意。

（三）电网备用容量的形式

电网备用容量按存在形式可分为热备用和冷备用。热备用又叫旋转备用，是旋转中的所有发电机组最大可能出力与电网发电负荷之差。冷备用是电网中处于停机状态但可随时待命启动的发电设备可能发出的最大功率。之所以需要热备用，是因为负荷备用和事故备用都是很短时间就要求提供的备用，而冷备用并入电网发出额定功率，短则几分钟，长则十多个小时，不能满足负荷要求。

从保证可靠性供电和良好的电能质量着眼，显然热备用越大越好，但热备用过大，运行机组台数多，经济性不好。考虑到在高峰负荷时发电设备出现事故的几率较少，部分负荷备用和事故备用容量可以通用，因此热备用的大小取为负荷备用加一部分事故备用即可满足要求。

（四）事故调查规程中对运行中备用功率大小的规定

按照《国家电网公司事故调查规程》，区域电网、省网实时运行中的备用有功功率小于下列数值，且时间超过 2h，算一般电网事故：

电网发电负荷	备用有功功率（占电网发电负荷%值）
40 000MW 及以上	2%或系统内的最大单机容量
20 000～40 000MW	3%或系统内的最大单机容量
10 000～20 000MW	4%或系统内的最大单机容量
10 000MW 及以下	5%或系统内的最大单机容量

备用有功功率是指接于母线且立即可以带负荷的旋转备用功率（含能立即启动的水电机组及燃气机组）。

三、案例分析

某省网高峰发电负荷为 15 000MW，最大单机容量为 600MW，某日最大可调出力为 16 500MW，出现一台 600MW 火电机组爆管事故停机，此时备用容量是否足够？如果此时第二台 600MW 火电机组事故停运，备用容量是否足够？

分析：当一台容量为 600MW 机组停运后，该电网可调出力仍有 15 900MW，备用容量达到 900MW，符合要求。

当第二台 600MW 机组事故停运，其可调出力仅仅 15 300MW，备用容量为 300MW；备用容量不足。

【思考与练习】

1．备用容量的作用是什么？

2．某省网发电负荷为 5000MW，最大单机容量为 600MW，其备用容量应不低于多少？

ZY2700103005

模块 5

第十二章 消 除 谐 波

模块 1 谐波产生的原因及对电力系统的影响（ZY2700104001）

【模块描述】本模块介绍谐波产生的原因及其对电力系统的影响。通过定义解释、原因分析及对各种设备影响的讲解，了解电网谐波产生的原因及其对电网的危害。

【正文】

一、谐波产生的原因

近年来，随着科学技术的不断发展，电力电子技术的不断采用，晶闸管整流和换流技术得到了广泛应用，如在电力系统中，大功率换流设备和调压装置的利用、高压直流输电的应用、大量非线性负荷的出现以及供电系统本身存在的非线性元件等，非线性负荷从电网中吸收非正弦电流，使得系统中的电压波形畸变越来越严重，对电力系统造成了很大的危害。

（一）谐波的定义

对电网周期性非正弦电量进行傅里叶级数分解，除了得到与电网基波频率相同的分量，还得到一系列大于电网基波频率的分量，这部分分量称为电网谐波。电网中有时也存在非整倍数谐波，称为非谐波（Non-harmonics）或分数谐波。谐波频率与基波频率的比值称为谐波次数。

（二）谐波产生的原因

高次谐波产生的根本原因是由于电力系统中某些设备和负荷的非线性特性，即所加的电压与产生的电流不成线性（正比）关系而造成的波形畸变。

1. 电网谐波来源

（1）发电源质量不高产生谐波。由于发电机制造工艺的问题，致使电枢表面的磁感应强度分布稍稍偏离正弦波，因此，产生的感应电动势也会稍稍偏离正弦电动势，即所产生的电流稍偏离正弦电流。

（2）输配电系统产生谐波。供电系统本身存在的非线性元件是谐波的又一来源。这些非线性元件主要有变压器激磁支路、交直流换流站的可控硅控制元件、可控硅控制的电容器、电抗器组等。

（3）用电设备产生的谐波。由于用电设备的非线性，而电流流经非线性负载时，则负载上电流为非正弦电波，即产生了谐波。

换流设备、调压装置、电气化铁道、电弧炉、荧光灯、家用电器以及各种电子节能控制设备等是电力系统谐波的主要来源。这些设备的谐波含量决定于它本身的特性和工作状况，基本上与电力系统参数无关，可视为谐波恒流源。

2. 电力系统的谐波源主要类型

（1）铁磁饱和型：各种具有铁磁饱和特性的铁芯没备，如变压器、电抗器等，其铁磁饱和特性呈现非线性。

（2）电子开关型：各种电力电子元件为基础的开关电源设备，主要为各种交直流换流装置（整流器、逆变器）以及大容量的电力晶闸管可控开关设备等，在化工、冶金、矿山、电气铁道等大量工矿企业以及家用电器中广泛使用，并正在蓬勃发展；在系统内部，如直流输电中的整流阀和逆变阀等。

（3）电弧型：各种具有强烈非线性特性的电弧为工作介质的设备，冶炼电弧炉在熔化期间以及交流电弧焊机在焊接期间，其电弧的点燃和剧烈变动形成的高度非线性，使电流不规则的波动。其非线性呈现电弧电压与电弧电流之间不规则的、随机变化的伏安特性。

二、谐波对电力系统影响

在目前的电力系统中，由于大量采用电力牵引机车、变频器、开关电源等各种电力电子装置以及电弧炉等为代表的各种非线性用电设备，致使电网谐波严重超标，对电力系统和用电设备的安全运行造成了极大的伤害。

供电系统中的谐波危害主要表现为以下方面。

（一）增加了发、输、供和用电设备的附加损耗，使设备过热，降低设备的效率和利用率

由于谐波电流的频率为基波频率的整数倍，高频电流流过导体时，由于集肤效应的作用，使导体对谐波电流的有效电阻增加，从而增加了设备的功率损耗、电能损耗，使导体的发热严重。

1．对旋转电机的影响

谐波对旋转电机的危害主要是产生附加的损耗和转矩。由于集肤效应、磁滞、涡流等随着频率的增高而使在旋转电机的铁心和绕组中产生的附加损耗增加。谐波电流产生的谐波转矩对电动机的平均转矩的影响不大，但谐波会产生显著的脉冲转矩，可能出现电机转轴扭曲振动的问题。这种振荡力矩使汽轮发电机的转子发生扭振，并使汽轮机叶片产生疲劳循环。

2．对变压器的影响

谐波电流使变压器的铜耗增加。3 次及其倍数次谐波对三角形连接的变压器，会在其绕组中形成环流，使绕组过热；对全星形连接的变压器，当绕组中性点接地，而该侧电网中分布电容较大或者装有中性点接地的并联电容器时，可能形成 3 次谐波谐振，使变压器附加损耗增加。由于以上两方面的损耗增加，因此要减少变压器的实际使用容量。除此之外，谐波还导致变压器噪声增大。

3．对输电线路的影响

谐波对于输电线路影响在于网损增大、谐波谐振引发谐波过电压。由于输电线路阻抗的频率特性，线路电阻随着频率的升高而增加。在集肤效应的作用下，谐波电流使输电线路的附加损耗增加。输电线路存在着分布的线路电感和对地电容，它们与产生谐波的设备组成串联回路或并联回路时，在一定的参数配合条件下，会发生串联谐振或并联谐振。

对于电力电缆线路，由于电缆的对地电容比架空线路约大 10～20 倍，而感抗约为架空线路的 1/2～1/3，因此更容易激励出较大的谐波谐振和谐波放大，造成绝缘击穿的事故。同时由于谐波次数高频率上升，再加之电缆导体截面积越大趋肤效应越明显，从而导致导体的交流电阻增大，使得电缆的允许通过电流减小。

4．对电力电容器的影响

谐波对电力电容器的影响主要在加速电容器的老化。当电网存在谐波时，投入电容器后其端电压增大，通过电容器的电流增加得更大，使电容器损耗功率增加，使电容器异常发热，在电场和温度的作用下绝缘介质会加速老化。随着谐波电压的增高，从而容易发生故障和缩短电容器的寿命。另一方面，电容器的电容与电网的感抗组成的谐振回路的谐振频率等于或接近于某次谐波分量的频率时，就会产生谐波电流放大，使得电容器因过热、过电压等而不能正常运行。在谐波严重的情况下，还会使电容器鼓肚、击穿或爆炸。

另外，谐波的存在往往使电压呈现尖顶波形，尖顶电压波易在介质中诱发局部放电，且由于电压变化率大，局部放电强度大，对绝缘介质更能起到加速老化的作用，从而缩短电容器的使用寿命。一般来说，电压每升高 10%，电容器的寿命就要缩短一半左右。

（二）影响继电保护和自动装置的工作和可靠性

谐波对电力系统中以负序(基波)量为基础的继电保护和自动装置的影响十分严重，这是由于这些按负序（基波）量整定的保护装置，整定值小、灵敏度高。如果在负序基础上再叠加上谐波的干扰则会引起发电机负序电流保护误动、变电站主变压器的复合电压启动过电流保护装置负序电压元件误动、母线差动保护的负序电压闭锁元件误动以及线路各种型号的距离保护、高频保护、故障录波器、自动准同期装置等发生误动，严重威胁电力系统的安全运行。

（三）使测量和计量仪器的指示和计量不准确

由于电力计量装置都是按 50Hz 的标准的正弦波设计的，当供电电压或负荷电流中有谐波成分时，会影响感应式电能表的正常工作。在有谐波源的情况下，谐波源用户处的电能表记录了该用户吸收的基波电能并扣除一小部分谐波电能，从而谐波源虽然污染了电网，却反而少交电费；而与此同时，在线性负荷用户处，电能表记录的是该用户吸收的基波电能及部分的谐波电能，这部分谐波电能不但使线性负荷性能变坏，而且还要多交电费。电子式电能表更不利于供电部门而有利于非线性负荷用户。

（四）干扰通信系统的工作

电力线路上流过的 3、5、7、11 等幅值较大的奇次低频谐波电流通过磁场耦合，在邻近电力线的通信线路中产生干扰电压，干扰通信系统的工作，影响通信线路通话的清晰度，甚至在极端情况下，还会威胁通信设备和人员的安全。另外高压直流（HVDC）换流站换相过程中产生的电磁噪声（3～10kHz）会干扰电力载波通信的正常工作，并使利用载波工作的闭锁和继电保护装置动作失误，影响电网运行的安全。

（五）对用电设备的影响

谐波会使电视机、计算机的图形畸变，画面亮度发生波动变化，并使机内的元件出现过热，使计算机及数据处理系统出现错误。对于带有启动用的镇流器和提高功率因数用的电容器的荧光灯及汞灯来说，会因为在一定参数的配合下，形成某次谐波频率下的谐振，使镇流器或电容器因过热而损坏。对于采用晶闸管的变速装置，谐波可能使晶闸管误动作，或使控制回路误触发。

对电力系统中大量采用的异步电动机，谐波的影响主要是增加了电动机的附加损耗，降低效率，严重时使电动机过热。 对低压开关设备如全电磁型的断路器、热磁型的断路器、电子型的断路器等低压电器，都可能因谐波产生误动作。对于漏电断路器来说，由于谐波汇漏电流的作用，可能使断路器异常发热，出现误动作或不动作。

【思考与练习】

1．电网中谐波的来源主要是什么？

2．谐波对用电设备的影响是什么？

模块 2　消除谐波的方法（ZY2700104002）

【模块描述】本模块介绍谐波的治理标准和消除谐波的方法。通过背景解释、方法讲解、案例学习，了解电网谐波的限制值，熟悉消除谐波的各种方法。

【正文】

一、谐波治理标准

1993 年我国颁布了限制电力系统谐波的 GB/T 14549—1993《电能质量：公用电网谐波》，规定了公用电网谐波电压限值（见表 ZY2700104002-1）。

表 ZY2700104002-1　　　　　　公用电网谐波电压（相电压）限值

电网标称电压（kV）	电压总谐波畸变率（%）	各次谐波电压含有率（%）	
		奇次	偶次
0.38	5.0	4.0	2.0
6	4.0	3.2	1.6
10			
35	3.0	2.4	1.2
66			
110	2.0	1.6	0.8

二、消除谐波的方法

在电力系统中对谐波的抑制就是如何减少或消除注入系统的谐波电流，以便把谐波电压控制在限定值之内，抑制谐波电流主要有三方面的措施：

（一）降低谐波源的谐波含量

谐波源上采取措施，最大限度地避免谐波的产生。这种方法比较积极，能够提高电网质量，可大大节省因消除谐波影响而支出的费用。具体方法有：

1. 增加整流器的脉动数

整流器是电网中的主要谐波源，脉冲数增加，谐波电流将减少。因此，增加整流脉动数，可平滑波形，减少谐波。

2. 采用脉宽调制法

采用 PWM，在所需的频率周期内，将直流电压调制成等幅不等宽的系列交流输出电压脉冲可以达到抑制谐波的目的。

3. 三相整流变压器采用 Yd 或 DY 的接线

当两台以上整流变压器由同有一段母线供电时，可将整流变压器一次侧绕组分别交替接成丫型和△形，这就可使 5 次、7 次谐波相互抵消，而只需考虑 11 次、13 次谐波的影响，由于频率高，波幅值小，所以危害性减小。这种接线也可以消除 3 的倍数次的高次谐波。

（二）在谐波源处吸收谐波电流

这类方法是对已有的谐波进行有效抑制的方法，这是目前电力系统使用最广泛的抑制谐波方法。主要方法有：

1. 装设滤波器

装设无源或者有源滤波器，阻止该次谐波流入电网，达到抑制谐波目的。

2. 防止并联电容器组对谐波的放大

当谐波存在时，在一定的参数下电容器组会对谐波起放大作用，危及电容器本身和附近电气设备的安全。可采取串联电抗器，或将电容器组的某些支路改为滤波器，还可以采取限定电容器组的投入容量，避免电容器对谐波的放大。

3. 加装静止无功补偿装置

快速变化的谐波源，如电弧炉、电力机车和卷扬机等，除了产生谐波外，往往还会引起供电电压的波动和闪变，有的还会造成系统电压三相不平衡，严重影响公用电网的电能质量。在谐波源处并联装设静止无功补偿装置，可有效减小波动的谐波量，同时，可以抑制电压波动、电压闪变、三相不平衡，还可补偿功率因数。

（三）加强谐波管理，改善供电环境

按照谁干扰、谁污染、谁治理的原则，进行谐波源当地治理，从技术、法规等多个方面推动用户落实谐波治理。对可能产生较大谐波的用电设备应实行专线供电，并装设谐波保护装置。

三、案例

某电缆厂 400V 供电系统由两台欧式箱式变电站组成，1 号箱式变电站所带负载中除了异步电动机还有 3 台直流电动机，此外，还有大量通过可控硅控温的加热设备；2 号箱式变电站的负载基本上为异步电动机和办公照明负载；投运不久，1 号箱式变电站就发生了两次无功补偿柜中元器件损坏的情况。损坏的元器件主要是电容接触器和熔断器。

在两次无功补偿柜发生故障时，该厂的交联电缆生产线都在运转，也就是直流电机和相当一部分的加热设备都挂在 1 号箱式变电站的低压母线上。对 1 号、2 号箱式变电站进行了多次的对比测量发现：1 号箱式变电站总线电流波形为非正弦波，频谱图分析可以看出含有 3、5、7、11 次等谐波。

根据上述测量和分析的情况，对该电缆厂的谐波治理采用与母线并联的固定串联 LC 调谐滤波器，即当交联电缆生产线启动时，LC 滤波器投入，当交联电缆生产线停工时，LC 滤波器退出；同时控制器更换为带谐波闭锁功能的补偿控制器，以便谐波畸变率超限时切除电容器。对于 3、5、7 次谐波采用单调谐滤波器，对于 9、11 次以上的谐波采用以 11 次为主的高通滤波器。通过谐波治理，取得很好效果，再没有发生过元件损坏事故。

【思考与练习】

1. 按照国家标准，10kV 电网中谐波电压的限值是多少？
2. 消除谐波的方法有哪些？

ZY2700104002

第十三章 调 整 潮 流

模块 1 调整系统潮流的方法（ZY2700105001）

【模块描述】本模块介绍调整系统潮流的方法。通过潮流分布讲解、调整方法介绍、案例学习及操作技能训练，掌握电力系统潮流的调整方法。

【正文】

一、系统潮流分布及调整方法

电力网的功率分布和电压分布，成为潮流分布。在这里，主要讨论稳态运行方式下的静态有功潮流。合理的潮流分布是电力系统运行的基本要求，其要点为：

（1）运行中的各种电工设备所承受的电压应保持在允许范围内，各种元件所通过的电流应不超过其额定电流，以保证设备和元件的安全。

（2）应尽量使全网的损耗最小，达到经济运行的目的。

（3）正常运行的电力系统应满足静态稳定和暂态稳定的要求。并有一定的稳定储备，不发生异常振荡现象。

为此就要求电力系统运行调度人员随时密切监视并调整潮流分布。现代电力系统潮流分布的监视和调整是通过以在线计算机为中心的调度自动化系统来实现的。

（一）潮流分布

1. 辐射网络潮流分布

辐射形电网也称为开式网路。地区电网以辐射的形式供给许多变电站，如放射式、干线式和链式网络都是辐射形网络的范畴。而环式和两端供电的网络大多数情况下也是在某个节点处将网络断开运行，即开环运行，此时电网也可看作是辐射式供电。

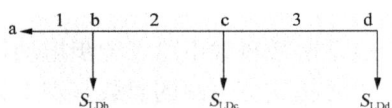

辐射网络的潮流分布完全取决于各点的负荷分布，如由三段输电线路组成的开式网络及其等值电路示于图 ZY2700105001-1，已知供电点 a 的电压节点 b、c 和 d 的负荷功率分别为 S_{LDb}，S_{LDc}，S_{LDd}。

图 ZY2700105001-1　辐射网络潮流分布

此时，a 点看线路 1 上潮流 S_1 为

$$S_1 = S_{LDb} + S_{LDc} + S_{LDd} + \triangle S_1 + \triangle S_2 + \triangle S_3 \qquad (ZY2700105001\text{-}1)$$

其中 $\triangle S_1$、$\triangle S_2$、$\triangle S_3$ 分别为线路 1、线路 2、线路 3 上损耗。当忽略线路损耗时

$$S_1 = S_{LDb} + S_{LDc} + S_{LDd} \qquad (ZY2700105001\text{-}2)$$

2. 闭式网络潮流分布

闭式网络，如不采取附加措施，其潮流按阻抗分布。两端供电网络的潮流可借调整两端电源的功率或电压适当控制，但由于两端电源容量有一定限制，而电压调整的范围又要服从对电压质量的要求，调整幅度都不可能大。对于闭式电力网其功率分布基本上均采取计算机算法，通过手工精确求出功率分布非常困难。

（二）潮流调整的方法

1. 辐射形网络

辐射形网络中的潮流分布取决于各负荷点的负荷，可以通过以下手段改变线路上的潮流：

（1）改变网络结构，投入备用线路、断开运行线路。

（2）增加辐射网络上机组出力。

（3）转走或转入负荷，或采取拉闸限电、负荷控制，避峰错峰等办法调整负荷。

（4）升高或降低电压。

2．环形网络

环式网络的潮流受负荷及电源分布，电网结构影响；两端供电网络的潮流且可借调整两端电源的功率或电压适当控制，但由于两端电源容量有一定限制，而电压调整的范围又要服从对电压质量的要求，调整幅度都不可能大。但另一方面，从保证安全、优质、经济供电的要求出发，网络中的潮流往往需要控制。

（1）改变电源出力。通过加减电厂出力、开出备用机组，停运行机组方法调节潮流是目前各级调度使用最多的一种潮流调整方法。

（2）改变负荷分布。改变负荷分布能够有效调整潮流。其手段包括将负荷转移到其他供电区、通过负控手段进行避峰错峰、通过拉闸限电手段限制用电负荷使用等。

（3）改变网络结构。通过投入备用线路、停运运行线路等手段改变网络结构，达到调整潮流目的。

（4）调整电压。按照负荷电压特性，降低电压能够降低负荷，从而达到调整潮流目的。同时调整电压还能调整环流或强制循环功率，从而改变潮流分布。

（5）采用附加装置进行调整。手段主要有串联电容、串联电抗和附加串联加压器。

串联电容的作用显然是以其容抗抵偿线路的感抗，将其串联在环式网络中阻抗相对过大的线段上，可起转移其他重载线段上潮流的作用。串联电抗的作用与串联电容相反，主要在限流，但由于其对电压质量和系统运行的稳定性有不良影响，这一手段未曾推广。附加串联加压器的作用在于产生一环流或强制循环功率，使强制循环功率与自然分布功率的叠加可达到理想值。

在电力电子技术获得长足发展之前，通过附加装置控制潮流得手段相当贫乏。电力电子技术的迅速发展，为控制潮流提供了若干种可供选择的新方案，其中包括对串联电容的重新构筑和使用，对附加串联变压器的根本性改进和使用，可控移相器的使用以及对 "综合潮流控制器"的研制。"综合潮流控制器"兼有改变线路电压大小和相位、等值地串入电容或电感、等值的并入电容或电感等功能，其具体的工作原理可参阅有关资料。

二、案例分析

如图 ZY2700105001-2 所示，某地区南部电网与主网通过四回线路和主网相连。其中 C、D 两回线因为负荷分布及网络结构原因潮流比较轻，A、B 两回线与乙站相连，潮流较重。

某日，南部电网内部连续有大机组跳闸，造成 A、B 两回线压极限运行，此时尚处在腰荷时期，2h 后负荷会大幅上升，将导致 A、B 两回线超过限制，功率缺口大。

作为值班调度员，为控制 A、B 两回线潮流，一次采取以下措施：

图 ZY2700105001-2　某地区南部电网结构图

（1）增加南部电厂出力、开出南部备用机组。

（2）有条件可将南部电网部分负荷倒出，转由主网供电。

（3）调整主网及南部电网内部方式，使潮流向 C、D 两线转移。

（4）经方式计算允许后，拉开甲乙两站之间联络线路，改变网络结构，使西部通道阻抗增大，A、B 两线潮流明显降低，C、D 两线潮流加重。

（5）通知用电部门，南部电网用电负荷错峰，避开高峰负荷。

（6）保证供电质量和稳定裕度情况下适当降低南部电网电压。

（7）做好事故限电准备。

通过以上措施，保证了高峰期间电网安全运行。

【思考与练习】

1．辐射网络中潮流调整有哪些方法？

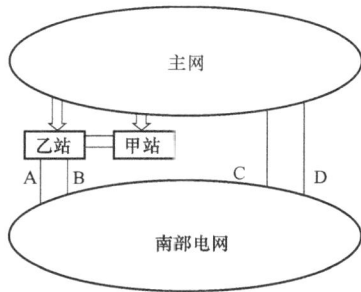

2．环形网络中潮流调整有哪些方法？

3．根据当地电网实际情况，针对系统潮流调整方面安排 DTS 实训。

模块 2　跨区电网联络线调控原理及方法（ZY2700105002）

【模块描述】 本模块介绍跨区电网联络线调控原理及方法。通过原理讲解、条文解释及案例学习，了解对跨区电网的负荷频率控制及控制策略的配合，熟悉跨区电网控制性能标准，了解跨区电网联络线调控 AGC 控制方法。

【正文】

一、跨区电网的负荷频率控制（图 ZY2700105002-1 为两个并联电网示意图）

互联电网的频率变化取决于总的功率缺额和总的单位调节功率。电力系统的负荷频率控制有如下三种主要控制方式：

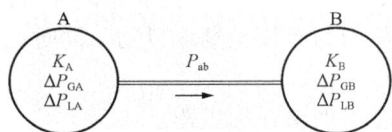

（一）恒定频率控制（Flat Frequency Control，FFC）

这种控制方式最终维持的是系统频率恒定，即 $\Delta f = 0$，对联络线上的交换功率则不加控制。因此，这种方式一般适合于独立系统或联合系统的主系统。

图 ZY2700105002-1　两个互联电网示意图

（二）恒定联络线交换功率控制（Flat Tie-line Control，FTC）

这种控制方式的控制目标是维持联络线交换功率的恒定，即 $\Delta P_{ab} = 0$，对系统的频率则不加控制。因此，这种方式一般适合于联合系统中的小容量系统。

（三）联络线和频率偏差控制（Tie-line Load Frequency Bias Control，TBC）

这种控制方式的控制目标是维持各分区功率增量的就地平衡，即 $\Delta P_{GA} = \Delta P_{LA}$，或者表示为 $K_A \times \Delta f + \Delta P_{ab} = 0$，既要控制频率有要控制交换功率。因此，这种方式是互联电力系统中的最常用的，尤其是当各系统容量相当时。

联合电力系统中控制的基本原则是在执行计划的交换功率的情况下，每个系统负责处理本系统所发生的负荷扰动，只有在紧急情况下给予相邻系统以临时性支援，并在动态过程中得到最佳的动态性能。

二、跨区电网控制性能标准

（一）A1、A2 标准

北美电力系统可靠性协会（NERC）早在 1973 年就正式采用 A1、A2 标准来评价电网正常情况下的控制性能，其内容是：

A1：控制区域的 ACE 在 10min 内必须至少过零一次。

A2：控制区域的 ACE 10min 内的平均值必须控制在规定的范围 Ld 内。

NERC 要求各控制区域达到 A1、A2 标准的控制合格率在 90% 以上。这样通过执行 A1、A2 标准，使各控制区域的 ACE 始终接近于零，从而保证用电负荷与发电、计划交换和实际交换之间的平衡。国内各大电网的联络线指标考核一直按照 A1，A2 的规定进行。但是，A1、A2 标准也有缺陷：

（1）控制 ACE 的主要目的是为保证电网频率的质量，但在 A1、A2 标准中，却未体现出对频率质量的要求。

（2）A1 标准要求 ACE 应经常过零，从而在一些情况下增加了发电机组无谓的调节。

（3）由于要求各控制区域严格按 Ld 来控制 ACE 的 10min 平均值，因而在某控制区域发生事故时，与之互联的控制区域在未修改联络线交换功率时，难以做出较大的支援。

基于上述原因，北美于 1983 年就开始研究改进控制性能评价标准。经过多年的探索，终于在 1996 年推出了 CPS1、CPS2 标准。

（二）CPS1、CPS2 标准

相对于主要根据经验制定的 A 系列标准而言，基于统计学理论的 CPS 指标计算公式具有较强的理论基础，它着眼于频率质量和一个控制区域在频率偏差控制方面的长期表现，因而更为合理，它主要要求：

CPS1：控制区域的控制行为对电网频率质量有贡献。

CPS2：控制区域 ACE 每 10min 的平均值必须控制在规定的范围。

目前，国内各大电网多采用 CPS 标准对电网频率进行考核，对比 A 标准，有以下优点：

（1）CPS 标准不要求 ACE 经常过零，可以避免一些不必要的调节，有利于机组的稳定运行。

（2）CPS1 标准中的参数 ε_1、ε_{10} 体现了电网频率控制的目标，有利于促使省、市电网在控制行为上注意关心电网的频率质量，有利于提高电网的频率质量。

（3）CPS1 标准对各控制区域对电网频率质量的"功过"评价十分明确，特别有利于某一控制区域内发生事故时，其他控制区域对其进行支援。

三、跨区电网联络线调控 AGC 控制方法

在区域电网中，网调一般担负系统调频任务，其控制模式通常选择定频率控制模式，省调一般保证按联络线计划调度，其控制模式通常选择定联络线控制模式。在大区域互联电网中，互联电网的频率及联络线交换功率应由参与互联的电网共同控制，其控制模式应选择联络线偏差控制模式。同时，在利用 AGC 进行跨区间联络线控制时，除满足 CPS 考核标准外，还必须满足以下三个条件：

（一）电网安全约束

在通过 AGC 进行负荷调整时，必须满足电网所有安全约束条件，不能造成设备过载或者超过稳定控制极限。对于调整过程中跟踪联络线进行调整可能造成设备过限的电厂，调度指挥中心对于该部分机组可以将其 AGC 投入"设定"负荷模式，其机组只能带调度员设定负荷，或者设置其 AGC 上下调节范围，保证机组出力在允许范围内波动。

（二）节能优化调度原则

1. 满足水电厂调度需求

即避免水电厂弃水，提高水能利用率，同时满足防洪及灌溉、航运等要求。在这种情况下，调度中心需要根据实际情况，协调不同水电厂之间和水火电厂 AGC 投入方式，当进入丰水期后，水电厂根据来水情况，投入"设定"模式，以水定电，而火电厂投入"等比例"或者"超短期负荷预测"模式，负责跟踪联络线，火电厂尽量不要投入"自动模式"。正常情况下，可由水电厂投入"自动"模式，跟踪负荷变化，而火电厂投入"计划"模式，跟踪负荷变化趋势，并使水电机组目标功率逐渐恢复到应有的水电机组二次调频的目标功率。

2. 满足火电厂节能环保需要

即煤耗低、损耗小、污染少电厂多发。可以在 AGC 中增加相关的程序判断，同时，该项原则在发电计划中也有所体现。

（三）满足三公调度原则

保证各个电厂按照年度计划发电。在该种情况下，将需要的机组投入"计划"模式。

四、案例分析

如图 ZY2700105002-1 所示，电网 A 与电网 B 相联，构成联合跨区电网，其联络线调控方法为：采用联络线和频率偏差控制 TBC 控制模式，其控制性能标准按照 CPS1、CPS2 标准。即两个电网间联络线区域控制偏差 ACE 按照是否满足 CPS 标准进行控制，联络线区域控制偏差 ACE 计算公式方法为 $ACE = \Delta P + B \times \Delta F$（其中 ΔP——联络线偏差，MW；B——负荷频率响应特性值，MW/0.1Hz；ΔF——电网频率偏差，Hz）。说明这种方式既要控制频率有要控制交换功率，从而完成整个互联电网的调频任务。

【思考与练习】

1. 跨区电网的负荷频率控制主要有哪几种方式？

2. 对比 A 标准，CPS 标准有何优点？

ZY2700105002

第五部分

电网操作

第十四章 并、解列与合、解环操作

模块 1 电力系统合、解环操作（ZY2700201001）

【模块描述】本模块介绍电力系统合、解环操作的条件及合、解环操作后潮流对系统的影响与注意事项。通过概念解释、操作注意事项讲解，掌握电网合、解环操作的基本要领。

【正文】

一、合环操作

1. 合环操作的含义

合环操作是指将线路、变压器或断路器串构成的网络闭合运行的操作。同期合环是指通过自动化设备或仪表检测同期后自动或手动进行的合环操作。

2. 电网合环运行的优点

电网合环运行的优点是各个电网之间可以互相支援互相调剂，互为备用，这样既可以提高电网或供电的可靠性，又保证了重要用户的用电；同时如果在同样的导线条件下输送相同的功率，环路运行还可以减少电能损耗，提高电压质量。

3. 合环操作应具备的条件

（1）合环点相位、相序一致。如首次合环或检修后可能引启相位变化，必须经测定证明合环点两侧相位、相序一致。合环时的电压差，220kV 系统一般允许在 20%，最大不超过 30%以内，负荷相角差一般不超过 30°，500kV 系统一般不超过 10%，最大不超过 20%，负荷相角差不超过 20°。

（2）如属于电磁合环，则环网内的变压器接线组别之差为零；特殊情况下，经计算校验继电保护不会误动作及有关环路设备不过载，允许变压器接线差 30°进行合环操作。

（3）合环后环网内各元件不致过载。

（4）合环后系统各部分电压质量在规定范围内。

（5）继电保护与安全自动装置应适应环网运行方式。

（6）稳定符合规定的要求。

二、解环操作

1. 解环操作的含义

解环操作是指将线路、变压器或断路器串构成的闭合网络开断运行的操作。

2. 解环操作应具备的条件

（1）解环前检查解环点的有功、无功潮流，确定解环后是否会造成其他联络线过负荷。

（2）确保解环后系统各部分电压质量在规定范围内。

（3）解环后系统各环节的潮流变化不超过继电保护、系统稳定和设备容量等方面的限额。

（4）继电保护与安全自动装置应适应电网解环后运行方式。

（5）稳定符合规定的要求。

三、合、解环操作后潮流对系统的影响与注意事项

（1）合环操作必须相位相同，电压差、相位角应符合规定。在 220、110kV 环路阻抗较大的环路中，合环点两侧电压差最大不超过 30%，相角差不大于 30°（或经过计算确定其最大允许值）。500、220kV 环路中合环开关两侧电压差一般不超过 10%，最大不超过 20%，相角差最大不超过 20 度。

（2）应确保合、解环网络内，潮流变化不超过电网稳定、设备容量等方面的限制，对于比较复杂环网的操作，应先进行计算或校验。

（3）继电保护、安全自动装置应与解、合环操作后的电网运行方式配合。

（4）确知合、解环的系统是属于同一系统，并已经核相正确。

（5）了解两侧系统的电压情况。

（6）对于消弧线圈接地的系统，应考虑在合、解环后消弧线圈的正确运行。

（7）应使用开关进行合、解环操作，特殊情况下需用刀闸进行合、解环操作，应先经计算或试验，并应经有关领导批准。

（8）在合环后应检查和判断合环操作情况；解环时应检查合环系统，在合环运行状态后才能进行解环操作，防止误停电。

（9）操作前后应与有关方面联系。

四、电网合、解环操作过程中的危险点及其预控措施

电网合、解环操作过程中的危险点主要有：①误解列，在未合环运行的情况下就进行解环操作，使部分电网解列运行或造成停电；②合、解环操作出现稳定问题。

（1）解环操作中误解列的防范措施：合解环操作指令必须下达一条执行一条，即先下达合环操作指令，待调度系统运行值班人员汇报合环操作完毕后才能下达解环操作指令。

（2）合、解环操作出现稳定问题的防范措施：

1）合、解环操作应进行计算或校核。

2）首次合环或检修后可能引启相位变化的，必须测定合环点两侧相位一致。

3）合环点有同期时，应使用同期合环。

【思考与练习】

1．电网合环运行应具备哪些条件？

2．电网解环操作应具备哪些条件？

3．根据当地电网实际情况，安排电网内通过某设备合、解环操作的 DTS 实训。

模块 2　电力系统并、解列操作（ZY2700201002）

【模块描述】本模块介绍电力系统并、解列应具备的条件，并、解列方法及并、解列操作的注意事项。通过概念解释、操作注意事项讲解，掌握并、解列操作的基本要领。

【正文】

一、并列操作

（一）并列操作的含义

并列操作是指发电机（调相机）与电网或电网与电网之间在相序相同，且电压、频率允许的条件下并联运行的操作。

（二）并列操作的方法

电力系统并列的方法有自同期法和准同期法。

1．准同期法

当满足并列条件或偏差不大时，合上电源间的并列开关的并列方法，称为准同期并列。准同期并列时，手动操作合闸称为手动准同期并列，自动操作称为自动准同期并列。

准同期并列的优点是正常情况下并列时冲击电流很小，对电网设备冲击小，对电网扰动小；缺点是由于准同期并列条件较复杂，并列操作时间长，同时对并列合闸时间要求较高，如果并列合闸时间不准确，可能造成非同期并列的严重后果，对设备和电网造更大的冲击。准同期法不仅适用于发电机与电网的并列，也适用于两个电网之间的并列，是电力系统中最常见和主要的并列方式。

2．自同期法

发电机自同期并入系统的方法是：在相序正确的条件下，启动未励磁的发电机，当转速接近同步转速时合上发电机开关，将发电机投入系统，然后再加励磁，在原动机转矩、异步转矩、同步转矩等作用下，拖入同步。

自同期具有操作简单、并列迅速、便于自动化等优点，但由于自同期在合闸时的冲击电流和冲击转矩较大，同时并列瞬间要从电网、吸收大量无功功率，造成电网电压短时下降。因此自同期并列仅在系统中的小容量发电机上采用，大中型发电机及电网间并列时一般采用准同期法进行。

（三）并列操作的条件

1．发电机自同期并列的条件

（1）与母线直接连接容量在 3000kW 以上的汽轮发电机，计算汽轮发电机自同步电流，在满足一定条件时，方可采用自同期并列。

（2）容量在 3000kW 及以下的汽轮发电机、各种容量的水轮发电机和同步调相机以及与变压器作单元连接的汽轮发电机，均可采用自同期并列。

2．准同期并列的条件是

（1）并列点两侧的相序一致、相位相同。

（2）并列点两侧的频率相等（调整困难时允许频率偏差不大于 0.50Hz）。

（3）并列点两侧的电压相等（电压差尽可能减小，当无法调整时，允许电压相差不大于 20%）。

二、解列操作

1．解列操作的含义

解列操作是指通过人工操作或保护及自动装置动作使电网中断路器断开，使发电机（调相机）脱离电网或电网分成两个及以上部分运行的过程。

2．解列操作的条件及方法

解列操作时应将解列点的有功和无功潮流调至零，或调至最小，然后断开解列点断路器，完成解列操作。

三、并、解列操作的注意事项

（1）地区电网与主电网并、解列时，操作前必须征得上级调值班调度员的同意，并应注意重合闸方式的变更，继电保护定值和消弧线圈分接头的调整以及低频减载装置投入方式等。

（2）解列时，将解列点有功潮流调整致零，电流调整致最小，如调整有困难，可使小电网向大电网输送少量功率，避免解列后小电网频率和电压较大幅度变化。

（3）选择解列点时要考虑到再同期时找同期方便。

四、并、解列操作中的危险点及其预控措施

并、解列操作的危险点主要有：①误解列，解列点未满足解列条件时就进行解列操作，致使小电网的频率和电压发生较大幅度变化甚至瓦解；②非同期并列，对系统造成严重冲击。

1．误解列的防范措施

（1）解列操作前通知相关单位。

（2）解列时，将解列点有功潮流调整至零，电流调整至最小再进行解列操作。

2．非同期并列的防范措施

（1）在初次合环或进行可能引起相位变化的检修之后，必须进行相位测定正确后才能进行合环操作。

（2）防止人员误操作。

（3）检查同期点的同期装置完好。

（4）准同期时，严格遵守准同期并列的条件。

【思考与练习】

1．电力系统同期并列方法有哪些？

2．准同期并列的条件是什么？

3．根据当地电网实际情况，安排电网解列后两部分间并、解列操作的 DTS 实训。

模块 3　非同期并列对发电机和系统的影响（ZY2700201003）

【模块描述】本模块介绍非同期的概念、非同期并列对发电机和系统的影响以及预控非同期的措施。

通过概念描述、要点归纳讲解，掌握非同期并列对发电机和系统的影响。

【正文】

一、非同期的概念

准同期并列的条件有：

（1）并列点两侧的相序、相位相同。

（2）并列点两侧的频率相等。

（3）并列点两侧的电压相等。

当不满足上述条件进行系统并列时即为非同期并列。

二、非同期并列对发电机和系统的影响

在不符合准同期并列条件时进行并列操作，称为非同期并列。当不满足并列条件时会产生以下后果：

（1）电压不等：其后果是并列后，发电机和系统间有无功性质的环流出现。

（2）电压相位不一致：其后果是可能产生很大的冲击电流，使发电机烧毁，或使端部受到巨大电动力的作用而损坏。

（3）频率不等：其后果是将产生拍振电压和拍振电流，这个拍振电流的有功成分在发电机机轴上产生的力矩，将使发电机产生机械振动。当频率相差较大时，甚至使发电机并入后不能同步。

发电机非同期并列是发电厂的一种严重事故，它对有关设备如发电机及其与之相串联的变压器、开关等，破坏力极大。严重时，会将发电机绕组烧毁端部严重变形，即使当时没有立即将设备损坏，也可能造成严重的隐患。就整个电力系统来讲，如果一台大型机组发生非同期并列，则影响很大，有可能使这台发电机与系统间产生功率振荡，严重地扰乱整个系统的正常运行，甚至造成系统崩溃。

三、防止非同期并列的具体措施

1. 非同期并列事故一般发生的主要原因

（1）一次系统不符合并列条件，误合闸。

（2）同期用的电压互感器或同期装置电压回路，接线错误，没有定相。

（3）人员误操作，误并列。

2. 防止非同期并列的具体措施

非同期并列，不但危及发电机、变压器，还严重影响电网及供电系统，造成振荡和甩负荷。就电气设备本身而言，非同期并列的危害甚至超过短路故障。防止非同期并列的具体措施是：

（1）设备变更时要坚持定相。发电机、变压器、电压互感器、线路新投入（大修后投入），或一次回路有改变、接线有更动，并列前均应定相。

（2）防止并列时人为发生误操作。

1）值班人员应熟知全厂（所）的同期回路及同期点。

2）在同一时间里不允许投入两个同期电源开关，以免在同期回路发生非同期并列。

3）手动同期并列时，要经过同期继电器闭锁，在允许相位差合闸。严禁将同期短接开关合入，失去闭锁，在任意相位差合闸。

4）工作厂用变压器、备用厂用变压器，分别接自不同频率的电源系统时，不准直接并列。此时，倒换变压器要采取"拉联"的办法，即先手动拉开工作厂用变压器的电源断路器，后使备用厂用变压器的断路器联动投入。

5）电网电源联络线跳闸，未经检查同期或调度下令许可，严禁强送或合环。

（3）保证同期回路接线正确、同期装置动作良好。

1）同期（电压）回路接线如有变更，应通过定相试验检查无误、正确可靠，同期装置方可使用。

2）同期装置的闭锁角不可整定过大。

3）自动（半自动）准同期装置，应通过假同期试验、录波检查特性（导前时间、频差 Δf、压差 ΔU）正常，方可正式投入使用。

4）采用自动准同期装置并列时，同时也可将手动同期装置投入。通过同期表的运转，来监视自动准同期装置的工作情况。特别注意观察是否在同期表的同期点并列合闸。

（4）断路器的同期回路或合闸回路有工作时，对应一次回路的隔离开关应拉开，以防断路器误合入、误并列。

（5）认真吸取事故教训，防止类似事故再发生。

【思考与练习】

1．发生非同期事故的主要原因有哪些？

2．什么是发电机非同期并列？有什么危害？

第十五章 母 线 操 作

模块 1 母线停送电和倒母线操作 (ZY2700202001)

【模块描述】本模块介绍母线停、送电和倒母线操作的方法及二次部分的调整。通过操作方法讲述、案例介绍，掌握母线停送电和倒母线操作方法和基本要领。

【正文】

一、母线停、送电操作的方法及二次部分的调整

（1）母线停电时，先断开母线上各出线及其他元件断路器，最后分别按线路侧隔离开关、母线侧隔离开关依次拉开。母线送电时操作与此相反。

（2）如线路停送电时伴随 220kV 母线停送电，可采取 220kV 线路与 220kV 空母线一并停送电方式。

（3）有母联断路器时应使用母联断路器向母线充电。母联断路器的充电保护应在投入状态，必要时要将保护整定时间调整到 0。这样，如果备用母线存在故障，可由母联断路器切除，防止事故扩大。如 220kV 及以下电压等级母线如无母联断路器，在确认备用母线处于完好状态后，也可用刀闸充电，但在选择刀闸和编制操作顺序时，应注意不要出现过负荷。

（4）除用母联断路器充电之外，在母线倒闸过程中，应将母联断路器改非自动（即母联断路器的操作电源拉开），防止母联断路器误跳闸，造成带负荷拉刀闸事故。

二、倒母线的方法

（一）母线的"冷倒"方法

母线的"冷倒"一般情况下适用于母线故障后的倒母线方式，具体操作方法是：

（1）断开元件断路器。

（2）拉开故障母线侧隔离开关。

（3）合上运行母线侧隔离开关。

（4）合上元件断路器。

（二）母线的"热倒"方法

母线的"热倒"是正常情况下的母线倒闸方式，即线路不停电的倒母线方式，如无特别说明倒母线均采用"热倒"方式。具体操作方法是：

（1）母联断路器在合位状态下，将母联断路器改非自动（即母联断路器的操作电源拉开），保证母线隔离开关在并、解时满足等电位操作的要求。

（2）合上母线侧隔离开关。

（3）拉开另一母线侧隔离开关。

（三）母线倒闸时母线侧隔离开关的操作方法

多个元件倒母线操作时，母线倒闸时母线侧隔离开关的操作原则上有两种操作方法：

（1）将一元件的隔离开关合于一母线后，随即断开该元件另一母线上的隔离开关，直到所有元件倒换至另一母线。

（2）将需要倒母线的所有元件的隔离开关都合于运行母线之后，再将另一母线的对应的所有隔离开关断开。

具体操作方案根据操动机构位置（两母线刀闸在一个走廊上或两个走廊上）和现场规程决定。

三、案例学习

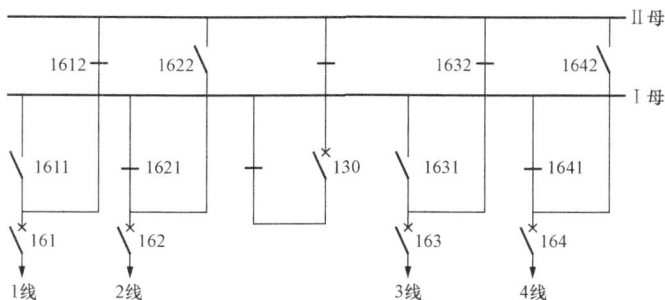

图 ZY2700202001-1　主接线简图

倒母线操作前方式如上图（母联断路器热备用），1 线、3 线由Ⅱ母运行倒至Ⅰ母运行，调度逐项指令主要内容如下：

（1）母联 130 断路器热备用转运行。

（2）断开母联 130 断路器直流操作电源。

（3）合上 1 线Ⅰ母侧 1611 隔离开关。

（4）拉开 1 线Ⅱ母侧 1612 隔离开关。

（5）合上 3 线Ⅰ母侧 1631 隔离开关。

（6）拉开 3 线Ⅰ母侧 1632 隔离开关。

（7）合上母联 130 断路器直流操作电源。

（8）母联 130 断路器运行转热备用。

【思考与练习】

1．母线倒闸过程中，为什么要将母联断路器的操作电源拉开？

2．倒母线有哪两种操作方法？

3．根据当地电网实际情况，安排某厂站双母线倒母线操作的 DTS 实训。

模块 2　母线操作中的问题（ZY2700202002）

【模块描述】本模块介绍母线停、送电操作中常见的问题及倒母线操作中的常见问题。通过问题分析讲解，掌握母线停送电和倒母线操作过程中的危险点及其预控措施。

【正文】

一、母线停、送电操作中常见的问题

（1）备用和检修后的母线送电操作，应使用装有反映各种故障类型速断保护的断路器进行，若只用隔离开关向母线充电，必须进行必要的检查，确认设备良好、绝缘良好。在有母联断路器时应使用母联断路器向母线充电，母联断路器的充电保护应在投入状态。

（2）带有电感式电压互感器的空母线充电时，为避免断路器触头间的并联电容与电压互感器感抗形成串联谐振，母线停送电前将电压互感器隔离开关断开或在电压互感器二次回路并（串）联适当电阻。

（3）母线停、送电操作时，应做好电压互感器二次切换，防止电压互感器二次侧向母线反充电。

（4）母联断路器因故不能使用，必须用母线隔离开关拉、合空载母线时，应先将该母线电压互感器二次断开。

二、倒母线操作中的常见问题

（1）进行母线倒闸操作时应注意对母差保护的影响，要根据母差保护运行规程作相应的变更。在倒母线过程中无特殊情况，母差保护应投入运行。

（2）由于设备倒换至另一母线或母线上电压互感器停电，继电保护和自动装置的电压回路需要由另一电压互感器供电时，应注意避免继电保护和自动装置因失去电压而误动作。避免电压回路接触不良以及通过电压互感器二次向不带电母线反充电，而引启的电压回路熔断器熔断，造成继电保护误动作等情况出现。

（3）无母联断路器的双母线或母联断路器不能启用，需停用运行母线，投入备用母线时，应尽可能使用外来电源对备用母线试送电。不具备上述条件时，则应仔细检查备用母线，确认设备正常、可以送电后，先合上原备用母线上的隔离开关，再拉开原运行母线上的隔离开关。

（4）母线的电压互感器所带的保护，如不能提前切换到运行母线的电压互感器上供电，则事先应将这些保护停用。

（5）已发生故障的母线上的断路器需倒换至正常母线上时，应先拉开故障母线上的断路器和隔离开关，检查明确，并隔离母线故障后，才能进行由正常母线对断路器的恢复送电操作。

（6）由于500kV空载母线充电容量大，因此不允许用刀闸拉合500kV空载母线，也不允许用刀闸拉合电容式电压互感器。

（7）进行倒母线操作，操作前要做好事故预想，防止因操作中出现刀闸磁柱断裂等意外情况，而引启事故扩大。

三、母线操作过程中的危险点及其预控措施

母线操作过程中的危险点主要有：①对故障母线充电，引启事故扩大；②可能发生的带负荷拉刀闸事故；③母线倒闸过程中继电保护及自动装置误动；④向空载母线充电发生串联谐振。

1. 对故障母线充电的防范措施

（1）母线充电有母联断路器时应使用母联断路器向母线充电，母联断路器的充电保护应在投入状态，必要时要将保护整定时间调整到0，这样可以快速切除故障母线，防止事故扩大。

（2）母线故障后的倒母线采用应"冷倒"方式。

2. 倒母线过程中带负荷拉隔离开关事故的防范措施

（1）除用母联断路器充电之外，在母线倒闸过程中，母联断路器的操作电源应拉开，防止母联断路器误跳闸，造成带负荷拉隔离开关事件。

（2）对于500kV空载母线，不允许用隔离开关拉合500kV空载母线，也不允许用隔离开关拉合电容式电压互感器。

3. 母线倒闸过程中继电保护及自动装置误动的防范措施

（1）母线倒闸过程中应注意防止继电保护和自动装置失去电压，母线的电压互感器所带的保护，如不能提前切换到运行母线的电压互感器上供电，则事先应将这些保护停用。

（2）母差保护与母线运行方式适应。

4. 向空载母线充电发生串联谐振的防范措施

停送仅带有电感式电压互感器的空母线时，母线停电前先将电压互感器隔离开关拉开，母线送电后再将电压互感器隔离开关合上。

【思考与练习】

1. 对带有电感式电压互感器的空母线充电时注意什么问题？

2. 能用隔离开关对空母线充电吗？为什么？

3. 根据当地电网实际情况，安排某厂站带有电感式电压互感器的母线停送电的DTS实训。

第十六章　线　路　操　作

模块 1　线路停送电操作（ZY2700203001）

【模块描述】本模块介绍线路停电前潮流的调整、相关保护和安全自动装置的调整、断路器和隔离开关的操作顺序等注意事项；线路送电时充电端的选择、送电的约束条件、相关保护和安全自动装置的调整。通过要点归纳讲解，掌握线路停、送电操作的方法和基本要领。

【正文】

一、线路停电前潮流的调整、相关保护和安全自动装置的调整

（1）线路停电时，应考虑本所是否为本线路的合适的解列点或解环点，并应考虑减少系统电压波动，必要时要调整电压、潮流。对馈电线路一般先拉开受电端断路器，再拉开送电端断路器。

（2）双回线路供电的其中一条线路停电时，应检查两条线路的负荷情况，防止因一条线路已停运，拉开另一条线路断路器时，造成用户停电；或一条线路停电时，造成另一条线跳过负荷。

（3）如果线路停电涉及安全自动装置变更，应按相关规定执行。

（4）线路停电操作时先停用一次设备，后停用保护、自动装置。

二、线路停电时断路器和隔离开关的操作顺序

（1）拉开线路各侧断路器。

（2）先拉开线路侧隔离开关，后拉开母线侧隔离开关。这样做是因为即使发生意外情况或断路器实际上未断开，造成带负荷拉、合隔离开关所引起的故障点始终保持在断路器的负荷侧，这样可由断路器保护动作切除故障，把事故影响缩小在最小范围。反之，故障点如出现在母线侧隔离开关，将导致整条母线全部停电。

（3）可能来电的各端合接地隔离开关（或挂接地线）。

（4）3/2 接线方式，线路停电时一般应先断开中间断路器，后断开母线侧断路器，然后拉开线路侧隔离开关，最后拉开母线侧隔离开关。

三、线路送电时充电端的选择、送电的约束条件、相关保护和安全自动装置的调整

（1）线路送电时充电端的选择：线路送电操作时，如一侧发电厂、一侧变电站时，一般在变电站侧送电，在发电厂侧合环（并列）；如果两侧均为变电站或发电厂，一般从短路容量大的、强联系的一侧送电，短路容量小的、弱联系的一侧合环（并列）；有特殊规定的除外。

（2）线路送电的约束条件、相关保护和安全自动装置的调整。

1）充电前，线路上（包括两侧开关）所有安全措施均已拆除，人员撤离已工作现场，具备送电条件。

2）充电线路的开关，必须具有完备的继电保护。

3）线路送电时先投入保护、自动装置，后投入一次设备。

4）线路送电时，无自动闭锁重合闸的，重合闸必须停用。

5）对于新线路第一次送电时，为防止接线错误引起保护装置误动，对于高频保护，阻抗保护、差动保护以及其他有方向行性的保护，必须在线路充电并进行带负荷测试，证明保护完全符合要求、方向正确后，才能投入。

6）如果线路送电涉及安全自动装置变更，应按相关规定执行。

四、线路送电时断路器和隔离开关的操作顺序

线路送电时断路器和隔离开关的操作顺序应是：

（1）拉开线路各端接地隔离开关（或拆除接地线）。

（2）先合母线侧隔离开关，后合线路侧隔离开关。

（3）合上断路器。

（4）3/2 接线方式，线路送电时一般应先合上母线侧隔离开关，再合上线路侧隔离开关，然后合上母线侧断路器，最后合上中间断路器。

【思考与练习】

1．线路停、送电时断路器和隔离开关的操作顺序是什么？

2．线路送电时怎样正确选择充电端？

3．根据当地电网实际情况，针对双回线路中任意一回线路停送电安排 DTS 实训。

模块 2　线路操作中的问题（ZY2700203002）

【模块描述】本模块介绍停、送电操作中的注意事项。通过要点归纳讲解，掌握停、送电操作过程中的危险点及其预控措施。

【正文】

一、线路停、送电操作中的注意事项

（1）勿使空载时末端电压升高至允许值以上。

（2）投入或切除空载线路时，不要使电网电压产生过大波动。

（3）避免发电机带空载线路的自励磁现象的发生。

（4）线路停送电操作要注意线路上是否有"T"接负荷。

（5）应考虑潮流转移，特别注意勿使非停电线路过负荷，勿使线路输送功率超过稳定限额。

（6）严禁"约时"停电和送电。

（7）新建、改建或检修后相位有可能变动的线路，在并列或合环前，必须进行定相或核相，确保相位正确。

（8）消弧线圈补偿系统中的线路停、送电时，应考虑消弧线圈补偿度的调整，防止出现全补偿运行状态。

（9）充电端必须有变压器中性点接地。

（10）500kV 线路停电应先拉开装有并联高压电抗器的一侧断路器，再拉开另一侧断路器，送电时则相反。无并联高压电抗器时，应根据线路充电功率对系统的影响选择适当的停、送电端。线路送电时必须先投入并联电抗器后再合线路断路器，避免装有并联高压电抗器的 500kV 线路不带并联高压电抗器送电，这样经过电抗器电流（感性）的补偿，可大大降低空载线路的充电功率，并使电容效应的作用得到控制，从而使工频电压的升高限制到许可程度。

二、停、送电操作过程中的危险点及其预控措施

停、送电操作过程中的危险点主要有：①空载线路送电时线路末端电压异常升高；②发生带负荷拉合刀闸事故。

1．空载线路送电时线路末端电压异常升高的防范措施

（1）适当降低送电端电压。

（2）充电端必须有变压器中性点接地。

（3）超高压线路送电要先投入并联电抗器再合线路断路器。

2．带负荷拉合隔离开关事故的防范措施

（1）停电时按断路器—线路侧隔离开关—母线侧隔离开关顺序操作，送电时操作顺序相反。

（2）严格按调度指令票的顺序执行，不得漏项、跳项，并加强操作监护。

【思考与练习】

1．线路停、送电操作中有哪些注意事项？

2．500kV 线路停送电的操作顺序是怎样的？

3．根据当地电网实际情况，安排有"T"接负荷的联络线路停送电的 DTS 实训。

第十七章 变压器操作

模块 1 变压器操作（ZY2700204001）

【模块描述】 本模块介绍变压器的中性点、变压器操作的方法及保护调整。通过要点归纳讲解、案例学习，掌握变压器操作方法。

【正文】

一、变压器中性点的操作方法及保护调整

（1）中性点直接接地系统中投入或退出变压器时，应先将该变压器中性点接地，调度要求中性点不接地运行的变压器，在投入系统后随即拉开中性点接地隔离开关，这样做的目的是防止拉合断路器时，因断路器三相不同期而产生的操作过电压危及变压器绝缘。

（2）变压器中性点切换原则是保证电网不失去接地点，采用先合后拉的操作方法：

1）合上备用接地点的中性点接地隔离开关；

2）拉开工作接地点的中性点接地隔离开关；

3）将零序过电流保护切换到中性点接地的变压器上去。

（3）变压器中性点接地隔离开关操作应遵循下述原则：

1）若数台变压器并列于不同的母线上运行时，则每一条母线至少需有 1 台变压器中性点直接接地，以防止母联断路器跳开后使某一母线成为不接地系统。

2）若变压器低压侧有电源，则变压器中性点必须直接接地，以防止高压侧断路器跳闸，变压器成为中性点绝缘系统。

3）若数台变压器并列运行，正常时只允许 1 台变压器中性点直接接地。在变压器操作时，应始终至少保持原有的中性点直接接地个数，例如 2 台变压器并列运行，1 号变压器中性点直接接地，2 号变压器中性点间隙接地。1 号变压器停运之前，必须首先合上 2 号变压器的中性点刀闸，同样地必须在 1 号变压器（中性点直接接地）充电以后，才允许拉开 2 号变压器中性点刀闸。

4）变压器停电或充电前，为防止开关三相不同期或非全相投入而产生过电压影响变压器绝缘，必须在停电或充电前将变压器中性点直接接地。变压器充电后的中性点接地方式应按正常运行方式考虑，变压器的中性点保护要根据其接地方式做相应的改变。

二、变压器操作的方法及保护调整

1. 单电源变压器停送电操作的方法

单电源变压器停电时，应先断开负荷侧断路器，再断开电源侧断路器，最后拉开各侧隔离开关；送电顺序与此相反。

2. 双（三）电源变压器停送电操作的方法

双电源或三电源变压器停电时，一般先断开低压侧断路器，再断开中压侧断路器，然后断开高压侧断路器，最后拉开各侧隔离开关；送电顺序与此相反。

500kV 变压器一般在 220kV 侧停、送电，500kV 侧合、解环。

3. 变压器停送电操作时的保护调整

（1）一般变压器充电时应投入全部继电保护。

（2）变压器中性点零序过流保护和间隙过电压保护不能同时投入，变压器中性点零序过流保护在中性点直接接地时方能投入，而间隙过电压保护在变压器中性点经放电间隙接地时方能投入。如两者同时投入，将有可能造成上述保护的误动作。

三、案例学习

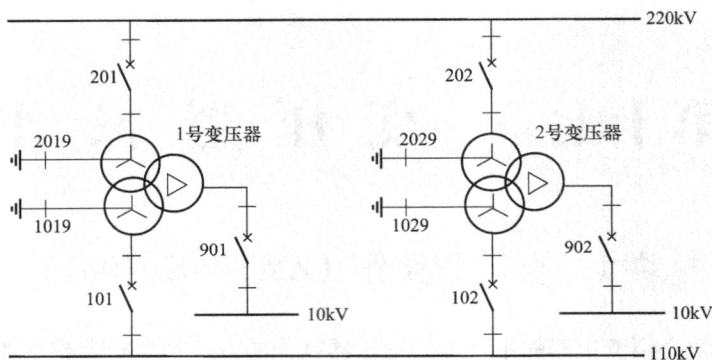

图 ZY2700204001-1　主接线简图

如图所示，倒闸操作前方式：1 号主变压器、2 号主变压器并列运行，1 号主变压器中性点直接接地，2 号主变压器中性点经间隙接地，1 号主变压器需由运行状态转为冷备用状态。调度逐项指令主要内容如下：

（1）停用 2 号主变压器 220kV 侧、110kV 侧中性点间隙过电压保护，启用 2 号主变压器 220kV 侧、110kV 侧中性点零序过电流保护。

（2）合上 2 号主变压器 220kV 侧中性点 2029 接地隔离开关、110kV 侧中性点 1029 接地隔离开关。

（3）1 号主变压器 10kV 侧 901 断路器由运行状态转为冷备用状态。

（4）1 号主变压器 110kV 侧 101 断路器由运行状态转为冷备用状态。

（5）1 号主变压器 220kV 侧 201 断路器由运行状态转为冷备用状态。

（6）拉开 1 号主变压器 220kV 侧中性点 2019 接地隔离开关、110kV 侧中性点 1019 接地隔离开关。

【思考与练习】

1．变压器中性点切换时应遵循什么原则？

2．变压器中性点零序过流保护和间隙过电压保护能同时投入吗？为什么？

3．根据当地电网实际情况，安排两台并列运行变压器其中一台变压器停送电的 DTS 实训。

模块 2　变压器操作中的问题（ZY2700204002）

【模块描述】本模块介绍变压器的励磁涌流、变压器分接头调整、潮流转移及负荷重新分布知识。通过概念描述、公式分析、案例介绍，掌握变压器操作过程中的危险点及其预控措施。

【正文】

一、变压器的励磁涌流

1．励磁涌流的概念

变压器励磁涌流是指变压器全电压充电时，当投入前铁芯中的剩余磁通与变压器投入时的工作电压所产生的磁通方向相同时，因总磁通量远远超过铁芯的饱和磁通量而在其绕组中产生的暂态电流。

2．变压器励磁涌流的特点

（1）涌流大小随变压器投入时电网的电压相角、变压器铁芯剩余磁通和电源系统阻抗等因素有关，最大励磁涌流出现在变压器投入时电压经过零点瞬间（该时刻磁通为峰值）。

（2）涌流中包含直流分量和高次谐波分量，并随时间衰减，衰减时间取决于回路的电阻和电抗，一般大容量变压器约为 5～10s，小容量变压器约为 0.2s。

（3）励磁涌流波形之间出现间断。

二、变压器分接开关调整

变压器分接开关调整分有载调整和无载调整两种方式。

1. 无载调压分接开关操作

变压器无载分接开关的调整须将变压器停电后方可进行。

2. 无载调压分接开关操作

变压器有载分接开关的调整可以在变压器运行中进行。在进行有载分接开关的操作时，应注意：

（1）有载调压装置的分接变换操作，应按调度部门确定的电压曲线或调度命令，在电压允许偏差的范围内进行。220kV 及以下电网电压的调整宜采用逆调压方式。

（2）分接变换操作必须在一个分接变换完成后，方可进行第二次分接变换。操作时，应同时观察电压表和电流表的指示。

（3）两台有载调压变压器并列运行时，允许在85%变压器额定负荷电流及以下的情况进行分接变换操作。不得在单台变压器上连续进行两个分接变换操作。

（4）多台并列运行的变压器，在升压操作时，应先操作负载电流相对较小的一台，再操作负载电流较大的一台，以防止环流过大；降压操作时，顺序相反。

（5）有载调压变压器和无励磁调压变压器并列运行时，两变压器的分接电压应尽量靠近。

（6）分接开关一天内分接变换次数不得超过下列范围：35kV 电压等级为 30 次；110kV 电压等级为 20 次；220kV 电压等级为 10 次。

（7）每次分接变换，应核对系统电压与分接额定电压间的差距，使其符合规程规定。

（8）禁止在变压器生产厂家规定的负荷和电压水平以上进行主变压器分接头调整操作。

三、变压器的并列运行和负荷分配

（1）变压器并列运行的条件：变比相等；短路电压相等；绕组接线组别相同。

（2）当变比不同时，变压器二次侧电压不等，并列运行的变压器将在绕组的闭合回路中引启均衡电流的产生。均衡电流的方向取决于并列运行变压器二次输出电压的高低，其均衡电流的方向是从二次电压高的变压器流向输出点电压低的变压器。该电流除增加变压器的损耗外，当变压器带负荷时，均衡电流叠加在负荷电流上。均衡电流与负荷电流方向一致的变压器负荷增大，均衡电流与负荷电流方向相反的变压器负荷减轻。

（3）当并列运行的变压器的变压器短路电压相等时，各台变压器功率的分配是按变压器的容量的比例分配的，若并列运行的变压器的短路电压不等，各变压器的功率分配时按变压器短路电压成反比例分配的，短路电压小的变压器易过负荷，变压器容量不能得到充分利用。

如果有 n 台电压器并列运行，则第 m 台电压器的负荷为

$$S_m = \frac{\sum_1^n S_i}{\sum_1^n \dfrac{S_{Ni}}{U_{dli}\%}} \times \frac{S_{Nm}}{U_{dlm}\%}$$

式中　　$\sum_1^n S_i$ ——n 台并联运行变压器的总负载；

$\sum_1^n \dfrac{S_{Ni}}{U_{dli}\%}$ ——每台变压器的额定容量除以短路电压百分值之和；

S_{Nm} ——第 m 台变压器的额定容量；

$U_{dlm}\%$ ——第 m 台变压器短路电压百分值。

（4）不同接线组别的变压器并联运行，二次侧回路因变压器各二次电压相位不同而产生较大的相位差和较大的环流，严重时相当于短路。

（5）环网系统的变压器进行并列操作时，应正确选取充电端，以减少并列处的电压差。

四、变压器操作过程中的危险点及其预控措施

变压器操作的危险点主要有：①切合空载变压器过程中出现操作过电压，危及变压器绝缘；②变压器空载电压升高，使变压器绝缘遭受损坏。

（1）切合空载变压器产生操作过电压的预控措施：中性点直接接地系统中投入或退出变压器时，必须在变压器停电或充电前将变压器中性点直接接地，变压器充电正常后的中性点接地方式按正常运

行方式考虑。

（2）变压器空载电压升高的预控措施：调度员在进行变压器操作时应当设法避免变压器空载电压升高，如投入电抗器、调相机带感性负荷以及改变有载调压变压器的分接头等以降低受端电压。此外，还可以适当地降低送端电压。

五、案例学习

三台接线组别和变比相同的三相变压器并列运行，总负荷为 4000 kVA，三台变压器的额定容量和短路电压分别为

S_1 = 1200kVA　　　　　　U_{ka}（%）= 6.25%

S_2 = 1800kVA　　　　　　U_{ka}（%）= 6.6%

S_2 = 2400kVA　　　　　　U_{ka}（%）= 7%

求（1）每台变压器分配的负荷。

（2）在任意一台变压器都不过负荷的情况下，三台变压器允许的最大总负荷。

答：（1）$\sum_1^n \dfrac{S_{Ni}}{U_{dli}\%}$ = 1200/0.0625 + 1800/0.066 + 2400/0.07 = 80758

每台变压器分配的负荷

$$S_1 = \frac{4000}{80758} \times \frac{1200}{0.0625} = 952 （kVA）$$

$$S_2 = \frac{4000}{80758} \times \frac{1800}{0.066} = 1350 （kVA）$$

$$S_3 = \frac{4000}{80758} \times \frac{2400}{0.07} = 1698 （kVA）$$

（2）在任意一台变压器都不过负荷的情况下，三台变压器允许的最大总负荷：

各变压器的功率分配时按变压器短路电压成反比例分配的，短路电压小的变压器易过负荷，因此三台变压器允许的最大总负荷应按短路电压最小的变压器带额定负荷时计算：

$$S = 80758 \times 0.0625 = 5050 （kVA）$$

此时三台主变压器分配负荷为

$$S_1 = 1200kVA$$

$$S_2 = \frac{5050}{80758} \times \frac{1800}{0.066} = 1705 （kVA）$$

$$S_3 = \frac{5050}{80758} \times \frac{2400}{0.07} = 2145 （kVA）$$

【思考与练习】

1. 变压器并列运行的条件有哪些？

2. 什么是变压器的励磁涌流？有哪些特点？

3. 并列运行变压器调整分接头的 DTS 实训。

4. 根据当地电网实际情况，安排关于变压器停送电后潮流分布变化测试方面的 DTS 实训。

国家电网公司

STATE GRID
CORPORATION OF CHINA

国家电网公司
生产技能人员职业能力培训专用教材

第十八章　断路器及隔离开关操作

模块 1　断路器及隔离开关操作的注意事项（ZY2700205001）

【模块描述】本模块介绍断路器及隔离开关的作用、分类及操作方面的相关知识，铁磁谐振产生的原因及处理等内容。通过分类介绍、要点归纳讲解，掌握断路器和隔离开关的基本知识、操作要领、严禁进行的操作及危险点预控。

【正文】

一、断路器的作用、分类

1. 断路器的作用

（1）在电网正常运行时，根据电网需要，接通或断开正常情况下空载电路和负荷电流，以输送及倒换电力负荷，这时起控制作用。

（2）在电网发生事故时，高压断路器在继电保护装置的作用下，和保护装置及自动装置相配合，迅速、自动地切断故障电流，将故障部分从电网中断开，保证电网无故障部分的安全运行，以减少停电范围，防止事故扩大，这时起保护作用。

2. 断路器的分类

（1）按灭弧介质分：油断路器（包括少油断路器和多油断路器）、压缩空气断路器、磁吹断路器、真空断路器、SF_6 断路器。

（2）按操作性质分：电动机构、气动机构、液压机构、弹簧储能机构、手动机构。

（3）按安装地点分：户内式、户外式、防爆式。

二、不能用断路器进行分合的操作

（1）严重漏油，油标管内已无油位。

（2）支持绝缘子断裂、套管炸裂或绝缘子严重放电。

（3）连接处因过热变色或烧红。

（4）SF_6 断路器气体压力、液压机构的压力、气动机构的压力低等低于闭锁值，弹簧机构的弹簧闭锁信号不能复归等。

（5）断路器出现分闸闭锁。

（6）少油断路器灭弧室冒烟或内部有异常音响。

（7）真空断路器真空损坏。

三、误拉合断路器对系统的影响

（1）误拉断路器会造成电力用户和设备停电，扩大停电范围；造成系统的非正常解列等事故。

（2）误合断路器会造成停电设备误送电，带接地隔离开关（接地线）送电等事故，造成设备损坏和人身伤亡。

四、隔离开关、分类

1. 隔离开关的作用

（1）隔离开关的作用是在设备检修时，造成明显的断开点，使检修设备与系统隔离。

（2）将已退出运行的设备或线路进行可靠接地，保证设备或线路检修的安全进行。

2. 隔离开关的分类

（1）隔离开关按安装位置可分为户内式、户外式两种形式。

（2）隔离开关按结构形式可分为单柱伸缩式、双柱水平旋转式、双柱水平伸缩式和三柱水平旋转

122

式四种形式。

五、允许用隔离开关进行的操作

（1）在电网无接地故障时，拉合电压互感器。

（2）在无雷电活动时拉合避雷器。

（3）拉合220kV及以下母线和直接连接在母线上的电容电流，拉合经试验允许的500kV空载母线和拉合3/2接线母线环流。

（4）在电网无接地故障时，拉合变压器中性点接地开关或消弧线圈。

（5）与断路器并联的旁路隔离开关，当断路器完好时，可以拉合断路器的旁路电流。

（6）拉合励磁电流不超过2A的空载变压器、电抗器和电容电流不超过5A的空载线路。

六、误拉合隔离开关对系统的影响

由于合隔离开关或拉隔离开关的瞬间会产生电弧，而隔离开关没有灭弧机构，将会引起设备损坏和人身伤亡，并造成大面积停电事故。

七、铁磁谐振产生的原因及处理

1．铁磁谐振产生的原因

铁磁谐振是由铁芯电感元件，如发电机、变压器、电压互感器、电抗器、消弧线圈等和系统的电容元件，如输电线路、电容补偿器等形成共谐条件，激发持续使系统产生谐振过电压。

电力系统的铁磁谐振可分两大类：一类是在66kV及以下中性点绝缘的电网中，由于对地容抗与电磁式电压互感器励磁感抗的不利组合，在系统电压大扰动（如遭雷击、单相接地故障消失过程以及开关操作等）作用下而激发产生的铁磁谐振现象；另一类是发生在220kV（或110kV）变电站空载母线上，当用220、110kV带断口均压电容的主开关或母联断路器对带电磁式电压互感器的空母线充电过程中，或切除（含保护整组传动联跳）带有电磁式电压互感器的空母线时，操作暂态过程使连接在空母线上的电磁式电压互感器组中的一相、两相或三相激发产生的铁磁谐振现象，即串联谐振，简单地讲就是由高压断路器电容与母线电压互感器的电感耦合产生谐振由于谐振波仅局限于变电站空载母线范围内，也称其为变电站空母线谐振。

2．铁磁谐振的处理

铁磁谐振的消除方法：改变系统参数。

（1）断开充电断路器，改变运行方式。

（2）投入母线上的线路，改变运行方式。

（3）投入母线，改变接线方式。

（4）投入母线上的备用变压器或所用变压器。

（5）将TV开口三角侧短接。

（6）投、切电容器或电抗器。

八、断路器和隔离开关操作中的危险点及其预控措施

断路器和隔离开关操作中的危险点主要有：①误拉合不具备操作条件的断路器；②断路器操作出现非全相运行；③带负荷拉合隔离开关事故。

（1）误拉合不具备操作条件的断路器防范措施：断路器出现分闸闭锁时，不能直接拉开断路器，应先拉开该断路器的操作电源，然后采用停用线路对侧断路器或母线断路器等方法使该断路器停电。

（2）断路器操作出现非全相运行防范措施：断路器分闸操作时，若出现非全相运行，应立即合上该断路器；断路器合闸操作时，若出现非全相运行，应立即拉开该断路器。

（3）带负荷拉合隔离开关事故的防范措施：

1）停电时按断路器—线路侧隔离开关—母线侧隔离开关顺序操作，送电时操作顺序相反。

2）严格按调度指令票的顺序执行，不得漏项、跳项。

【思考与练习】

1．允许用隔离开关进行的操作有哪些？

2．铁磁谐振产生的原因是什么？怎么消除？

3．根据当地电网实际情况，针对某厂站设备断路器出现分闸闭锁时的操作安排 DTS 实训。

模块 2　断路器旁代操作（ZY2700205002）

【模块描述】本模块介绍断路器旁代操作的方法、顺序及注意事项。通过要点归纳讲解及案例学习，掌握断路器旁代操作的要领及方法。

【正文】

一、断路器旁代操作的方法、顺序

断路器旁代操作的方法有两种：等电位操作法和负荷转移操作法。

1．等电位法操作方法、顺序

（1）检查旁路断路器与所旁代断路器的保护定值是否一致（若互感器变比不同，则保护定值应进行折算）。

（2）投入旁路断路器专用充电保护给旁母充电，充电正常后退出专用充电保护。

（3）投入旁路断路器的旁代保护，取下所旁代断路器的操作熔断器。

（4）合上所旁代断路器的旁路隔离开关。

（5）合上所旁代断路器的操作熔断器。

（6）断开所旁代断路器的断路器和隔离开关。

2．负荷转移法（不等电位法）的操作方法、顺序

（1）检查旁路断路器与所旁代断路器的保护定值是否一致（若互感器变比不同，则保护定值应进行折算）。

（2）投入旁路断路器专用充电保护，合上旁路断路器给旁母充电，充电正常后断开旁路断路器，退出专用充电保护。

（3）投入旁路断路器的旁代保护，合上所旁代断路器的旁路隔离开关。再合上旁路断路器。

（4）断开所旁代断路器的断路器和隔离开关。

一般提倡采用负荷转移法操作，一是为了防止正在合旁路隔离开关时，正遇上所旁代线路故障时原被带断路器的保护动作掉闸，造成带故障合旁路隔离开关的事故；二是等电位操作必须取下原被带断路器的操作熔断器。此时，若发生线路故障时，该断路器就拒动，致使上级电网越级动作，结果扩大停电范围。

二、旁代操作的注意事项

（1）旁代操作时，注意检查旁路断路器与所旁代断路器的保护定值一致，并投入旁代保护。

（2）对 220kV 及以上断路器或装有高频保护的断路器进行旁代操作必须按单项命令执行，是因为超高压电网均采用高频保护，线路两侧的高频保护的停投必须同时进行，在时间差内若相邻线路和设备故障，则未退出高频保护的断路器就会误动或误发信号，造成事故停电范围扩大。

（3）旁路断路器合上后，先停用被旁代线路重合闸，再投入旁路断路器重合闸。

（4）旁代主变压器断路器运行时，旁路断路器电流互感器与主变压器电流互感器转换前要退出主变压器差动保护连接片；旁代操作完成后投入主变压器差动保护及其他保护和自动装置跳旁路断路器连接片。

（5）对于母联兼旁路断路器的旁代操作，应使母线运行方式该变前后母联断路器继电保护和母线保护定值的正确配合。

三、案例学习

如图 ZY2700205002-1 所示，220kV AB 线 A 站侧 261 断路器停运，需旁代运行。220kV AB 线两侧均装设有纵差保护，A 站 220kV261 断路器运行于 220kV Ⅰ 母并投入重合闸，旁路 2615 隔离开关在断开位置。旁路 290 断路器热备用于 220kV Ⅰ 母，B 站 220kV263 断路器为运行位置。

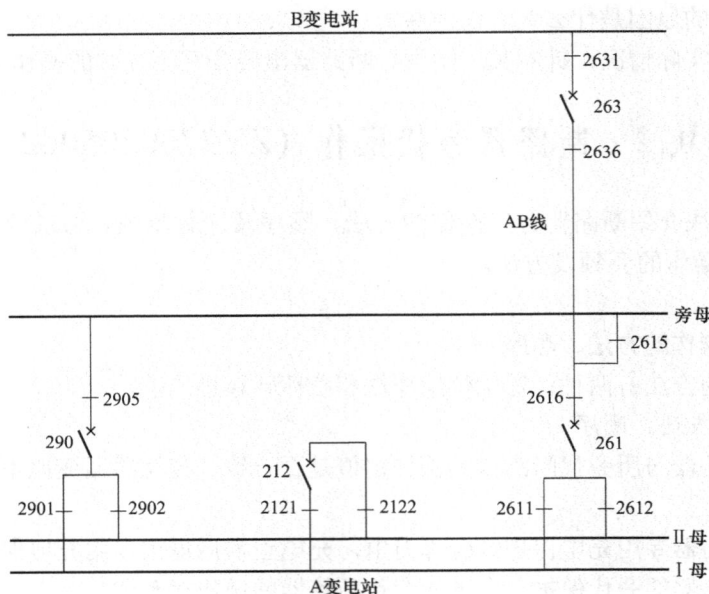

图 ZY2700205002-1　主接线简图

旁代操作调度逐项指令主要内容如下：

1. 负荷转移法（不等电位法）

（1）启用 220kV 旁路 290 断路器代 220kV AB 线 261 断路器的除纵联保护外其余保护，停用重合闸。

（2）合上 220kV 旁路 290 断路器对 220kV 旁母充电。

（3）充电正常后拉开 220kV 旁路 290 断路器热备用。

（4）合上 220kV AB 线 2615 旁路隔离开关对 220kV 旁母充电。

（5）将 220kV AB 线 261 断路器 1、2 号纵联保护由跳闸改投信号。

（6）将 220kV AB 线 263 断路器 1、2 号纵联保护由跳闸改投信号。

（7）停用 220kV 旁路 290 断路器代 220kV AB 线 261 断路器的零序Ⅱ、Ⅲ、Ⅳ段保护。

（8）停用 220kV AB 线 261 断路器 1、2 号零序Ⅱ、Ⅲ、Ⅳ段保护。

（9）检同期合上 220kV 旁路 290 断路器合环。

（10）拉开 220kV AB 线 261 断路器热备用。

（11）启用 220kV 旁路 290 断路器代 220kV AB 线 261 断路器的零序Ⅱ、Ⅲ、Ⅳ段保护。

（12）启用 220kV 旁路 290 断路器代 220kV AB 线 261 断路器的纵联保护，启用 220kV 旁路 290 断路器重合闸。

（13）启用 220kV 263 断路器的纵联保护。

（14）将 220kV AB 线 261 断路器又热备用转为冷备用。

2. 等电位操作法

（1）启用 220kV 旁路 290 断路器代 220kV AB 线 261 断路器的除纵联保护外其余保护，停用重合闸。

（2）合上 220kV 旁路 290 断路器对 220kV 旁母充电。

（3）将 220kV AB 线 261 断路器 1、2 号纵联保护由跳闸改投信号。

（4）将 220kV AB 线 263 断路器 1、2 号纵联保护由跳闸改投信号。

（5）停用 220kV 旁路 290 断路器代 220kV AB 线 261 断路器的零序Ⅱ、Ⅲ、Ⅳ段保护。

（6）停用 220kV AB 线 261 断路器 1、2 号零序Ⅱ、Ⅲ、Ⅳ段保护。

（7）取下 220kV AB 线 261 断路器的操作熔断器。

（8）合上 220kV AB 线 2615 旁路隔离开关合环。

（9）合上 220kV AB 线 261 断路器的操作熔断器。

（10）拉开 220kV AB 线 261 断路器热备用。

（11）启用 220kV 旁路 290 断路器代 220kV AB 线 261 断路器的零序Ⅱ、Ⅲ、Ⅳ段保护。

（12）启用 220kV 旁路 290 断路器代 220kV AB 线 261 断路器的纵联保护，启用 220kV 旁路 290 断路器重合闸。

（13）启用 220kV 263 断路器的纵联保护。

（14）将 220kV AB 线 261 断路器又热备用转为冷备用。

【思考与练习】

1．旁代操作采用等电位法操方法时，为什么要取下所旁代断路器的操作熔断器？

2．旁代操作的负荷转移法（不等电位法）操作顺序是什么？

3．根据当地电网实际情况，安排某厂站旁路代送线路的 DTS 实训。

4．根据当地电网实际情况，安排某厂站旁路代送主变压器断路器的 DTS 实训。

第十九章 补偿设备操作

模块1 电容器、电抗器及消弧线圈的操作（ZY2700206001）

【模块描述】本模块介绍电容器、电抗器及消弧线圈操作的注意事项。通过要点归纳讲解，掌握电容器、电抗器和消弧线圈等设备的操作注意事项、危险点及预控措施。

【正文】

一、电容器操作的注意事项

（1）电容器组禁止带电荷合闸。电容器组切除3min后才能进行再次合闸，严禁连续合闸。

（2）凡装有自动投切装置的电容器，自动装置应经常投入运行，若电容器组和变压器有载调压开关联合调压时，应优先投入电容器组。

（3）正常情况下母线停电操作时，应先断开电容器断路器，后断开各路出线断路器。恢复送电时，应先合各路出线断路器，后合电容器组的断路器。

（4）电容器开关跳闸后不应强送，保护熔丝熔断后，在未查明原因之前也不准更换熔丝送电。

（5）电容器停用时应经放电线圈充分放电后才可合接地刀闸，其放电时间不得少于5min。

（6）电容器停送电操作前，应将该组无功补偿自动投切功能退出。

二、电抗器操作的注意事项

（1）当母线电压低于调度下达的电压曲线时，应优先退出电抗器，再投入电容器。

（2）当母线电压高于调度下达的电压曲线时，应优先退出电容器，再投入电抗器。

（3）开关后置式低抗正常情况下允许用低抗闸刀拉合处于充电状态的低抗，但操作前应检查低抗开关确已分闸、低抗外部无异常、内部无故障，否则应用主变压器低压侧总开关对低抗充电。

（4）拉开、合上500kV并联电抗器隔离开关时，其所在的500kV线路必须停电（500kV线路冷备用或检修状态下）。

（5）500kV线路并联电抗器送电前，应投入本体及远方跳闸保护。

三、消弧线圈操作的注意事项

（1）消弧线圈倒换分接头或消弧线圈停送电时，一般情况下应遵循过补偿的原则，当不能采用过补偿方式时，则采用欠补偿方式。

（2）消弧线圈在运行中的投退操作，只有确知网络无接地故障方可进行。当通过消弧线圈隔离开关的电流超过5A时，未经试验或计算，不得使用隔离开关进行操作。

（3）一般调整消弧线圈分头的操作顺序：过补偿运行下投入线路时，先调整消弧线圈分头，后投线路；退出线路时，先退出线路再调整消弧线圈分头。欠补偿运行下的操作顺序与上相反。

（4）任何情况下不允许将一台消弧线圈同时接于两台变压器中性点上。

（5）消弧线圈从一台变压器切换到另一台变压器时，应先将消弧线圈撤出，然后再投到另一台变压器的中性点上。

四、电容器、电抗器和消弧线圈等补偿设备操作过程中的危险点及其预控措施

1. 电容器操作过程中的危险点及其预控措施

（1）电容器带电荷合闸。

防范措施：电容器停电后须间隔3min以上才能再次合闸。

（2）电容器带电荷接地。

电容器检修时，应对电容器放电充分后，才进行验电接地。

2. 电抗器操作过程中的危险点及其预控措施

电抗器操作过程中的危险点主要是带电拉、合电抗器。

防范措施：停电时先将线路转为冷备用再拉开电抗器；送电时先将电抗器合上再对线路送电。

3. 消弧线圈操作过程中的危险点及其预控措施

（1）产生谐振过过电压。

防范措施：尽量采用过补偿方式，过补偿有困难时才采用欠补偿方式；过补偿运行方式下投入线路时，先调整消弧线圈后投入线路；退出线路时，先退出线路再调整消弧线圈。

（2）接地故障时操作消弧线圈。

防范措施：接地故障时停止操作消弧线圈。

【思考与练习】

1. 电容器操作的注意事项有哪些？

2. 消弧线圈操作操作的注意事项有哪些？

3. 根据当地电网实际情况，安排某厂站投退电容器的 DTS 实训。

4. 根据当地电网实际情况，安排投退某线路电抗器的 DTS 实训。

5. 根据当地电网实际情况，安排消弧线圈在两台变压器间切换的 DTS 实训。

模块 2　超高压串联补偿装置操作（ZY2700206002）

【模块描述】本模块介绍串补装置的工作状态、串补装置的操作顺序。通过概念描述、要点归纳讲解、图形示意，掌握高压串联补偿装置操作方法及注意事项。

【正文】

一、串补装置的工作状态

1. 串联无功补偿

所谓串联无功补偿，就是通过在交流输电线路上串联补偿电容器从而缩短交流输电的等值电气距离，达到提高线路输送能力和稳定性的目的。

在如图 ZY2700206002-1 所示的线路中，由于线路所输送的功率 $P = \dfrac{U_A U_B \sin(\varphi_A - \varphi_B)}{X - X_C}$，将电容器组串联于交流输电线路，就可以减小线路的电抗值，从而达到提高输送容量，并补偿交流输电线路的电气距离（线路电抗）的目的。

串联无功补偿分有以下两种类型：

（1）输电线路固定串联补偿（简称固定串补或 FSC）。电容器串联接于输电线路中，通过在交流输电线路上串联补偿电容器从而缩短交流输电的等值电气距离，如图 ZY2700206002-2 所示。

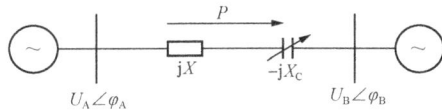

图 ZY2700206002-1　一次系统串联补偿接线图

（2）输电线路可控串联补偿（简称可控串补或 TCSC）。在常规串补的电容器上并联了晶闸管阀控制的电抗器，通过对电抗器电流的控制实现对线路串联补偿的可调节控制，如图 ZY2700206002-3 所示。

（3）串补装置的主要组成元件及相应功能：

1）串联电路容器组：是串补装置的基本组成元件，由多台电容通过串并联方式形成电容器组；串补电容器容抗补偿线路部分感抗，使电气距离缩短，提高线路输送能力。

2）金属氧化物避雷器（MOV）：电容器组的主保护元件，并联在电容器组两端，在线路故障或不正常运行情况下，防止过电压直接作用在电容器组上，以保护电容器免遭破坏。

3）放电火花间隙（GAP）：是 MOV 和串联电容的后备保护，当通过 MOV 的能量或电流超过设定值时，间隙保护动作触发间隙，将金属氧化物避雷器旁路，以降低金属氧化物避雷器吸收的能量。

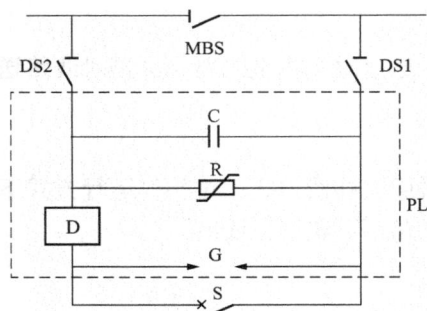

图 ZY2700206002-2　固定串联补偿

C—电容器组；R—金属氧化物限压器（MOV）；
D—限流阻尼装置；G—火花间隙（GAP）；
S—旁路断路器（BCB）；PL—绝缘平台；
MBS—旁路隔离开关；DS—平台隔离开关

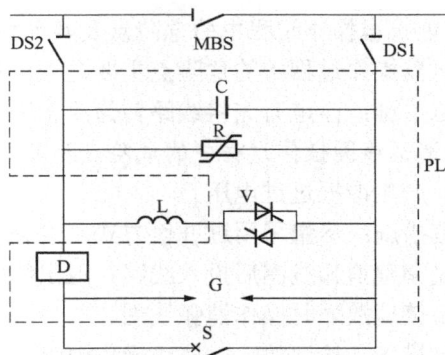

图 ZY2700206002-3　可控串联补偿

C—电容器组；R—金属氧化物限压器(MOV)；
D—限流阻尼装置；G—火花间隙（GAP）；
S—旁路断路器(BCB)；L—阀控电抗器；V—晶闸管阀系统；
PL—绝缘平台；MBS—旁路隔离开关；DS—平台隔离开关

4）限流和阻尼装置：是在间隙和旁路断路器动作时，限制电容器组放电电流的幅值和频率，使其很快衰减，防止电容器、火花间隙、旁路断路器等设备在放电过程中损坏。

5）旁路断路器（BCB）：与隔离开关配合，投入和退出电容器组。旁路断路器合闸，可将火花放电间隙短接，使其熄灭，防止火花放电间隙燃弧时间过长。

6）隔离开关（MBS，DS）：旁路隔离开关（MBS）和平台隔离开关（DS）是投入和退出电容器的元件，以保证串补装置在退出检修时，同时保证线路的连续供电。

7）晶闸管阀和阀控电抗器：晶闸管阀和旁路电抗器串联后并联于电容器回路，通过晶闸管不同的触发角来控制通过电抗器回路的电流从而控制总的等值阻抗值，实现连续控制线路补偿度的目的。在输电线路正常情况下，实现电流的相角控制，产生容抗升高；在输电线路故障的情况下，晶闸管阀连续触发，能够作为电容器过电压保护方案中的重要部分。

8）绝缘平台（PL）：在其上安装串补电容器及其保护装置，平台与地绝缘。

江苏三堡、南网平果、东北冯屯等变电站的运行经验表明，串联补偿具有提高系统的输送能力、增强电力系统的稳定性、改善电力系统的运行电压及无功平衡条件、灵活调节并联线路或环网中的潮流分布、抑制次同步谐振、抑制阻尼功率摇摆和低频振荡、降低三相不平衡度功能，近年来，我国采用串联补偿的变电站数量有不断增多的趋势。

2. 串补装置的工作状态

（1）运行状态：旁路开关、平台隔离开关在分闸位置，串补装置两侧接地隔离开关在分闸位置。

（2）旁路状态：旁路开关在合闸位置，平台隔离开关在合闸位置，旁路隔离开关在分闸位置，串补装置两侧接地隔离开关在分闸位置。

（3）隔离状态（备用）：旁路开关在合闸位置，平台隔离开关在分闸位置，旁路隔离开关在合闸位置，串补装置两侧接地隔离开关在分闸位置。

（4）接地状态（检修）：旁路开关在合闸位置，平台隔离开关在分闸位置，旁路隔离开关在合闸位置，串补装置两侧接地隔离开关在合闸位置。

二、串补装置的操作顺序

1. 串补装置调度运行规定

（1）超高压串补中固定串补和可控串补分别有运行、旁路、隔离及接地四种状态。串补使用何种状态由网调决定，现场运行人员无权自行变更串补状态。

（2）串补调度操作一般采用综合令形式，由网调值班调度员下达操作任务，变电站现场运行人员根据下达的操作任务进行操作，并对其正确性负责。

（3）串补调度操作综合令格式为："将 500kV ××线路可控（固定）串补装置由××状态转为××状态"。

（4）串补中可控串补与固定串补既可同时运行，也可分别单独运行。

（5）串补中可控串补与固定串补投入并列运行时，应先投入可控串补，后投入固定串补；串补中可控串补与固定串补退出并列运行时，应先退出固定串补，后退出可控串补。

（6）线路送电时，应先送线路，然后将串补转运行状态；线路停电时，线路可在串补为运行状态时直接停电。

（7）当可控串补在线路电流较小自动转为旁路状态或线路电流较大具备投入条件时，现场运行人员应立即汇报网调。

（8）串补配置配应具有两套完全且独立的保护。串补转运行状态或旁路状态时，必须保证至少有一套完整的串补保护运行，不允许串补装置脱离保护而运行。

（9）串补投入运行前，变电站现场运行人员应确保串补装置保护按有关规定使用。

（10）线路跳闸，线路强送电前应确保串补在旁路状态（或退出状态），线路送电良好后方可将串补转运行状态。

（11）当发生危及串补设备安全情况及其他异常事件时，而保护装置未动作，现场运行人员应按现场有关规定处置并同时汇报网调。

（12）当串补中可控（固定）串补装置发生异常无法正常运行时，若串补装置已无法转为隔离（接地）状态，现场运行人员应立即申请网调将线路停电。

（13）可控（固定）串补装置在运行状态时自动转为旁路状态，在原因未查清楚前，不得将可控（固定）串补装置转为运行状态。

（14）系统运行正常，可控（固定）串补装置旁路断路器出现非全相运行现象，且非全相保护未动作，此时串补装置旁路断路器断开相可以再合闸一次，成功后将可控（固定）串补装置转为隔离（接地）状态。若旁路断路器断开相合闸不成功，应立即将线路停电。

串联电容补偿装置的操作分为三种方式：控制室操作、串补继电保护室操作和就地操作。串补装置的投入和退出均必须按照一定的程序进行，其控制和保护装置中都具有一定的闭锁逻辑，在电气回路上，串补装置的两侧刀闸受线路刀闸闭锁，旁路刀闸在断开时不能拉开串补两侧刀闸，另外，旁路断路器在合闸时方可操作旁路刀闸。以图 ZY2700206002-4 为例，其投退操作顺序如下：

图 ZY2700206002-4　串补装置一次系统接线图

（1）串补装置的投入。投入前，串补两侧刀闸和地刀应在断开位置，线路应处在运行状态即线路刀闸在合闸位置。其具体操作步骤如下：

1）合上旁路 BCB1 断路器。

2）分别合上串补装置 DS1、DS2 刀闸。

3）拉开旁路 MBS-1 刀闸。

4）拉开旁路断路器 BCB1，此时串补投入运行。

（2）串补装置的退出：

1）合上旁路开关 BCB1。

2）合上 MBS-1 旁路刀闸。

3）分别拉开 DS1、DS2 刀闸。

4）在 DS1、DS2 刀闸串补侧分别三相验电确无电压后，合上 ES1-1、ES2-1 刀闸，此时串补装置处在检修状态。

5）拉开旁路断路器 BCB1，此时串补装置退出运行并处于备用状态。

【思考与练习】

1．串补装置的作用是什么？

2．串补装置的工作状态有几种？

3．根据当地电网实际情况，安排投退某线路串补装置的 DTS 实训。

第三十章　继电保护及安全自动装置调整

模块 1　继电保护及安全自动装置的运行管理及调整（ZY2700207001）

【模块描述】本模块介绍各种常用继电保护及安全自动装置的运行管理规定。通过规则讲解，掌握继电保护及安全自动装置运行管理及注意事项。

【正文】

一、线路保护

（1）在正常运行情况下，线路两侧同调度命名编号的纵联保护必须同时投运。

（2）当保护通道异常或任一侧纵联保护异常时，线路两侧的该套纵联保护应同时停运。

（3）一条线路两端的同一调度命名编号的微机纵联保护软件版本应相同。

（4）500kV 线路在运行中，必须要有纵联保护投运，如无纵联保护，该线路也应同时停运。

（5）500kV 线路 TV 停用或检修时，则该线路必须同时停运。

（6）500kV 线路运行时，线路开关的短引线差动保护必须停用，线路停运，而开关合环运行时，短引线差动保护必须投入运行。

（7）500kV 线路任一侧两台故障启动装置或两个远跳通道同时停运时该线路也应同时停运。

（8）220kV 线路原则上不允许无纵联保护运行，在特殊情况下，可以将无纵联保护的运行线路后备 II 段时间按有关规定调整后运行，但不允许一个厂站有两条及以上线路采用该运行方式，具体要求见有关规定。

（9）旁路开关代线路开关要启用高频保护时，应将高频电缆切换到旁路收发信机或将线路收发信机切换到旁路保护，不启用的高频保护应停用。

（10）对配置有两套微机重合闸的线路，正常运行情况下只启用一套重合闸，另一套重合闸备用，备用重合闸的重合方式应与运行重合闸相同。

（11）线路输送功率在任何情况下，不应超过距离III段阻抗值整定允许的功率。

（12）对电气设备和线路充电时，必须投入快速保护。

（13）一般情况下，不允许用线路保护对变压器充电。

（14）在 220kV 厂站内的母线解合环操作时（角形接线除外），解合环过程中应将环内开关零序保护停用。

二、母差保护和断路器失灵保护

（1）母差保护正常时都应投入运行，原则上不允许母线无母差保护运行。

（2）母差保护应适应母线运行方式，在母线运行方式发生改变时，其调整按现场运行规程执行。

（3）500kV 一组母线的两套母差保护同时停运时，该母线应停运。

（4）特殊情况下，220kV 母线无母差保护运行时，应按有关规定执行。

（5）母联兼旁路（或旁路兼母联）断路器在作母联断路器运行时，应停用该断路器配置的线路保护及作为旁路运行时使用的断路器失灵启动保护。

（6）断路器配置的保护回路有工作时，应停用该断路器的失灵启动保护。

（7）双母线分开运行时应停用母联断路器失灵启动保护。

（8）配置有两套失灵保护装置的厂站，正常时只启用一套失灵保护，另一套失灵保护备用。

（9）微机母差保护停用时，原则上同一装置中的失灵保护也应停用。

三、变压器和电抗器保护

（1）500kV 变压器及电抗器无差动保护运行时，应该停运。

（2）220kV 变压器在运行中，其瓦斯保护和纵差保护不得同时停用。

（3）变压器差动保护新装或二次回路有改变时，应进行带负荷测试正确后方可投运。

（4）变压器充电时，全部保护均应投入跳闸。在带负荷测试前，应将差动保护退出，再进行测试（其他保护按现场运行规程处理）。

（5）220kV 变压器中性点经间隙接地时应投入零序电压和间隙过流保护，变压器中性点改为直接接地时，应停用间隙接地过流保护。

（6）高（中）压侧为中性点直接接地系统的三绕组变压器，当高（中）压侧开关断开运行时，高（中）压侧中性点必须接地，并投入接地电流保护。

四、故障录波装置运行规定

（1）各电厂、变电站配置的故障录波装置必须投入运行，退出时，应经相关调度批准。

（2）系统发生故障，故障录波装置动作后，应及时向调度机构汇报，并在规定时间内，将录波图传送到相关调度机构。

（3）故障录波装置的运行维护同继电保护装置，检验管理按有关规程和规定执行。

五、重合闸运行规定

（1）下列情况重合闸应停用：

1）试运行的线路送电时和试运行期间。

2）断路器的遮断容量小于母线短路容量时。

3）断路器故障跳闸次数超过规定，或断路器本身有明显故障或存在其他严重问题。

4）线路带电作业要求退出。

5）重合闸装置失灵。

6）重合于永久性故障可能对系统稳定造成严重后果。

7）使用单相重合闸的线路无全线路快速保护投入运行。

8）线路零启升压。

9）融冰回路。

10）有其他特殊规定时。

（2）双电源线路若使用三相重合方式时，必须装设检定无压、同期重合闸，其使用方式的一般原则：

1）靠发电厂侧投入检定同期重合方式，对侧投入检定无压同期重合方式。

2）中间线路的主供电侧投入检定无压同期重合方式，对侧投入检定同期重合方式。

3）重合至永久故障对系统稳定影响小的一侧投入检定无压同期重合方式。

4）从方便事故处理来确定检定无压重合闸投入方式。

5）为防止断路器或保护拒动时发生非同期合闸事故，严禁相邻线路检定无压重合的方向不一致。

（3）如一台断路器配有两套重合闸，正常运行只投入一套，但两套重合闸的方式开关应切换一致，不投入的一套将其合闸压板退出。

六、低频自动减负荷装置

（1）为保证低频减载装置可靠投入运行，每年应定期对低频减负荷装置进行检验和处理缺陷。

（2）低频（低压）减负荷装置均应正常投入使用，未经相应调度同意，不得擅自退出、转移其控制负荷和改变装置的定值。若因故停用，如需校验、维护或更改定值，应按设备管辖范围逐级向上级调度申请。

（3）低频（低压）减负荷装置动作后，厂站运行值班人员应立即向调度机构逐级汇报，未经相应调度同意，不得自行恢复送电。

【思考与练习】

1．线路保护运行中有哪些原则规定？

2．重合闸的使用有哪些原则规定？

模块 2　继电保护及安全自动装置调整的注意事项
（ZY2700207002）

【模块描述】本模块介绍继电保护及安全自动装置调整的注意事项、危险点及其预控措施。通过要点归纳讲解，能根据继电保护动作情况分析故障，掌握自动装置调整的危险点及其预控措施。

【正文】

一、继电保护及安全自动装置调整的注意事项

（1）在下列情况下应停用整套微机保护装置：

1）在微机保护装置使用的交流电压、交流电流、开关量输入、开关量输出回路工作。

2）在装置内部工作。

3）继电保护人员输入定值。

4）装置异常。

（2）新投产保护装置或保护电流、电压回路有变动时，必须要带负荷测试。

（3）当双母线接线的两组 TV 只有一组运行时，应将两组母线硬联运行（可采用将母联断路器作为死开关或用刀闸硬联两组母线）或者将所有运行元件倒至运行 TV 所在的母线。

（4）因一次运行方式的调整需更改运行保护装置定值时，值班调度员应根据设备在操作过程中保护是否有灵敏度来确定在方式调整前还是调整后更改保护定值。更改保护定值时，按下列规定执行：

1）电流定值：由大改小，应在运行方式改变后进行，并先调整时限较小的保护，如由小改大则反之。

2）时限定值：由小改大，应在运行方式改变前进行，并先调整时限较大的保护，如由大改小则反之。

3）电压定值：由小改大，应在运行方式改变后进行，并先调整时限较小的保护，如由大改小则反之。

4）阻抗定值：由小改大，应在运行方式改变后进行，并先调整时限较小的保护，如由大改小则反之。

（5）在改变系统运行方式或事故处理时，必须按相关规定相应变更保护定值或安全自动装置使用方式。

（6）在改变系统一次设备运行状态时，应充分考虑继电保护及安全自动装置的配合，防止不正确动作。

（7）安控装置动作后，各厂站运行值班人员应及时向值班调度员汇报，厂站运行值班人员应根据值班调度员命令处理，不得自行恢复跳闸开关。

二、继电保护及安全自动装置调整的危险点及其预控措施

继电保护及安全自动装置调整的危险点主要有：①继电保护及安全自动装置定值与定值单等不符；②继电保护及安全自动装置调整与运行方式的改变不配合。出现以上情况都会造成继电保护及安全自动装置调整的误动作。

防范措施：

（1）一次系统运行方式发生变化时，及时对继电保护和安全自动装置进行调整。

（2）操作前认真核对设备状态包括继电保护和安全自动装置。

（3）操作前应使用相关工具进行计算或校核。

（4）按规定填写调度指令票。

（5）操作中严格执行监护、录音、复诵和记录制度，不得跳项、漏项等。

【思考与练习】

1．微机保护在哪些情况下需停用？

2．更改保护定值时需注意哪些问题？

第二十一章　新设备的启动投运

模块 1　新设备启动的调度管理（ZY2700208001）

【模块描述】本模块介绍新设备的定义、新设备启动流程及调度规程对新设备启动的有关规定等内容。通过定义解释、启动流程图示介绍、管理规定讲解，掌握新设备启动的调度管理方法。

【正文】

一、新设备定义

新设备是指首次接入电网的电力基建、技改一次和二次设备。主要包括开关（断路器）、线路、母线、变压器、电流互感器、电压互感器、机组并网、保护更换以及新厂站投运等。

二、新设备启动流程（见图 ZY2700208001-1）

三、调度规程关于新设备接入系统的管理规定

新设备接入系统前，对项目初步可行性研究、可行性研究、接入系统设计、初步设计、设备招标等工作，项目主管部门应邀请调度机构参与评审，并在可行性研究阶段明确调度关系。项目主管部门应于会议前两周向调度机构提供工程项目的有关资料，以利调度机构进行研究，并提出评审意见。

电力调度通信、调度自动化、继电保护及安全自动装置等电网配套工程，应与发电、变电工程项目同时设计、同时建设、同时验收、同时投入使用。

网内变电站和发电厂的命名，由建设单位提出经相应等级调度批准。建设单位应（通过运行主管部门或所属调度）于启动前 3 个月向相应等级调度提供有关工程资料，其内容包括：政府有关部门下达的发电厂项目批准文件、电气一次主接线图、发电机及主变压器参数、励磁系统及调速系统模型和参数、线路长度、导线型号及原线路改接情况示意图、继电保护配置图、装置施工原理图及装置使用说明书、调度自动化、远动设施及设备情况、通信工程相关资料及其他相关设备资料及说明等，同时提供设备命名编号的建议。

在收到工程资料后的 1 个月内，调度将正式的新设备命名及调度关系发文下达给有关的设备运行维护单位。工程建设部根据工程施工、投运计划提前两个月会同生产、调度部门协调工程施工停电计划及启动投运的相关工作。

新设备启动前 1 个半月，设备运行维护单位向调度提出接入系统运行的申请书，其内容包括：主变压器等设备实测参数、继电保护及安全自动装置的安装情况、启动试运行计划及负荷要求、现场运行规程和事故处理规程、批准的运行人员名单、调度通信设备调试情况、调度自动化、远动设施及设备安装、调试情况、预计投入运行的日期和原有设备的关系以及准备采取的基本运行方式等需要说明的内容。

调度至其调度管辖变电所的调度、自动化通道投运前 15 天，应提交接入系统运行的申请书，其内容包括：初步设计审查意见及调度至其调度管辖变电所的调度、自动化通道安排方案、变电站至下级调度接入点电路安排情况、下级调度对相关通信工程的验收报告等内容。相关电厂应按照有关规定和协议、合同，向相应调度电力通信机构提供相关的运行资料。

新设备启动前 1 个月，调度应向设备运行维护单位下达相关文件，其内容包括：新设备投运后的运行方式和注意事项、调度有权发布调度指令的人员名单。

新设备启动前 2 日，调度应向设备运行维护单位提供相关资料，其内容主要包括：调度实施方案、相关继电保护及安全自动装置的整定值（需要结合投产实测参数的，根据实测进度及时提供）、远动要求和注意事项、主变压器分接头位置等需要明确的事项。

根据年度运行方式及工程项目进度制定初步的运方安排

工程项目主管部门提供相关资料

参加工程项目主管部门施工计划协调会

索取资料

检查所提供的资料完整性与正确性 — 否

是

是否上级调度管辖、许可 — 是

上报上级调度

否

在启动前收到新设备启动申请书

与新设备启动和涉及单位做好协调工作

新设备命名及相关单位计算、整定，新设备参数归档

编制新设备启动方案

冲击试验　定相核相试验　保护带负荷试验　校同期合解环　与相关调度联系　与上级调度联系

形成新设备启动方案初稿

修改方案

运方组内讨论

继保、调度审核及继保提供冲击配置方案

调度中心领导审定

公司总工批准

公司相关单位启动汇报协调会

启动方案及申请单交调度台执行

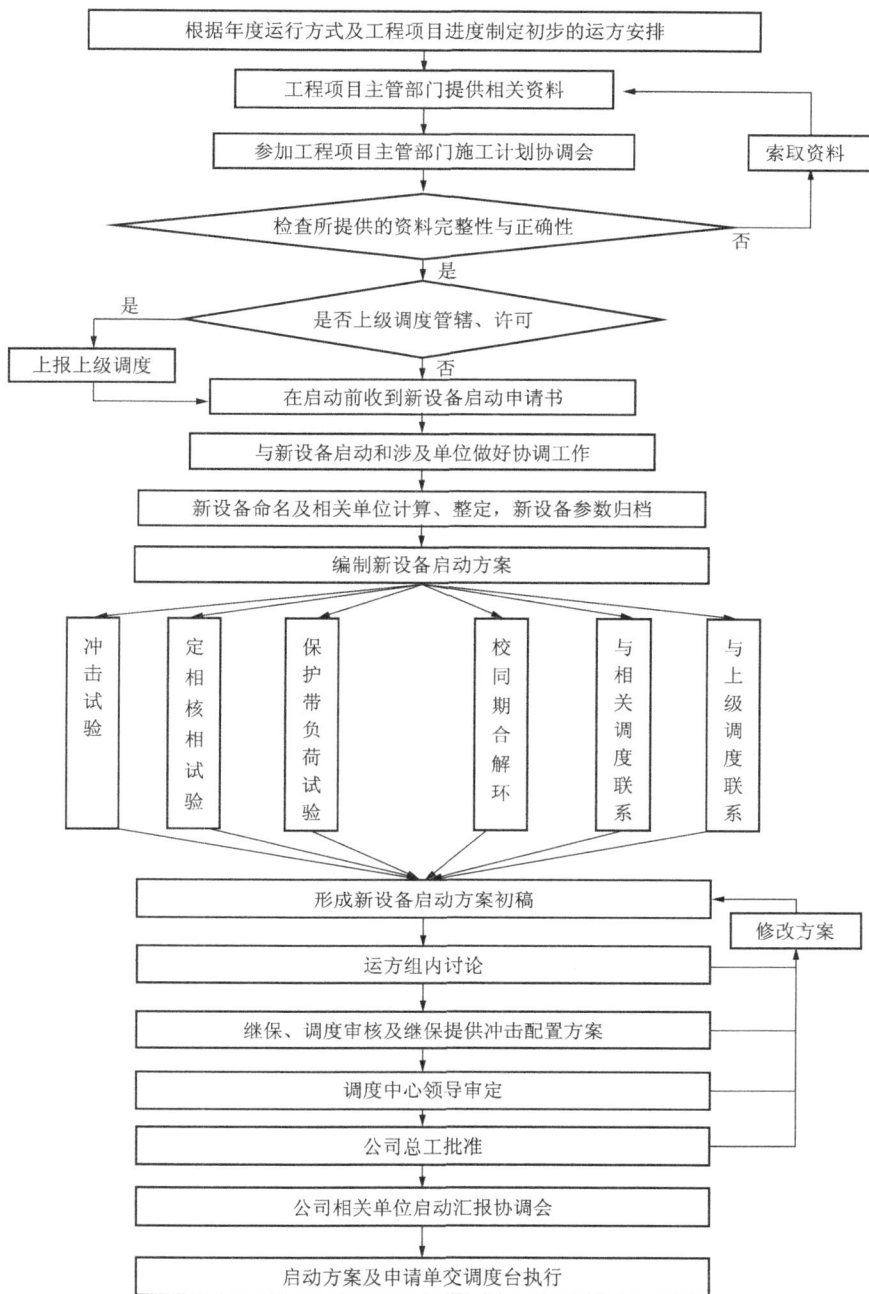

图 ZY2700208001-1 新设备启动管理流程图

新设备启动前 2 日，相关调度部门应完成以下工作：进行必要的稳定计算、修改调度模拟屏和调度自动化系统信息、修改电网生产统计报表、调整电网一次接线图、调整继电保护及安全自动装置配置图、修改参数资料及健全设备资料档案、修改有关调度运行规定或说明（包括设备运行规定、稳定限额、运行方式调整、继电保护及安全自动装置整定方案和运行说明等内容）、开通调度电话、有关人员应熟悉现场设备、现场规程、图纸资料、运行方式，并进行事故预想及其他相关的投运前的准备工作。

设备运行维护单位负责在工程启动前 1 个月提供正式的启动调试方案，调度部门根据工程启动调试方案编制调度实施方案和拟定启动操作任务票。启动前 5 个工作日，运行维护单位按设备调度管辖范围履行申请单的报批手续。

新设备启动前必须具备下列条件：

（1）发电企业已与省电力公司和相应调度机构签订购电合同及并网调度协议。

（2）新设备全部按照设计要求安装、调试完毕，且验收、质检工作已经结束（包括主设备、继电保护及安全自动装置、电力通信设施、调度自动化设备等），设备具备启动条件。

（3）220kV 及以上设备参数实测工作结束，并经设备运行维护单位确认，于启动前 3 日报送有关调度机构。

（4）现场生产准备工作就绪（包括运行人员的培训、考试合格，现场图纸、规程、制度、设备编号标志、抄表日志、记录簿等均已齐全），具备启动条件。

（5）电力通信通道及自动化信息接入工作已经完成，调度通信、自动化设备及计量装置运行良好，通道畅通，实时信息满足调度运行的需要。

新设备投运前，工程主管部门应及时组织有关单位召开启动会议，对启动方案、调度操作、试运行计划进行讨论，并取得统一意见，以便有关单位事先做好启动操作的准备并贯彻实施。

运行维护单位在认真检查现场设备满足安全技术要求后，向值班调度员汇报新设备具备启动条件。该新设备即视为投运设备，未经值班调度员下达指令（或许可），不得进行任何操作和工作。若因特殊情况需要操作或工作时，经启动委员会同意后，由原运行维护单位向值班调度员汇报撤销具备启动条件，在工作结束以后重新汇报新设备具备启动条件。

在基建工程或重大技改工程投入运行后 3 个月内，设备运行维护单位应向相关调度部门上报继电保护及安全自动装置等竣工图纸（电子版）。新投产发电机组应具备的 AGC、AVC（自动电压控制）等控制功能应在机组移交商业运行时同时投入使用。

【思考与练习】

1．新设备的定义是什么？

2．新设备启动前必须具备哪些条件？

模块 2　新设备的启动投运（ZY2700208002）

【模块描述】 本模块介绍新设备的启动原则及新设备启动方案的执行等内容。通过原则讲解、图形示意、案例介绍，掌握新设备的启动原则，并能根据新设备启动方案进行新设备的启动操作。

【正文】

一、新设备启动要求

（1）在工程启动前 1 个月，新设备运行维护单位应提供正式的工程启动调试方案，调度部门根据工程启动调试方案编制调度实施方案，拟定启动操作任务票。

（2）新设备启动应严格按照批准的调度实施方案执行，调度实施方案的内容包括：启动范围、调试项目、启动条件、预定启动时间、启动步骤、继电保护要求、调试系统示意图。

（3）在编制新设备启动调度实施方案时，如遇特殊情况限制，无法按启动原则执行时，应报请主管部门领导批准后，作为特例处理。

（4）新设备启动过程中，如需对调度实施方案进行变动，必须经编制该调度实施方案的调度机构同意，现场和其他部门不得擅自变更。

（5）新设备启动过程中，调试系统保护应有足够的灵敏度，允许失去选择性，严禁无保护运行。

（6）新设备启动过程中，相关母差 TA 及母差方式应根据系统运行方式做相应调整。母差 TA 短接退出或恢复接入母差回路，应在断路器冷备用或母差保护停用状态下进行。

（7）运行维护单位向值班调度员汇报新设备具备启动条件后，该新设备即视为投运设备，未经值班调度员下达指令（或许可），不得进行任何操作和工作。若因特殊情况需要操作或工作时，经启动委员会同意后，由原运行维护单位向值班调度员汇报撤销具备启动条件，在工作结束以后重新汇报新设备具备启动条件。

（8）新设备启动过程中，客观上存在一定风险，有关发、供电单位及各级调度部门必须做好事故预想。

二、新设备启动的主要原则

（一）断路器启动原则

分类：断路器本体一次启动；断路器一、二次均需启动。

（1）有条件时应采用发电机零启升压。

（2）无零启升压条件时，用外来电源（无条件时可用本侧电源）对断路器冲击一次，冲击侧应有可靠的一级保护，新断路器非冲击侧与系统应有明显断开点，母差 TA 或母差保护应做相应调整。新设备充电的具体方式参见图 ZY2700208002-1～图 ZY2700208002-4。

图 ZY2700208002-1　用外来电源冲击新断路器

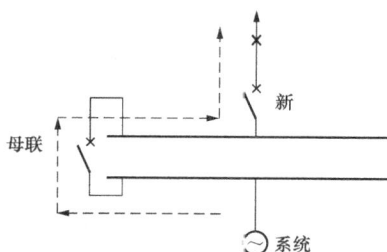

图 ZY2700208002-2　用本侧母联断路器冲击新断路器

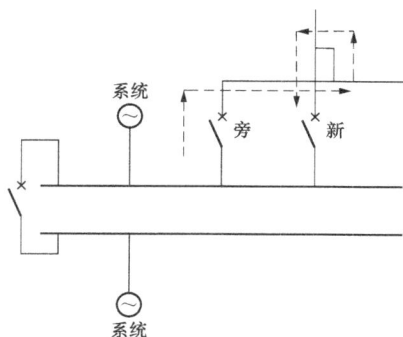

图 ZY2700208002-3　用本侧旁路断路器冲击
新断路器（对侧断路器拉开）

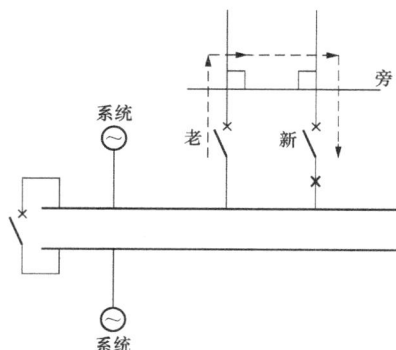

图 ZY2700208002-4　用本侧出线断路器冲击
新断路器（两条出线对侧断路器均拉开）

（3）必要时对断路器相关保护及母差保护做带负荷试验。

（4）新线路断路器需先行启动时，可将该断路器的出线搭头拆开，使该断路器作为母联或受电断路器，做保护带负荷试验。保护带负荷试验的具体方式见图 ZY2700208002-5～图 ZY2700208002-9。

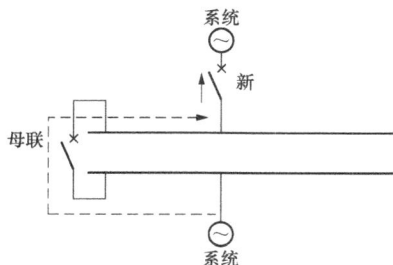

图 ZY2700208002-5　新断路器与母联串
供做带负荷试验

图 ZY2700208002-6　利用系统环路中的
环流做新断路器带负荷试验（新断路器
所在母线无其他负荷）

（二）线路启动原则

分类：两侧间隔均采用原有保护；两侧间隔至少有一侧为新保护。

（1）有条件时应采用发电机零启升压，正常后用老断路器对新线路冲击 3 次（利用操作过电压来考验线路的绝缘水平、考验对线路与线路之间电动力的承受能力、考验断路器操作与线路末端过电压水平），冲击侧应有可靠的一级保护。

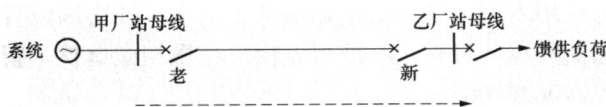

图 ZY2700208002-7　新断路器作为受电侧断
路器做带负荷试验

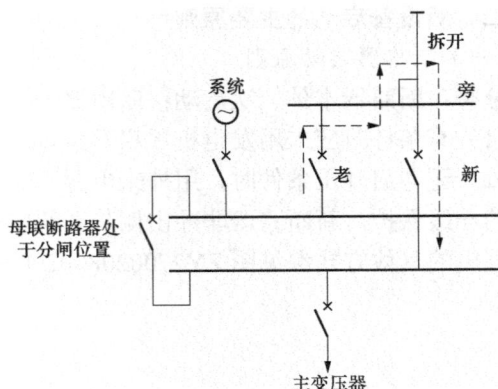

图 ZY2700208002-8　新断路器与旁路断路器
（或出线断路器）构成母联做带负荷试验

（2）无零启升压条件时，用老断路器对新线路冲击 3 次（老线路改造其长度小于原线路 50%可只冲击 1 次），冲击侧应有可靠的两级保护，见图 ZY2700208002-10。冲击时老断路器启用原有保护，且应保证对整个新线路有灵敏度，新断路器可启用尚未经带负荷试验的方向零序电流保护，并将方向元件短接，或新断路器启用已做过联动试验的线路过流保护（属一级可靠保护）。母差保护、老断路器保护定值按继保规定调整。

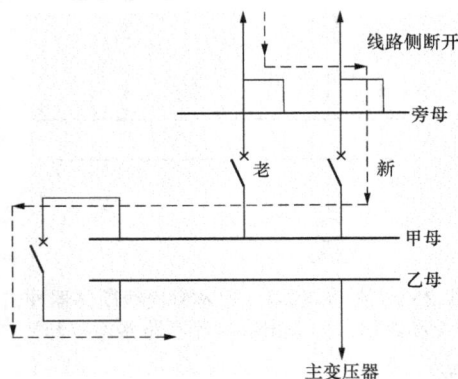

图 ZY2700208002-9　新断路器作为旁路断路器做带负荷
试验（与母联断路器串供）

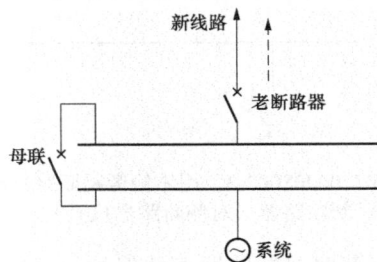

图 ZY2700208002-10　用本侧老断路器冲击新线路
（老断路器启用原保护定值满足全线路要求）

（3）冲击正常后，线路必须做核相试验，核相时，考虑断路器并联电容和防止偷合的原因应将母联转为冷备用。如新线路两侧线路保护和母差保护回路有变动，则相关保护及母差保护均需做带负荷试验。

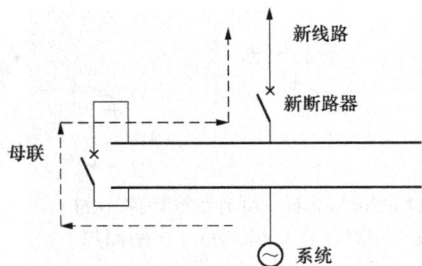

图 ZY2700208002-11　用母联断路器与
线路断路器串供冲击新线路（启用母联
长充电保护及线路保护）

冲击主要方式：零启升压；冲击侧母联断路器与线路断路器串供，启用母联长充电保护和线路保护（距离、方向零序，或过流保护），见图 ZY2700208002-11。

保护试验主要方式：母联串供方式，受电方式，系统环网方式（包括经线路和对侧母线构成本侧母联方式，新建电厂母线首次受电常用此方式），参照断路器带负荷试验方式进行。

（三）母线启动原则

（1）有条件时应采用发电机零启升压，正常后用外来或本侧电源对新母线冲击一次，冲击侧应有可靠的一级保护。

（2）无零启升压条件时，用外来电源（无条件时可用本侧电源）对母线冲击一次，冲击侧应有可靠的一级保护。

（3）冲击正常后，新母线电压互感器二次必须做核相试验，母差保护需做带负荷试验。

（4）母线扩建延长（不涉及其他设备），宜采用母联断路器充电保护对新母线进行冲击。

（四）变压器启动原则

新变压器时指新建、扩建变压器及其所属一、二次设备。

（1）有条件时应采用发电机零启升压，正常后用高压侧电源对新变压器冲击 5 次，冲击侧应有可靠的一级保护。

（2）无零启升压条件时，用中压侧（指三绕组变压器）或低压侧（指两绕组变压器）电源对新变压器冲击 4 次，冲击侧应有可靠的两级保护，见图 ZY2700208002-12。冲击正常后用高压侧电源对新变压器冲击 1 次，冲击侧应有可靠的一级保护。

（3）因条件限制，必须用高压侧电源对新变压器直接冲击 5 次时，冲击侧电源宜选用外来电源，采用两只断路器串供，冲击侧应有可靠的两级保护。

（4）冲击过程中，新变压器各侧中性点均应直接接地，所有保护均启用，方向元件短接退出。新主变压器所在母线上母差保护按继保规定调整。冲击侧线路高频保护停用（励磁涌流影响的原因）。

图 ZY2700208002-12　用中压侧电源冲击新主变压器（母联长充电保护时间按照躲过励磁涌流时间来考虑）

（5）冲击新变压器时，保护定值应考虑变压器励磁涌流的影响 [一般用时间躲开（≤0.3s），0.3s 后励磁涌流衰减至 2～3 倍的峰值电流（极端情况下最大励磁涌流为 5～6 倍主变压器额定电流，0.3s 后约为 2～3 倍主变压器额定电流）]，并有足够的灵敏度。

（6）冲击正常后，新变压器中低压侧必须核相，变压器保护（差动及后备保护）、母差保护需做带负荷试验。

（7）用母联断路器实现串供方式对主变压器充电时，应避免直接用母联断路器对其充电（除了旁兼母已改代出线方式），如必须用母联断路器对新主变压器直接充电，此时应将母线差动保护投信号或停用，启用母联断路器电流保护。

（五）电流互感器启动原则

（1）优先考虑用外来电源对新电流互感器冲击 1 次，冲击侧应有可靠的一级保护，新电流互感器非冲击侧与系统应有明显断开点，母差 TA 必须短接退出。

（2）若用本侧母联断路器对新电流互感器冲击 1 次时，应启用母联充电保护。

（3）冲击正常后，相关保护需做带负荷试验。

注意事项：新 TA 母差 TA 必须短接，且应注意母差保护方式。

（六）电压互感器启动原则

（1）优先考虑用外来电源对新电压互感器冲击 1 次，冲击侧应有可靠的一级保护。

（2）若用本侧母联断路器对新电压互感器冲击 1 次时，应启用母联充电保护。

（3）冲击正常后，新电压互感器二次侧必须核相。

（七）机组并网启动原则

（1）新机组并网前，设备运行维护单位负责做好新机组的各种试验并满足并网运行条件。

（2）新机组同期并网后，发变组有关保护和母差保护需做带负荷试验。

（3）新机组的升压变压器需冲击时，在满足条件（1）后，按新变压器启动原则执行。如需提前直接冲击时，按特殊情况处理。

注意事项：发电机短路试验、空载试验、假同期试验由电厂负责，电网部门（调度部门）配合调整做上述试验时的电网方式，但应注意及时调整电厂母差方式，以及新机组主变压器的母差 TA 需短接退出所在母线的母差保护回路。

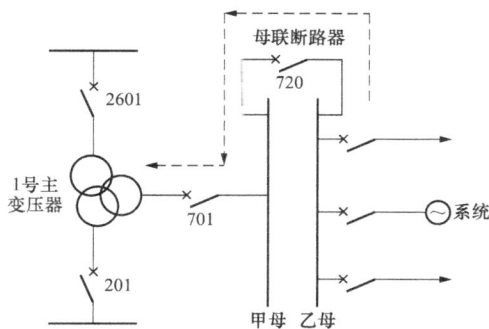

（八）保护更换（端子箱）后启动原则

1. 线路主保护更换后启动

（1）保护需做带负荷试验，一般两侧采取用母联串供新保护断路器的方法来做。

（2）启用母联充电保护，用母联串供主变压器来做，这适用于没有条件构成环路的情况。

（3）若在单母线、一次不可倒或母联不允许合环的情况下，可以采取启用做过联动试验的主保护，将方向元件短接的方式。

（4）启用断路器的过流保护（但应事先确认该保护确实存在，且启用时不影响其他线路保护带负荷试验）。

2. 母差保护更换后启动

母差保护更换后启动一般程序是：

（1）先做现方式下的母差保护试验。

（2）试验正确后，用旁路断路器代某一断路器（必须与旁路断路器运行在同一母线，被代断路器改为热备用），再做母差保护试验。

（3）试验正确后根据实际情况需要，做母差保护切换试验（微机母差一般不需一次配合倒排，仅在 TA 二次做切换试验）。

3. 主变压器保护更换后启动

（1）有旁路断路器的母线接线：

1）用母联断路器、旁路断路器串供主变压器，启用母联长充电保护和旁路断路器线路保护，做旁路断路器代主变压器运行时的差动保护及主变压器后备、主变压器套管 TA 差动保护等试验，正常后上述保护正常启用。

2）恢复主变压器本身断路器运行（仍与母联断路器串供，母联断路器长充电保护启用），做主变压器断路器独立 TA 的主变压器差动、后备保护试验。

（2）无旁路断路器的母线接线：主变压器断路器与母联断路器串供运行（启用母联长充电保护、主变压器本身所有保护，其中主变压器保护的方向元件短接），做有关保护试验。

（九）新变电站启动

由上述各单项设备启动组合而成，但厂站内一次相位由施工单位（业主单位）在启动前确认正确。

三、案例

（一）案例 1：110kV 711 新建线路及一侧断路器启动方案

1. 启动范围

B 站 110kV 711 断路器间隔及 711 新建线路。

2. 调试项目

711 新建线路需冲击 3 次及 B 站侧断路器需冲击 1 次，B 站侧需要做核相试验，B 站侧 711 断路器保护的校核试验。711 线路冲击方式示意图见图 ZY2700208002-13。

3. 启动汇报条件

110kV 711 新建线路及 B 站 711kV 间隔有关工作竣工后，核对：110kV 711 线路及两侧断路器均为冷备用状态，A 站侧母差 TA 短接退出母差回路。启动前运行方式：A 站 T2 运行于 Ⅱ 母，母联 710 断路器热备用备自投启用，711 断路器冷备用，T2 运行于 Ⅰ 母，其余设备运行于 Ⅱ 母；B 站 711 断路器冷备用，其余设备运行。

4. 操作原则

（1）A 站：T1 保护启用冲击定值、711 保护启用冲击定值（由继电保护出定值），711 断路器改为热备用于 Ⅰ 母，合上 711 断路器（冲击 711 线路 2 次），拉开 711 断路器。

（2）B 站：合上 711 断路器及其线路侧隔离开关。

（3）A 站：合上 711 断路器（冲击 1 次）。

（4）711 线路及 B 站 711 断路器冲击正常后，在 B 站侧 711 断路器母线隔离开关两侧核相。核相正确后，调整运行方式，B 站侧 711 断路器保护做校核试验。

（5）恢复系统方式，将 A 站 T1 及 711 保护恢复正常定值。

（二）案例2：220kV 变电站旁路 720 断路器间隔更换后启动方案（见图 ZY2700208002-14）

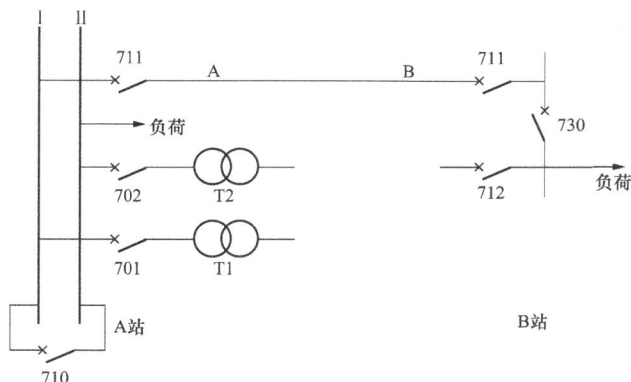

图 ZY2700208002-13　711 线路冲击方式示意图

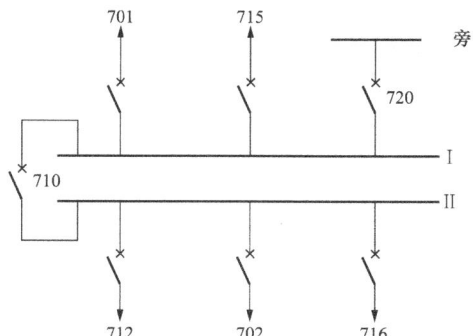

图 ZY2700208002-14　某 220kV 变电站旁路
720 断路器间隔更换后启动方案

1. 启动范围

110kV 旁路 720 断路器间隔。

2. 调试项目

720 断路器及 TA 需冲击 1 次，需做 110 kV 母差、线路保护带负荷试验以及 720 代 701 断路器时差动保护切换试验。

3. 启动汇报条件

720 断路器间隔更换工作结束，验收合格，设备具备启动条件，现旁路 720 断路器及旁路母线冷备用，其母差 TA 短接退出母差回路。

4. 操作原则

（1）将 110kV Ⅰ母线所有设备调至Ⅱ母线运行，拉开 110kV 母联 710 断路器。

（2）将 110kV 旁路 720 断路器由冷备用改为 110kV 正母线运行。

（3）合上 110kV 母联 710 断路器（充电）。

（4）冲击正常后，拉开 110kV 旁路 720 断路器，合上 1 号主变压器 7016 刀闸。

（5）将 110kV 母差保护及 1 号主变压器差动保护停用。

（6）合上 110kV 旁路 720 断路器，将 1 号主变压器保护由跳 701 断路器改跳 720 断路器，拉开 1 号主变压器 701 断路器。

（7）将 110kV 旁路 720 断路器母差 TA 接入母差回路做旁路 720 断路器线路保护、母差保护、代 701 断路器时 1 号主变压器差动保护试验。

（8）试验正确后，1 号主变压器差动保护、110kV 母差保护按规定启用。

（9）恢复 1 号主变压器 701 本身断路器运行，将旁路母线转为热备用后，启用旁路断路器线路保护，合上 110kV 旁路 720 断路器，方式恢复正常。

（三）案例3：A 站母联 710 断路器及电流互感器更换后的启动方案

A 站 110kV 母联 710 断路器及电流互感器更换工作结束后，需对新设备进行充电，并带负荷测试有关保护，见图 ZY2700208002-15。现制订启动方案如下：

1. 启动范围

A 站 110kV 母联 710 断路器及电流互感器。

2. 启动条件

（1）A 站 110kV 母联 710 断路器及电流互感器更换工作结束，验收合格，设备可以送电。

（2）A 站 110kV 副母线及母联 710 断路器冷备用。

（3）A 站 2 号主变压器及三侧断路器均为冷备用状态。

3．启动时间

××××年××月××日。

4．启动步骤

（1）利用 A 站 2 号主变压器 702 断路器对新设备充电。

1）A 站 2 号主变压器 110kV 侧复压过流时间由 3s 改为 0.5s。

2）A 站 2 号主变压器 2502 断路器改为 II 母运行。

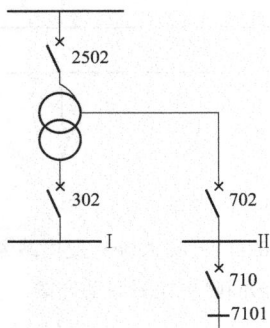

图 ZY2700208002-15　A 站母联 710 断路器及电流互感器调换后接线图

3）A 站合上 110kV 母联 710 断路器及 7102 II 母隔离开关。

4）A 站 110kV 母差保护停用。

5）A 站 2 号主变压器 702 断路器改为 II 母运行即对新设备充电一次。

6）充电结束后，A 站 110kV 母联 710 断路器改为热备用。

7）A 站 2 号主变压器 702 断路器改为热备用，2 号主变压器 110kV 侧复合电压过流时间恢复正常定值。

（2）A 站 110kV 母联 710 断路器带负荷测试 110kV 母差保护。

1）A 站 110kV 母联 710 断路器改为运行，701 断路器改为热备用。

2）A 站测试 110kV 母差保护，正确后启用。

3）测试结束后，A 站恢复正常运行方式。

【思考与练习】

1．新线路送电进行全电压冲击合闸的目的是什么？

2．新变压器或大修后的变压器在正式投运前为什么要做冲击试验？一般要冲击几次？

3．对新建的变电设备进行冲击合闸前，应注意哪些问题？

模块 3　新设备投运中的问题（ZY2700208003）

【模块描述】本模块介绍新设备启动中的可靠保护、试验项目及新设备启动前的方式调整等需要注意的问题。通过要点归纳讲解、试验项目介绍、案例学习，掌握新设备投运中问题的解决办法及注意事项，掌握新设备启动方案的编制方法。

【正文】

一、新设备启动中可靠保护的判定及母联断路器充电保护的应用

（1）已经投运的并具有全线灵敏度的距离、方向零序保护、高频保护、母联充电保护，断路器的过流保护均可视为一级可靠保护。

（2）母联断路器长充电保护可视为一级可靠保护。母联断路器长充电保护（微机保护装置中称为过流保护，但调度术语仍称母联断路器长充电保护）适用于新断路器新线路新母线启动（其时间一般为 0s），也适用于新主变压器启动（整定时间需按照躲过励磁涌流时间来考虑），启用母差长充电时母差不需退出运行，当需启用母差长充电保护而母差又需做带负荷试验时，应将母差保护出口压板退出，装置电源不停。

（3）母联断路器短充电保护（微机保护称为充电保护），适用于母线检修后复役、充电等，启用后母差短时退出 0.35s 左右后再自动投运。

（4）部分厂站微机母差保护中加装的独立母联（分段）电流保护，可视为一级可靠保护。主要是为了解决微机母差保护停用时，母线一次设备检修结束后，用母联断路器对空母线充电没有保护的问题。

（5）线路断路器配置的过流保护，可视为一级可靠保护。

（6）已经投运的距离、方向零序保护，零序方向元件短接后，可视为半级可靠保护。

二、新设备启动过程中对继电保护定值整定的一般要求

1. 用外来电源对新设备进行冲击时的要求

（1）在新设备启动过程中，用外来电源采用一级半或两级保护对新线路、主变压器冲击时，其充电保护（各级电流保护）切除故障时间按不大于 0.3s 整定，且全线有灵敏度；其线路保护切除故障时间按不大于 0.6s 整定。

（2）在新设备启动过程中，用外来电源采用一级半或两级保护对新线路、主变压器冲击时，只要有一级保护切除故障时间满足不大于 0.3s 的要求，另一级保护切除故障时间可不作调整，且两级保护之间不考虑配合。

2. 用本站（厂）电源对新设备冲击时的要求

（1）在新设备启动过程中，用本站（厂）电源采用一级半或两级保护对新线路、主变压器冲击时，其充电保护（各级电流保护）切除故障时间按 0s 整定，且全线有灵敏度。

（2）在新设备启动过程中，用本站（厂）电源采用一级半或两级保护对新线路、主变压器冲击时，只要有一级保护切除故障时间满足 0s 的要求，另一级保护切除故障时间可不作调整，且两级保护之间不考虑配合。

3. 新设备有关保护试验要求

在新设备启动过程中，新设备有关保护试验时，串供的保护仍启用原冲击时的定值及切除故障时间，在此期间只考虑保护灵敏度，不考虑保护之间的配合。

4. 特殊要求处理原则

（1）在新设备启动过程中，遇稳定有特殊要求时，由运方人员在新设备启动方案编制时明确。

（2）在新设备启动过程中，如按照上述一般原则进行保护调整将可能对电网的安全稳定运行有重大影响时，由继电保护人员具体提出调整要求，经运方人员进行校核后作为专项处理。

三、新设备启动的注意事项

（1）冲击过程中的一次方式安排要综合考虑多种因素。主要应从提高系统运行可靠性、减小设备故障影响范围的角度出发，尽量避开用电厂侧、馈供厂站侧、方式较为薄弱的厂站作为冲击电源点。

（2）保护考虑：冲击时保护应满足有关规定（可靠一级或二级），且必须满足全线灵敏度要求，方案中与上级调度管辖设备交界点的保护定值、时间整定应满足上一级电网和调度部门的要求。

（3）冲击及带负荷试验过程中，应特别重视母差电流互感器状态及母差保护的方式。

（4）启动过程中方式调整时，应注意一次设备操作与二次保护之间的配合，主要有闸刀操作与母差保护停、启用之间的配合，合、解环前后环路中的保护调整。注意在 110kV 及以上电网无母差保护时，一般不允许进行母线侧闸刀带电操作。

（5）用母联断路器实现串供方式对新投运的线路充电时，母线差动保护投信号，起用母联断路器长充电保护或母联断路器电流保护。用母联断路器实现串供方式对主变压器充电时，应避免直接用母联断路器对其充电；如必须用母联断路器对主变压器直接充电，此时应将母线差动保护投信号或停用，启用母联断路器电流保护（原因：母联断路器断开时，断路器辅助触点自动将母差电流互感器退出母差保护回路，在合上断路器时自动投入，如此时被充电母线故障，由于断路器一次触头与辅助触点闭合的不同时性，造成非故障母线跳闸。出线断路器母差电流互感器由闸刀辅助触点控制）。

四、新设备启动试验项目

1. 定相和核相

交流电的特点是不仅有电流大小及电压高低之分，还有相位及相序之别，若相位或相序不同的电源并列或合环，将产生很大的电流，会造成发电机或其他电气设备损坏，因此必须进行定相和核相工作。为了防止发生非同期并列，新投产的线路及大修后的线路都必须进行相序及相位的核对，保证一次和二次的相序和相位都正确，对于与并列有关的二次回路有工作时，也必须进行相序及相位的核对确保正确无误。电压互感器更换后必须进行一、二次的定相及核相工作。

2. 新线路送电试验项目

（1）新线路送电前应进行工频参数测量，主要有以下内容：测试线路绝缘电阻、直流电阻、正序

阻抗、零序阻抗、正序电容和零序电容，进行定相和核相。对于同杆（塔）双（多）回线路及平行架设的线路还需进行耦合电容及互感阻抗的测试。测量新线路绝缘电阻目的是为了检查线路绝缘情况、有无接地、短路等缺陷。测量直流电阻的目的是为了检查线路的连接情况和施工中是否有遗留的缺陷。其他参数均为线路运行及维护需要掌握的工频参数。双电源线路或双回线路送电后应做定相试验，同时来自双母线电压互感器的二次电压回路也应做定相试验。除了单电源馈供线路送电不需要核相（没有参照物）外，均需要进行核相，主要是为了避免线路两侧相位不一致或双电源线路相序及相位不一致在投运时造成短路事故。

（2）配合专业人员对线路的继电保护、自动装置进行检查和试验：为防止接线错误而引起保护的误动作，特别是高频保护、阻抗保护、差动保护（母线差动、纵联差动、横联差动保护）及其他的方向性保护，必须在线路送电后进行带负荷电流试验检查其特性，完全符合要求、方向正确后方可投入。对于可以同期并列的线路断路器，应对同期回路接线进行检查：将同期电源断路器投入、启动同期装置后同期表指示应该也同期。

五、案例

如图 ZY2700208003-1 所示为某 220kV 变电站的 220kV 母线一次接线图，其中 2610、2611、2612、2613、2601、2602 断路器为已运行断路器；2614 断路器及其电流互感器为新更换设备，所带线路为原已运行线路。

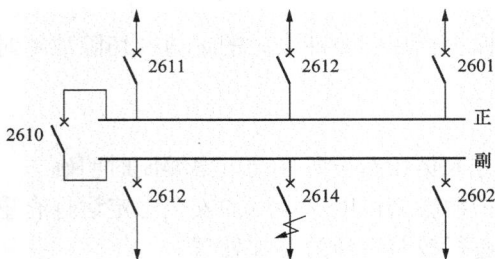

图 ZY2700208003-1 某 220kV 变电站的
220kV 母线一次接线图

（1）新设备 2614 断路器及其电流互感器投入运行前需要做冲击耐压试验，2614 断路器保护及 220kV 母差保护需做保护传动及带负荷试验。

（2）2612 断路器为外来电源，用 2612 断路器对新设备 2614 断路器冲击，母联 2610 断路器应转为冷备用状态，母差保护投入方式改为双母分列运行方式。

（3）2612 断路器为外来电源，用 2612 断路器对新设备 2614 断路器冲击，母差方式为双母分列方式，此时一定要注意母差电流互感器投入方式要与一次运行方式相对应，如果 2612 断路器母差电流互感器未短接退出，2614 断路器母差电流互感器又未接入母差回路，当 2614 断路器在图示处有故障时，母差保护中将流过 2612 断路器母差电流互感器的故障电流，同时电压元件出口，母差保护动作出口跳开副母线上面所有断路器。

（4）2612 断路器为外来电源，用 2612 断路器对新设备 2614 断路器冲击，母差运行方式调整为双母分列方式，如果 2612 断路器母差电流互感器未短接退出，2614 断路器母差电流互感器接入了母差回路，当 2614 断路器在图示处有故障时，母差保护可能有以下两种反应：如果 2614 断路器母差电流互感器极性正确，母差保护差流回路中只有不平衡电流，母差保护不动作；如果 2614 断路器母差电流互感器极性不正确，母差保护差流回路中有相当于两倍的故障电流，同时电压元件出口，母差保护动作，跳开副母线上面断路器。

（5）如果副母线上没有外来电源，必须使用母联 2610 断路器对新设备 2614 断路器冲击，2610 断路器母差电流互感器应以代出线方式接入母差回路；此时当 2614 断路器在图示处有故障时，母差保护差流回路中只有不平衡电流，母差保护不动作，母联 2610 断路器充电保护动作跳闸。

【思考与练习】

1. 新线路第一次送电应注意哪些问题？需要测量哪些工频参数？测量的目的是什么？

2. 根据当地电网实际情况，安排某新设备投运的 DTS 实训。

第六部分

电网异常处理

第二十二章 频率异常处理

模块 1 导致频率异常的原因及危害 (ZY2700301001)

【**模块描述**】本模块介绍频率异常的定义、危害及导致频率异常的因素。通过规定讲解、异常因素分析，掌握频率异常的征象、判断方法及危害。

【**正文**】

一、异常频率的定义

GB/T 15945—1995《电力系统频率允许偏差》规定以 50Hz 正弦波作为我国电力系统的标准频率（工频），并规定电网容量在 3000MW 及以上者，偏差不超过 50Hz±0.2Hz。电网容量在 3000MW 以下者，频率偏差不超过 50Hz±0.5Hz。国家电网公司 2005 年颁布的《电力生产事故调查规程》规定：装机容量在 3000MW 及以上电网，频率偏差超出 50Hz±0.2Hz，且持续时间 30min 以上；或偏差超出 50Hz±0.5Hz，且持续时间 15min 以上；装机容量在 3000MW 以下电网，频率偏差超出 50Hz±0.5Hz，且持续时间 30min 以上；或偏差超出 50Hz±1Hz，且持续时间 15min 以上，定为一般电网事故。

装机容量在 3000MW 及以上电网，频率偏差超出 50Hz±0.2Hz，且持续时间 20min 以上；或偏差超出 50Hz±0.5Hz，且持续时间 10min 以上；装机容量在 3000MW 以下电网，频率偏差超出 50Hz±0.5Hz，且持续时间 20min 以上；或偏差超出 50Hz±1Hz，且持续时间 10min 以上，定为电网一类障碍。

由以上规定可知，装机容量在 3000MW 及以上电网，频率偏差超出 50Hz±0.2Hz 或装机容量在 3000MW 以下电网，频率偏差超出 50Hz±0.5Hz，即可视为电网频率异常。

目前我国已形成若干交流同步互联大区电网，如东北电网、西北电网、南方电网、华东电网，以及华北—华中电网，由于电网规模越大频率波动越小，这些大区电网的频率波动通常很小，正常波动范围均在 50Hz±0.1Hz 以内。

二、导致频率异常的因素

1. 电网事故造成的频率异常

当电力系统中总的发电机有功出力与总的有功负荷出现差值时就会产生频率偏差，当差值到达一定程度就会产生频率异常。从电网运行的角度，可将产生频率异常的原因分为电网事故和运行方式安排不当两类。

发生电网解列事故后，送电端电网由于发电出力高于有功负荷因此会电网频率升高，而受电端电网由于发电出力低于有功负荷电网频率会降低。

发生发电机掉闸事故后，电网会出现发电出力的缺额，因此电网频率会降低。发生负荷线路或负荷变压器掉闸后，电网会出现有功负荷的缺额，因此电网频率会升高。

2. 运行方式安排不当造成的频率异常

由于负荷预测的偏差，导致电网发电出力安排不当也会导致频率异常。若最小日负荷预计不准确，在最小负荷发生时，发电出力过剩，导致电网频率升高。若最大日负荷预计不准确，在最大负荷发电出力不足，导致电网频率降低。

另外，电网中某些大的冲击负荷也会对电网频率产生影响，如某些大型轧钢厂和电解铝厂的冲击负荷会达到 100MW 左右。在某些特殊时间段，大量用户同时收看同一电视节目，如 1999 年收看国庆阅兵式，2008 年同时收看奥运开幕式，由于电视机输出功率变化也会对电网频率产生明显影响。

三、频率异常的危害

1. 频率异常对发电设备的危害

频率过高过低运行，受危害最大的是发电设备。主要危害有：引起汽轮机叶片断裂；使发电机出力降低；使发电机机端电压下降；使发电厂辅机出力受影响，从而威胁发电厂安全运行。

2. 频率异常对用电设备的危害

电网中对频率敏感的用电设备主要有同步电动机负荷、异步电动机负荷。根据电动机驱动的设备不同，电动机输出功率与频率的一次方或者高次方成正比。因此当系统频率发生变化时，这些设备的输出功率也会产生相应的变化。当频率变化过大时，对于输出功率要求比较严格的用电设备会产生不良影响。

3. 频率异常对电网运行的影响

当电网频率异常时会引起发电机高频保护、低频保护动作导致机组解列（包括风电），或者低频减载装置动作切除负荷等。

电网中线路损耗、变压器中的涡流损耗与频率的平方成正比，因此频率升高会导致电网的损耗增加。

【思考与练习】

1. 国家电网公司《电力生产事故调查规程》对频率异常是如何定义的？
2. 频率异常对发电设备有什么影响？

模块 2　频率异常处理方法（ZY2700301002）

【模块描述】本模块介绍调整负荷、调整发电出力及跨区事故支援等频率异常处理方法。通过要点归纳讲解、案例学习，掌握频率异常处理方法。

【正文】

一、调整负荷

当电网频率低于正常值时，可采取紧急调整负荷的措施。包括：

（1）由低频减载装置动作切除负荷。

（2）调度员下令拉开负荷线路开关或负荷变压器开关。

（3）由变电站按事先规定的顺序自行拉开负荷线路开关。紧急切除的负荷均不得自行恢复，当电网频率恢复到正常值后，得到上级调度的命令才能恢复。

当解列小系统频率高于正常值而小系统内的机组已降至最低技术出力时，可考虑送出部分负荷。

二、调整发电出力

当电网频率高出正常值时，须紧急降低发电机有功出力。按紧急程度分，措施有：

（1）高频切机装置动作，切除部分机组。

（2）调度员下令部分机组打闸停机。

（3）电厂值班员紧急降低机组出力。

（4）命令抽水蓄能机组泵工况运行。

当电网频率低于正常值时，须紧急增加发电机有功出力。按紧急程度，措施有：

（1）迅速调用旋备容量。

（2）迅速开启备用机组（通常为启动快的水电机组）。

（3）停用在抽水状态的抽水蓄能机组等。

某电网调度管理规程规定：当电网频率高于 50.10Hz 时，电网中所有发电厂的值班员无需等待值班调度员的命令，应立即自行降低有功出力直到频率恢复到 50.10Hz 以下或调整到运行设备最小出力为止。

三、跨区事故支援

对于跨区域电网，未发生事故的区域电网应在保证电网安全的前提下对发生事故的区域电网进行事故支援。而且实际上，当某一电网突然发生有功缺额时，由于互联电网的潮流分布，跨区联络线会自动增加，对有功率缺额的电网进行支援。

四、恢复独立运行系统联络线

对于独立运行的系统，当发生频率异常而缺乏调整手段时，应尽快采取措施与主网并列运行。

五、案例学习

如图 ZY2700301002-1 所示系统，局部电网与主网通过 3 回线路联系。

现 3 回线通道有灾害性天气事件发生，导致 3 回线同时掉闸，当局部电网与主网解列，由于事故前局部电网向主网受电，导致局部电网频率低至 49.3Hz，事故后主网调度通知当地电网调度负责处理，调度员采取如下措施：

（1）立即下令增加网内电厂出力直至最大。

（2）开出备用水电机组并增加出力直至最大。

（3）按超供电能力限电序位表限电。

30min 后，电网频率恢复至 49.90Hz，调度员向主网调度员申请小地区与主网同期并列。5min 后同期并列成功，地区电网恢复正常运行，通知水电机组停机，并恢复限电负荷。

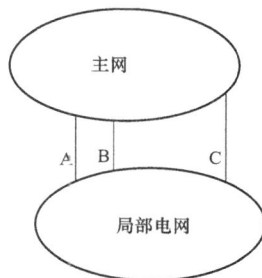

图 ZY2700301002-1　某电网结构图

【思考与练习】

1．当电网频率高于正常值时可采取哪些措施？

2．当电网频率低于正常值时可采取哪些措施？

3．根据当地电网实际情况，针对电网频率异常降低至 49.50Hz 安排 DTS 实训。

模块 3　防止频率崩溃的措施（ZY2700301003）

【模块描述】本模块介绍频率崩溃的定义及防止频率崩溃的措施。通过定义解释、措施介绍、装置原理讲解，能够采取有效措施防止频率崩溃。

【正文】

一、频率崩溃的定义

电力系统正常运行时，有功出力与有功负荷处于平衡状态，系统频率保持在一定范围内。在电力系统出现有功缺额时，电网频率会下降。如果没有旋转备用，则频率下降时有功负荷也会按静态频率特性下降，有功出力和有功负荷会在一个较低的频率下达到新的平衡。这是新的稳定点，有功缺额越大，新的频率稳定点就越低。然而实际上，由于发电厂的辅机受频率降低的影响，会降低输出功率，从而导致发电机有功出力会随着频率降低而降低。因此一旦低于某一临界频率，发电厂的辅机输出功率会显著降低，致使有功缺额更加严重，频率进一步下降，这样的恶性反馈使有功出力与有功负荷达不到新的平衡，频率快速下降，直至造成大面积停电，这就是频率崩溃。

二、防止频率崩溃的措施

为防止频率崩溃，电网应采取的措施有：

（1）电网运行应保证有足够的、发布合理的旋转备用容量和事故备用容量。

（2）电网应装设并投入有预防最大功率缺额切除容量的低频自动减负荷装置。

（3）水电厂机组采用低频自启动装置和抽水蓄能机组装设低频切泵及低频自启动发电的装置。

（4）制定系统事故拉路序位表，在需要时紧急手动切除负荷。

（5）制定保发电厂厂用电及重要负荷的措施。

三、低频减载和高频切机装置的作用和原理

电力系统中，自动低频减载装置是用来对付严重功率缺额事故的重要措施之一，当频率下降到一定程度时自动切除部分负荷（通常为比较不重要的负荷），以防止系统频率进一步下降。这样即能确保电力系统安全运行，防止事故扩大，又能保证重要负荷供电。在低频减负荷装置整定时主要考虑几点：

（1）最大功率缺额的确定。

（2）装置每级动作频率值的整定。

（3）每级切除负荷的限值的整定。

（4）装置每级动作的延时。

（5）某些与主网联系薄弱，容易造成系统解列的小地区的低频减载负荷量的确定。

通常低频减载装置分为普通级与特殊级。例如某电网低频减载装置整定方案为：普通级 7 级，整定频率分别为 49.25、49.00、48.75、48.50、48.25、48.00、47.75Hz，时限均为 0.2s。特殊级为 49.25Hz，时限为 20s。各级减负荷比例依次为 4%、5%、6%、7%、8%、8%、9%、3%。

高频切机装置是防止电力系统频率过高的重要措施，当频率上升到一定程度时自动切除部分机组，以防止系统频率过高危害发电机组的运行。高频切机装置在送端电网装置。高频切机装置切除机组的台数和容量的确定非常关键，不能发生因切机装置动作导致电网频率低于正常值。同时装置动作频率动作值和动作延时的确定要和机组自身高频保护的动作值相配合，通常应低于机组高频保护的动作值。

【思考与练习】

1．频率崩溃的定义是什么？

2．通常低频减载装置分哪几级，各级的整定频率是多少？

第二十三章 电压异常处理

模块 1 电压异常的原因及危害（ZY2700302001）

【模块描述】本模块介绍电压异常的定义、危害及导致电压异常的因素。通过定义讲解、原因及危害分析，掌握电压异常原因、危害及判断方法。

【正文】

一、电压异常的标准

国家电网公司 2005 年颁布的《电力生产事故调查规程》规定：电压监视控制点电压偏差超出电力调度规定的电压曲线±5%，且持续时间 1h 以上；或偏差超出±10%，且持续时间 30min 以上，构成电网一类障碍；电压监视控制点电压偏差超出电力调度规定的电压曲线±5%，且持续时间 2h 以上；或偏差超出±10%，且持续时间 1h 以上，定为一般电网事故。

二、电压异常的原因及危害

1. 低电压原因及危害

电力系统运行中的低电压一般是由于无功电源不足或无功功率分布不合理造成的。发电机、调相机非正常停运以及并联电容器等无功补偿设备投入不足是无功电源不足的主要原因，变压器分接头调整和串联电容器投退不当则会造成无功功率分布不合理。

低电压可造成电炉、电热、整流、照明等设备不能达到额定功率，甚至无法正常工作，比如当电压低于额定电压 90%时，白炽灯照度约降低 30%，日光灯照度约降低 10%；如果电压低于额定电压 80%时，日光灯不亮，电视机失真。对于电动机负荷，低电压会使电流增大，电机发热严重，当电压低于额定电压 80%时，电机电流会增加 20%～30%，温度升高 12～15℃。此外低电压情况下，线路和变压器的功率传输能力降低，使输变电设备的容量不能充分利用；另一方面低电压时输送电流增大会造成不必要的网损。

2. 高电压原因及危害

电网局部无功功率过剩是造成高电压的根本原因。负荷反送无功，空载、轻载架空线路和电缆线路发出无功都会导致电网局部无功功率过剩。在无功过剩的情况下，如果发电机进相能力不足，电抗器和并联电容器未及时投退，变压器分接头调整不当，无法合理调整过剩的无功，局部电网就会电压升高。

各种负荷设备有其规定的正常运行电压范围，高电压可能造成负荷设备减寿或损坏。对电网而言高电压会增加变压器的励磁损耗，并造成输变电设备绝缘寿命缩短甚至绝缘破坏。

三、电网过电压

1. 过电压的定义及分类

电网在正常运行情况下，电气设备在额定电压范围内运行，但由于雷击、操作、故障和参数配合不当等原因，电网中的某些元件或部分电压升高，甚至远超过额定值，这种现象被称为过电压。

过电压根据产生原因和作用机理不同分为大气过电压、工频过电压、操作过电压以及谐振过电压。

2. 产生过电压的原因

大气过电压是由于直击雷雷击电网或雷电感应产生的。

工频过电压产生的原因主要有三类：空载长线路的电容效应；不对称故障导致非故障相电压升高；甩负荷引起电压升高。

产生操作过电压的原因有：

（1）切除空载变压器时，绕组中的感性电流被瞬间切断，电流的突变将使绕组感生出高电压。同样的现象在切除异步电动机、电抗器等感性元件时也会出现。

（2）空载线路切除时发生电弧重燃，以及合闸时回路中发生高频震荡都会产生过电压。

（3）中性点绝缘系统发生单相接地故障，接地点的电弧间歇性地熄燃，故障相和非故障相都会产生过电压，这种过电压被称为电弧接地过电压。

（4）解合大环路引启的过电压。

系统进行操作和发生故障时不同元件的容性或感性在工频或其他谐波频率发生串联谐振，串联回路中的元件就会产生过电压，即谐振过电压。谐振过电压具体又可分为：

（1）线性谐振过电压：不带铁心的感性元件（如输电线路，变压器漏抗）或励磁特性接近线性的带铁心感性元件可以与系统中的容性元件组成谐振回路，产生谐振过电压。

（2）铁磁谐振过电压：带铁心的感性元件（如空载变压器、电压互感器）在发生磁饱和时，感抗值将发生变化，如果其与系统其他容性元件满足谐振条件发生谐振，产生的过电压称为铁磁谐振过电压。

（3）参数谐振过电压：感抗值周期性变化的感性元件（如凸极同步发电机）可能与系统其他容性元件在参数配合时发生谐振，从而产生过电压。

【思考与练习】

1．国家电网公司《电力生产事故调查规程》对电压异常是如何定义的？

2．产生操作过电压的原因有哪些？

模块2 电压异常处理方法（ZY2700302002）

【模块描述】本模块介绍调整无功电源、无功负荷及电网运行方式等电压异常处理方法。通过方法介绍及案例学习，掌握正确进行电压异常处理的方法。

【正文】

一、调整无功电源

当电压异常降低时可以采取的措施有：

（1）迅速增加发电机无功出力，条件允许时可以降低有功出力。

（2）投无功补偿电容器。

（3）切除并联电抗器等。

当电压异常升高时可以采取的措施有：

（1）降低发电机无功出力，必要时让发电机进相运行。

（2）切除并联电容器，投入并联电抗器。

二、调整无功负荷

当电压异常降低时应督促电力用户投入用户侧的无功补偿装置，当电网确无调压条件时，可以采取拉路限电等极端措施。

当电压异常升高时应督促电力用户将无功补偿装置退出运行。

三、调整电网运行方式

电压异常时可以采取调整变压器分头的方式强制改变无功潮流分布。

当某局部电网电压异常降低时可以采用合入备用线路等方法，加强电网的结构，提高电网电压。

当系统电压异常升高时而电网确无调整手段，而电网方式允许时可采取短时牺牲供电可靠性而断开某些线路等极端措施。

四、案例学习

如图 ZY2700302002-1 所示系统，A 省地区 I 电网因电源事故或其他原因造成电网电压下降，已低于电压正常允许偏差范围时，地区 I 地调应首先按照无功调整分层分区、就地平衡的原则，采取增加该地区电厂无功出力、投入低压电容器及静止无功补偿器、停用低压电抗器、调整有载调压变压器分接头等手段，尽可能的调整恢复地区电网电压。

如在采取以上措施后仍无法令地区电网电压恢复至正常范围内，地调已无其他可能的调整手段时，应及时向 A 省省调汇报，由 A 省省调协助调整提高临近的地区Ⅱ电网电压，并及时通过网调协调提高 B 省地区Ⅲ内直接向 A 省地区Ⅰ供电的电厂甲的无功出力，进一步调整恢复地区电压。

如地区Ⅰ电网电压下降严重，通过以上调整手段仍难以恢复正常，地区Ⅰ地调应及时对该地区负荷采取事故拉闸限电的措施，避免因电网电压降低造成事故扩大。

【思考与练习】

1．电网电压异常降低时应采取哪些措施？

2．电网电压异常升高时应采取哪些措施？

3．根据当地电网实际情况，针对 220kV 电网某变电站母线电压升高至 245kV，安排 DTS 实训。

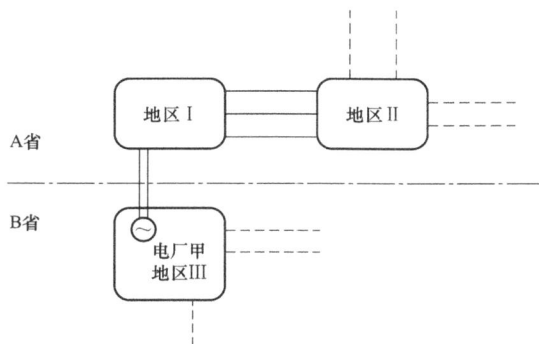

图 ZY2700302002-1　区域电网接线图

模块 3　防止电压崩溃的措施（ZY2700302003）

【模块描述】本模块介绍电压崩溃的定义及防止电压崩溃的措施。通过定义讲解、原因分析、措施介绍，掌握采取有效措施防止电压崩溃的方法。

【正文】

一、电压崩溃的定义

由电力系统各种干扰引发的局部电网电压持续降低甚至最终到零电压的现象称为电压崩溃。电压崩溃发生的过程持续时间从几秒到几十分钟不等，发生的范围有时较大，甚至可以使局部电网瓦解。

二、导致电压崩溃的原因

电压崩溃的原因及其相互作用的机理十分复杂，现作简要的定性阐述。

（1）系统的电压稳定性首先与事故前系统的运行方式密切相关，紧密的电气联系和充足的无功储备有助于保持电压稳定，不合理的运行方式会埋下电压失稳的隐患。

（2）系统的电压稳定性和负荷水平以及负荷特性密切相关。在一些特殊方式下重负荷可能使诸如发电机、有载调压变压器等调压设备的调压能力达到其限值。不利的负荷电压特性会加剧电压失稳。

（3）电压失稳往往和功角失稳交替发生，并且两者会产生推波助澜的作用。

（4）事故过程中，各种保护及安自装置符合其动作策略的正确动作行为也可能会对电压稳定产生消极作用。

总体来讲，输电网络的强度，系统的负荷水平，负荷特性，各种无功电压控制装置的特性，以及保护、安自装置的动作策略，都对系统的电压不稳定甚至电压崩溃启着重要作用。

三、防止电压崩溃的措施

虽然电压崩溃现象的作用机理和研究方法目前在学术界尚无定论，但是仍可采取一些实际措施提高系统的电压稳定性。

（1）安装足够容量的无功补偿设备，保持系统较高的无功充裕度。

（2）坚持无功功率分层分区就地平衡的原则，避免电网远距离、大容量传送无功。

（3）在正常运行中要备有一定可以瞬时自动调出的无功备用容量，如 SVC、ASVG 等。

（4）在供电系统采用有载调压变压器时，必须配备足够的无功电源。

（5）超高压线路的充电功率不宜作补偿容量使用，以防跳闸造成电压大幅波动。

（6）高电压、远距离、大容量输电系统，在中途短路容量较小的受电端，设置静补、调相机等作电压支撑。

（7）在必要地区要安装低压自动减负荷装置，并准备好事故限电序位表。

（8）建立电压安全监视系统，它应具备向调度员提供电网中有关地区的电压稳定裕度、电压稳定易受破坏的薄弱地区、应采取的措施（无功电压调整、切负荷等）功能。

【思考与练习】

1．导致电压崩溃的原因有哪些？

2．防止电压崩溃的措施有哪些？

第二十四章 线路异常处理

模块 1 线路异常的种类 （ZY2700303001）

【模块描述】本模块介绍线路运行中的异常及缺陷。通过形象化介绍，了解各种线路异常征象及危害。

【正文】

一、线路运行中常见异常

1. 线路过负荷

线路过负荷指流过线路的电流值超过线路本身允许电流值或者超过线路电流测量元件的最大量程。

出现线路过负荷的原因有受端系统发电厂减负荷或机组跳闸；联络线并联线路的切除；由于安排不当导致系统发电出力或用电负荷分配不均衡等。

线路发生过负荷后，会因导线弧垂度加大而引启短路事故。若线路电流超过测量元件的最大量程，会导致无法监测到真实的线路电流值，从而给电网运行带来风险。

2. 线路三相电流不平衡

线路三相电流不平衡指线路 A、B、C 三相中流过的电流值不相同。

正常情况下电力系统 A、B、C 三相中流过的电流值是相同的，当系统联络线一相开关断开而另两相开关运行时，相邻线路就会就会出现三相电流不平衡；当系统中某线路的隔离开关或线路接头处出现接触不良，导致电阻增加，也会导致线路三相电流不平衡。小接地电流系统发生单相接地故障时也会出现三相电流不平衡。

通常三相不平衡对线路运行影响不大，但是系统中严重的三相不平衡可能会造成发电机组运行异常以及变压器中性点电压的异常升高。

当两个电网仅由单回联络线联系时，若联络线发送非全相运行会导致两个㠯网连接阻抗增大，甚至造成两个电网间失步。

3. 小接地电流系统单相接地

我国规定低电压等级系统采用中性点非直接接地方式（包括中性点经消弧线圈接地方式），在这种系统中发生单相接地故障时，不构成短路回路，接地电流不大，所以允许短时运行而不切除故障线路，从而提高供电可靠性。但这时其他两项对地电压升高为相电压的 $\sqrt{3}$ 倍，这种过电压对系统运行造成很大威胁，因此值班人员必须尽快寻找接地点，并及时隔离。

4. 线路其他异常情况

在实际调度运行中，还经常能遇到如线路隔离开关、阻波器过热等其他异常情况。

二、线路常见缺陷

1. 电缆线路缺陷

电缆线路常见缺陷有终端头渗漏油，污闪放电；中间接头渗漏油；表面发热，直流耐压不合格，泄漏值偏大，吸收比不合格等。

这些缺陷可能会引启线路三相不平衡，若不及时处理有可能发展为短路故障。

2. 架空线路缺陷

架空线路常见缺陷有线路断股、线路上悬挂异物、接线卡发热、绝缘子串破损等。这些缺陷可能会引起线路三相不平衡，若不及时处理有可能发展为短路或线路断线故障。

【思考与练习】

1．小接地电流系统单相接地对电网运行有什么影响？

2．架空线路有哪些常见缺陷？

模块 2 线路异常的处理方法（ZY2700303002）

【模块描述】本模块介绍线路常见异常的处理方法。通过处理方法讲解及案例介绍，掌握处理线路过负荷、三相电流不平衡等线路异常的方法，熟悉线路带电作业的注意事项。

【正文】

一、线路过负荷的处理

消除线路过负荷可采取以下方法：

（1）受端系统的发电厂迅速增加出力，并提高增加无功出力，提高系统电压水平。

（2）送端系统发电厂降低有功出力，必要时可直接下令解列机组。

（3）情况紧急时可下令受端系统切除部分负荷，或转移负荷。

（4）有条件时可以改变系统接线方式，强迫潮流转移。

应该注意的是，和变压器相比较，线路的过载能力比较弱，当线路潮流超过热稳定极限时，运行人员必须果断迅速地将线路潮流控制下来，否则可能发生因线路过载跳闸后引起连锁反应。

二、线路三相电流不平衡的处理

当线路出现三相电流不平衡时，首先判断造成不平衡的原因，应检查是测量表计读数是否有误、开关是否非全相运行、负荷是否不平衡、线路参数是否改变、是否有谐波影响等。若线路三相电流不平衡是由于某一线路开关非全相造成，则应立即将该线路停运。若该线路潮流很大，立即停电对系统有很大影响，则可调整系统潮流，如降低发电机出力，待该线路潮流降低后再将该线路停运。对于单相接地故障引起的三相电流不平衡，应尽快查明并隔离故障点。

三、线路带电作业时调度注意事项

发现线路缺陷后，检修人员会申请带电作业，此时调度人员应注意天气条件是否允许带电作业；有线路重合闸的线路带电作业时应退出线路重合闸；带电作业的线路发生跳闸事故后，不得强送电，应和作业人员取得联系后根据情况决定是否强送电，必要时降低线路潮流；应待工作人员达到工作现场后再停用线路重合闸，以缩短线路重合闸停用时间。

四、案例学习

1．运行方式

电网运行正常。

2．异常及处理步骤

某电厂额定容量为 300MW×4，由电厂 1、2 号线与主网联络，两条出线最大承受电流均为 1250A（合 480MW），正常线路配有安全自动装置一套，即一回线掉闸后，自动装置检测机组出力，当机组出力超过定值后，将切除 1～2 台机组。

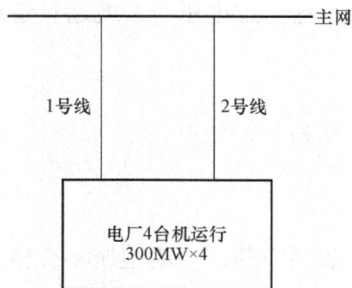

图 ZY2700303002-1

现 1～4 号机组均满负荷运行，电厂 1 号线掉闸，安全自动装置动作只切除了 4 号机组，电厂 2 号线严重过载。调度员接到电厂运行人员汇报后，立即下令电厂运行人员手动切除 1 台机组，并立即将另两台机组出力降低至 480MW 以下。1min 内，电厂手动切除 3 号机，并在 3min 内 1、2 号机出力降至 480MW 以下，电厂 2 号线负载恢复正常。

3．附图（见图 ZY2700303002-1）

【思考与练习】

1．消除线路过负荷的措施有哪些？

2．线路带电作业时调度应注意哪些事项？

第二十五章 变压器异常处理

模块 1 变压器异常的种类 （ZY2700304001）

【**模块描述**】本模块介绍变压器油色谱分析及变压器过负荷、温升过高及过励磁等异常现象。通过要点归纳讲解、列表说明，掌握变压器异常的种类及其征象。

【**正文**】

一、变压器油色谱分析

在热应力和电应力的作用下，变压器运行中油绝缘材料会逐渐老化，产生少量低分子烃类气体。变压器内部不同类型的故障，由于能量不同，分解出的气体组分和数量是有区别的。

油色谱分析是指用气相色谱法分析变压器油中溶解气体的成分。即从变压器中取出油样，再从油中分离出溶解气体，用气相色谱分析该气体的成分，对分析结果进行数据处理，并依据所获得的各组分气体的含量判定设备有无内部故障，诊断其故障类型，并推定故障点的温度、故障能量等。

二、变压器过负荷

变压器过负荷指流过变压器的电流超过变压器的电流值。

变压器过负荷时，其各部分的温升将比额定负荷运行时高。从而加速变压器绝缘老化，威胁变压器运行。通常变压器具备短时间过负荷运行的能力，具体时间和过负荷数值应严格按制造厂家的规定执行。造成变压器过负荷的原因有变压器所带负荷增长过快；并联运行的变压器事故退出运行；系统事故造成发电机组跳闸；系统事故造成潮流的转移等。

三、变压器温升过高

变压器温升过高，变压器的监视油温超过规定值，见表 ZY2700304001-1。

当变压器冷却系统电源发生故障使冷却器停运和变压器发生内部过热故障时，或环境温度超过40℃时，变压器会发生不正常的温度升高。

表 ZY2700304001-1　　　　　　　　油浸式变压器顶层油温的一般规定值

冷 却 方 式	冷却介质最高温度（℃）	最高顶层油温（℃）
自然循环自冷、风冷	40	95
强迫油循环风冷	40	85
强迫油循环水冷	30	70

四、变压器过励磁

当变压器电压升高或系统频率下降时都将造成变压器铁芯的工作磁通密度增加,若超过一定值时,会导致变压器的铁芯饱和，这种变压器的铁芯饱和现象称为变压器的过励磁。

当变压器电压超过额定电压10%时，变压器铁芯将饱和，铁损增大。漏磁使箱壳等金属构件涡流损耗增加，造成变压器过热，绝缘老化，影响变压器寿命甚至烧毁变压器。

五、变压器其他异常

变压器其他异常有：变压器油因低温凝滞；变压器油面过高或过低，与当时油温所应有的油位不一致；各种原因导致的变压器渗漏油等。

【思考与练习】

1．什么是变压器油色谱分析？

2．变压器过负荷对变压器运行有什么影响？

模块 2 变压器异常的处理方法（ZY2700304002）

【模块描述】本模块介绍变压器过负荷、温升过高及过励磁等异常处理方法。通过要点归纳讲解、案例学习，掌握变压器常见异常的处理方法。

【正文】

一、变压器过负荷处理方法

变压器过负荷时，参考《变压器运行规程》相关规定，一般应依次采取以下措施：

（1）投入备用变压器。

（2）改变系统运行方式，将该变压器的负荷转移。

（3）按规定的顺序限制负荷。

二、变压器温升过高处理方法

当变压器温升过高超过规定值时，现场值班人员应：

（1）检查变压器的负载和冷却介质的温度，并与在同一负载和冷却介质温度下正常的温度核对。

（2）核对温度测量装置是否准确。

（3）检查变压器冷却装置或变压器室的通风状况。

若温度升高的原因是由于冷却系统的故障，且在运行中无法修理的，应将变压器停运；若不能立即停运，则值班人员应按现场规程的规定调整变压器的负载至允许运行温度下的相应容量。

在正常负载和冷却条件下，变压器温度不正常并不断上升，且经检查证明温度指示正确，则认为变压器已发生内部故障，应立即将变压器停运。

变压器在各种超额定电流方式下运行，若顶层油温超过 105℃时，应立即降低负载。

三、变压器过励磁处理方法

为防止变压器过励磁必须密切监视并及时调整电压，将变压器出口电压控制在合格范围。

四、其他异常处理

变压器中的油因低温凝滞时，可逐步增加负荷，同时监视顶层油温，直至投入相应数量的冷却器，转入正常运行。

当发现变压器的油面较当时油温所应有的油位显著降低时，应查明原因，及时补油。

变压器油位因温度上升有可能高出油位指示极限，经查明不是假油位所致时，则应放油，使油位降至与当时油温相对应的高度，以免溢油。

当瓦斯保护信号动作时，应立即对变压器进行检查，查明动作原因，是否因聚积空气、油位降低、二次回路故障或是变压器内部故障造成的。然后根据有关规定进行处理。

五、案例学习

1．运行方式

某电网 220kV 变电站两台 220kV 变压器并列运行，带 110kV 小地区运行。正常接地变为 1 号变压器，变压器额定容量 180MW。小地区有一台小水电机组备用，额定出力 50MW。小地区当前负荷 200MW，预计高峰负荷 250MW。

2．异常及处理步骤

现场报，1 号变压器冷却系统故障切除全部冷却器，变压器顶层油温已达到 70℃，现场要求尽快将 1 号变压器转检修处理。调度令小地区水电机组开机发电，并带满负荷。令合上 2 号变压器中性点接地刀闸，然后令 1 号变压器转检修。同时为保证负荷高峰时 2 号变压器不过负荷，下令将该小地区

50MW 负荷倒至其他供电区。若小地区负荷无法倒出，可考虑在负荷高峰时期采取限电措施。

3. 附图（见图 ZY2700304002-1）

【思考与练习】

1. 变压器过负荷后应采取什么措施？

2. 当变压器温升过高超过规定值时，现场值班人员应采取什么措施？

3. 根据当地电网实际情况，针对某变电站变压器过负荷安排 DTS 实训。

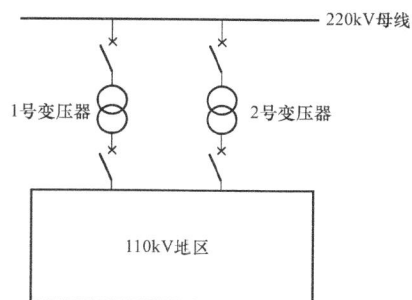

图 ZY2700304002-1　某地区电网示意图

第三十六章　其他电网一次设备异常处理

模块 1　断路器及隔离开关的异常现象（ZY2700305001）

【模块描述】本模块介绍断路器、隔离开关异常的种类及危害。通过要点归纳讲解、案例学习，了解断路器及隔离开关的异常现象。

【正文】

一、断路器异常

1. 断路器拒分闸

断路器拒分闸指合闸运行的断路器无法断开。

断路器拒分闸原因分为电气方面原因和机械方面原因。电气方面原因有保护装置故障、开关控制回路故障、开关的跳闸回路故障等；机械方面原因有开关本体大量漏气或漏油、开关操动机构故障、传动部分故障等。

断路器拒分闸对电网安全运行危害很大，因为当某一元件故障后，断路器拒分闸，故障不能消除，将会造成上一级断路器跳闸即"越级跳闸"，或相邻元件断路器跳闸。这将扩大事故停电范围，通常会造成严重的电网事故。

2. 断路器拒合闸

断路器发生"拒合闸"通常发生在合闸操作和线路断路器重合闸过程中。拒合闸的原因也分为电气原因和机械原因两种。

若线路发生单相瞬间故障时，断路器在重合闸过程中拒合闸，将造成该线路停电。

3. 断路器非全相运行

分相操作的断路器有可能发生非全相分、合闸，将造成线路、变压器或发电机的非全相运行。非全相运行会对元件特别是发电机造成危害，因此必须迅速处理。

二、隔离开关异常

1. 隔离开关分、合闸不到位

由于电气方面或机械方面的原因，隔离开关在合闸操作中会发生三相不到位或三相不同期、分合闸操作中途停止、拒分拒合等异常情况。

2. 隔离开关接头发热

高压隔离开关的动静触头及其附属的接触部分是其安全运行的关键部分。因为在运行中，经常的分合操作、触头的氧化锈蚀、合闸位置不正等各种原因均会导致接触不良使隔离开关的导流接触部位发热。如不及时处理，可能会造成隔离开关损毁。

三、案例学习

1. 运行方式

220kV 变电站 A 双母线运行，有 3 条 220kV 出线，分别为 AB 双回线、AC 线。220kV 1、2 号变压器并列运行，110kV 母线有若干出线，其中一条为 AD 线。

2. 异常情况

某日 15：02：07，110kV AD 线发生接地故障，116 开关相间距离Ⅲ段，接地距离Ⅰ段，零序Ⅱ段动作，因开关跳闸线圈烧坏，开关未跳。15：02：09，1 号主变压器中压侧零序过流Ⅱ段动作 101 开关跳闸，2 号变压器电气量保护故障，所有电气量保护均未启动。15：02：14，B 厂 220kV AB 一、二线零序Ⅳ段保护动作跳三相，导致故障扩大。

15∶02∶59，2号主变压器重瓦斯保护动作跳三侧开关，此时故障点才被切除。

此次事故中，由于开关跳闸回路及变压器电气量保护故障，110kV线路故障后，线路开关及变压器开关拒动，相邻220kV厂站后备保护动作，导致事故扩大，并最终造成了一次小地区全停的电网事故。

3. 附图（见图 ZY2700305001-1）

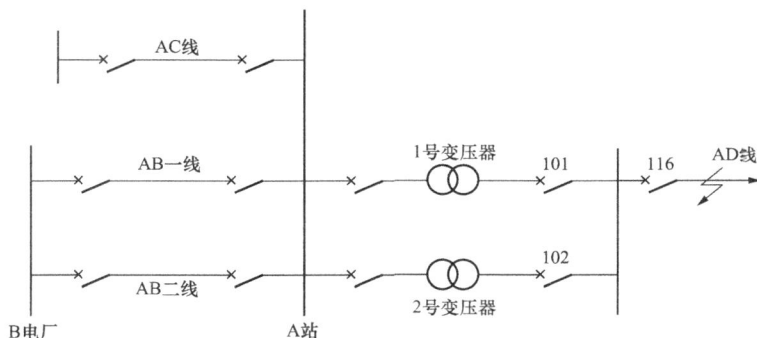

图 ZY2700305001-1　某小地区接线图

【思考与练习】

1. 断路器拒分闸对电网运行有什么影响？

2. 隔离开关有哪些异常现象？

模块 2　断路器及隔离开关的异常处理（ZY2700305002）

【模块描述】本模块介绍断路器及隔离开关异常的处理方法。通过要点归纳讲解、案例学习，掌握正确处理断路器拒分闸、拒合闸及非全相运行、隔离开关分、合闸不到位及接头发热等异常的方法。

【正文】

一、断路器异常及处理

1. 断路器拒分闸

运行中的断路器拒出现分闸，必须立即将该断路器停运。具体方法为用旁路断路器与异常断路器并联，用隔离开关解环路使异常断路器停电；或用母联断路器与异常断路器串联，断开母联断路器后，再用异常断路器两侧隔离开关使异常断路器停电。

对于 3/2 接线的断路器，需将与其相邻所有断路器断开后才能断开该断路器两侧隔离开关。必要时可考虑直接拉开断路器两侧刀闸解环，直接拉刀闸时应至少断开本串开关的控制保险。

当母联断路器拒分闸时，可同时某一元件的双刀闸合入，将一条母线转备用后，再将母联断路器停电。

2. 断路器拒合闸

断路器出现拒合闸时，现场人员若无法查明原因，则需将该断路器转检修进行处理。有条件采用旁路代方式送出设备。

当双母线运行的母联断路器偷跳后拒合闸时，不能直接同时合入某一元件的双刀闸，必须通过旁路断路器将两条母线合环运行。

3. 断路器非全相运行

现场人员进行断路器操作时发生非全相时应自行拉开该断路器。当运行的断路器发生非全相时，如果时断路器两相断开，应令现场人员将断路器三相断开；如果断路器一相断开，可令现场人员试合闸一次，若合闸不成功，应尽快采取措施将该断路器停电。

除此以外，若由于人员误碰、误操作，或受机械外力振动等原因造成断路器误跳或偷跳，在查明原因后应立即送电。

二、隔离开关异常及处理

1. 隔离开关分、合闸不到位

由于通常操作隔离开关时，该元件断路器已在断开位置，因此隔离开关异常后，可安排该元件停电检修，进行处理。

2. 隔离开关接头发热

运行中的隔离开关接头发热时，应降低该元件负荷，并加强监视。双母接线中，可将该元件倒至另一条母线运行；有专用旁路断路器接线时，可用旁路断路器代路运行。

三、案例学习

1. 运行方式

220kV某站双母线运行，2211、2213断路器在220kV5号母线运行，2212、2214断路器在220kV4号母线运行。母联2245断路器合入，旁路220kV6号母线及2246断路器热备用，2246-4、2246-6隔离开关合入。（本案例仅适用于220kV及以下系统操作）。

2. 异常及处理步骤

母联2245断路器无故障跳闸，调度下令合上母联2245断路器，现场报2245断路器无法合上。需将母联2245断路器转检修。调度下令：①合上2246断路器给220kV6号母线充电，正常后，拉开2246断路器。②合上2211-6隔离开关，合上2246断路器，合上2211-4隔离开关。通过2246断路器将220kV4号、5号母线合环运行后，合入2211断路器双刀闸。③拉开旁路2246断路器，拉开2211-6隔离开关。④将220kV5号母线由运行转备用，将母联2245断路器转检修。

3. 附图（见图ZY2700305002-1）

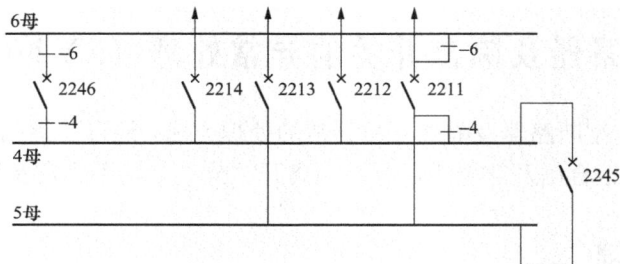

图 ZY2700305002-1　某变电站 220kV 接线图

【思考与练习】

1. 断路器拒分闸应如何处理？
2. 断路器非全相运行应如何处理？
3. 根据当地电网实际情况，针对某接线方式为双母线无旁路开关变电站某出线开关拒分闸，安排DTS实训。

模块 3
ZY2700305003

模块 3　补偿设备的异常现象（ZY2700305003）

【模块描述】本模块介绍电容器、电抗器、串联补偿装置及消弧线圈等设备的异常种类，通过要点归纳讲解，了解补偿设备的异常征象及危害。

【正文】

一、电容器的异常及危害

电容器异常情况有电容器外壳膨胀；电容器漏油；电容器电压过高；电容器过流；电容器温升过高；电容器爆炸；电容器三相电流不平衡。

由于电容器的主要作用是补偿电力系统中的无功功率，因此电容器退出运行后会影响系统调节电压的能力。

二、低压电抗器的异常及危害

低压电抗器的主要异常有电抗器发热；电抗器支持绝缘子破裂；电抗器运行有异音等。

低压电抗器退出运行后，会影响系统调节电压的能力，当系统电压偏高时缺乏必要的调整手段。

三、高压并联电抗器异常及危害

高压并联电抗器主要安装在 500kV 系统，通常安装在长线路的一端或变电站的母线。其主要异常和电压电抗器相似。

当高压并联电抗器退出运行后，可能会导致系统电压偏高，影响线路重合闸动作行为。某些 500kV 长线路的运行规定高压电抗器退出运行后，该线路必须停用。

四、串联补偿装置的异常及危害

串联补偿装置主要安装于 500kV 线路，串补装置由电容器组和放电间隙组成，主要异常有电容器电流、电压不平衡等。

若串补装置退出运行，则会降低系统的稳定极限，减小线路输送容量，造成线路间潮流不平衡，增加网损等。

【思考与练习】

1. 高压并联电抗器退出运行后对电网运行有何影响？
2. 电容器的异常情况有哪些？

模块 4　补偿设备异常的处理方法（ZY2700305004）

【模块描述】本模块介绍电容器、低压高压电抗器、串联补偿装置及消弧线圈的各种异常处理方法。通过要点归纳讲解、案例学习，能进行补偿设备异常处理。

【正文】

一、电容器的异常处理

电容器跳闸故障一般为速断、过流、过压、失压或差动保护动作。电容器跳闸后不得强送，此时应先检查保护的动作情况及有关一次回路的设备。如发现故障应将电容器转检修处理。电容器退出运行后，应关注系统电压情况，必要时需投入备用无功设备。

二、低压电抗器的异常处理

电抗器跳闸故障一般为过流、差动保护动作。电抗器跳闸后也不得强送，此时应先检查保护的动作情况及有关一次回路的设备。电容器退出运行后，应关注系统电压情况，必要时需投入备用无功设备。

三、高压并联电抗器异常的处理

如安装在线路上的高压并联电抗器未配置专用开关，则须将线路停电后才能将电抗器退出运行。即需先将线路两侧开关断开，然后离开该电抗器隔离开关。根据系统计算，有些线路在没有高抗的情况下不能运行，有些线路在没有高抗的情况下须停用线路重合闸。

四、串联补偿装置的异常处理

串联补偿装置异常时，可合上串补装置旁路开关将其退出运行，同时应调整线路潮流，将线路潮流降至新的输送极限之内。

五、案例学习（见图 ZY2700305004-1）

如图所示，并联电容器组电容器渗油严重，需要停电处理。处理过程如下：

（1）立即拉开 QF4 断路器。

（2）拉开电容器组 QS43 隔离开关。

（3）在断开电容器 8min 后，合上 QS430 接地开关。

（4）电容器渗油异常处理。

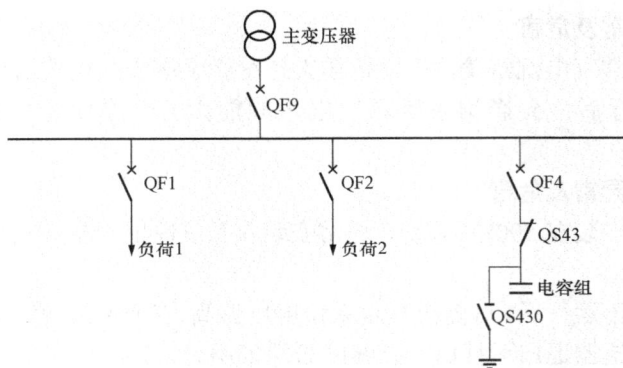

图 ZY2700305004-1　某变电站电压系统接线图

【思考与练习】

1．低压电容器异常后，调度应采取什么措施？

2．高压并联电抗器停运应如何操作？

模块 5　电压互感器及电流互感器的异常现象
（ZY2700305005）

【模块描述】本模块介绍电压互感器和电流互感器的异常种类及危害。通过要点归纳讲解，了解电压互感器和电流互感器的异常现象。

【正文】

一、电压互感器异常现象及影响

通常情况下，35kV 及以下电压等级的电压互感器一次侧装设熔断器保护，二次侧大多也装设熔断器保护；110kV 及以上电压等级的电压互感器一次侧无熔断器保护，二次侧保护用电压回路和表计电压回路均用低压自动小开关作保护来断开二次短路电流。当电压互感器二次侧短路时，将产生很大的短路电流，会将电压互感器二次绕组烧坏。

电压互感器主要异常有发热温度过高、内部有放电声、漏油或喷油、引线与外壳间有火花发电现象、电压回路断线等。当电压回路断线时现场出现光字牌亮，有功功率表指示失常，保护异常光字牌亮等信号。

由于电压互感器一般接有距离保护、母线或变压器保护的低压闭锁装置、振荡解列装置、备自投装置、同期并列装置、低频电压减载装置等。因此当电压互感器异常是通常需将相关保护或自动装置停用。

二、电流互感器异常现象及影响

电流互感器运行中可能会出现内部过热、内部有放电声、漏油、外绝缘破裂等本体异常。还会出现过负荷、二次回路开路等异常。

电流互感器过负荷会造成铁芯饱和，使电流互感器误差加大，表计指示不正确、加快绝缘老化损坏电流互感器。电流互感器二次开路会在绕组两端产生很高的电压造成火花放电，烧坏二次元件，甚至造成人身伤害。

电流互感器接入绝大部分的保护装置，当电流互感器因铁芯饱和而误差加大时，可能会导致相关保护误动或拒动。因此当电流互感器异常时，需停用相关保护，从而使一次设备由于无保护设备而停运。

【思考与练习】

1．电压互感器二次侧短路有什么危害？

2．电流互感器二次侧开路有什么危害？

模块 6　电压互感器及电流互感器的异常处理方法
（ZY2700305006）

【模块描述】本模块介绍电压互感器和电流互感器异常对保护装置的影响。通过要点归纳讲解、案例学习，掌握电压互感器和电流互感器异常的处理方法。

【正文】

一、电压互感器异常的处理

通常电压互感器发生内部故障时，不能直接拉开高压侧隔离开关将其隔离，只能用断路器将故障互感器隔离；保护用电压二次回路开路时，应将其所带的保护和自动装置停用，如距离保护、线路重合闸、备用电源自投装置、低频低压减载装置等。

对于 110kV 及以上双母线接线变电站，母线电压互感器异常停运时母线必须同时停电。线路电压互感器异常停运后应考虑对同期并列装置的影响。

二、电流互感器异常的处理

电流互感器过负荷时，应设法降低该元件的负载。当电流互感器二次开路时，也应降低该元件负载、停用该回路所带保护，待现场做好措施后令其进行处理。若需将电流互感器停电，应需将该电流互感器所属元件停运，将其隔离。

三、案例学习（见图 ZY2700305006-1）

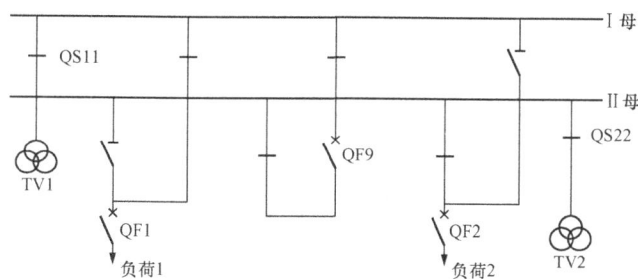

图 ZY2700305006-1

如图所示，母联断路器 QF9 运行，Ⅰ母、Ⅱ母并列运行，电压互感器 TV1 和负荷 1 运行于Ⅰ母，电压互感器 TV2 和负荷 2 运行于Ⅱ母。

电压互感器 TV2 内部异常音响（放电声），需要停电处理。

电压互感器故障严重时严禁用隔离开关切除带故障的电压互感器，只能用断路器切除故障，应尽量用倒母线运行方式的方法隔离故障。操作过程如下：

（1）负荷 2 由Ⅱ母运行倒至Ⅰ母运行。

（2）断开母联断路器 QF9，使Ⅱ母停电。

（3）拉开Ⅱ母电压互感器 TV2 隔离开关 QS22，处理异常。

操作后状态见图 ZY2700305006-2。

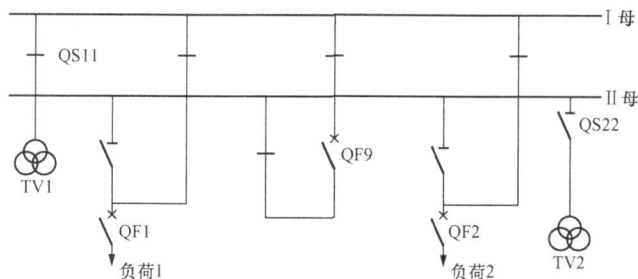

图 ZY2700305006-2

【思考与练习】

1．母线电压互感器异常停运，应如何操作？

2．某线路电流互感器异常停运，应如何操作？

模块 7 谐振的处理方法（ZY2700305007）

【模块描述】本模块介绍谐振产生的原理及危害。通过原因分析、方法介绍、案例学习，掌握消除谐振的方法。

【正文】

一、谐振产生的原因及危害

电网中一些电感、电容元件在系统进行操作或发生故障时可形成各种振荡回路，在一定的能量作用下，会产生串联谐振现象，导致系统某些元件出现严重的过电压。谐振产生的过电压对电网会使绝缘设备损坏。谐振在电压互感器中产生的过电流甚至会导致电压互感器因过热而发生爆炸。谐振过电压分为以下几种：

1．线性谐振过电压

谐振回路由不带铁芯的电感元件（如输电线路的电感、变压器的漏感）或励磁特性接近线性的带铁芯的电感元件（如消弧线圈）和系统中的电容元件组成。

2．铁磁谐振过电压

谐振回路由带铁芯的电感元件（如空载变压器、电压互感器）和系统的电容元件（如开关断口电容）组成。因铁芯电感元件的饱和现象，使回路的电感参数是非线性的，这种含有非线性电感元件的回路在满足一定的谐振条件时，会产生铁磁谐振。如开关断口电容与变电站母线电压互感器之间的串联谐振。

3．参数谐振过电压

由电感参数做周期性变化的电感元件和系统中的电容元件组成回路，当参数配合时，通过电感的周期性变化，不断向谐振系统输送能量，造成参数谐振过电压。如发电机接上容性负荷后的自励磁现象。

二、消除谐振的方法

运行中出现谐振现象，应通过改变电网运行方式破坏产生谐振的条件。

（1）提高断路器动作的同期性。由于许多谐振过电压是在非全相运行条件下引起的，因此提高断路器动作的同期性，防止非全相运行，可以有效防止谐振过电压的产生。

（2）在并联高压电抗器中性点加装小电抗。用这个措施可以阻断非全相运行时工频电压传递及串联谐振。

（3）破坏发电机产生自励磁的条件，防止参数谐振过电压。

采用电容式电压互感器取代电磁式电压互感器，防止铁磁谐振。

三、案例学习

谐振的处理方法主要改变系统参数，打破谐振产生的条件，最终消除谐振。

如图 ZY2700305007-1 所示，某变电站除站用变断路器 QF8 在断开外，所有元件均为运行，因故母线发生谐振，可以依次采取以下措施，直到谐振消除为止：

（1）断开空载充电线路断路器 QF3，改变运行方式。

（2）断开补偿电容器组断路器 QF4。

（3）合上站用变压器断路器 QF8。

（4）断开负荷 1 线路充断路器 QF1，改变运行方式。

（5）断开负荷 2 线路充断路器 QF2，改变运行方式。

（6）断开主变压器断路器 QF9。

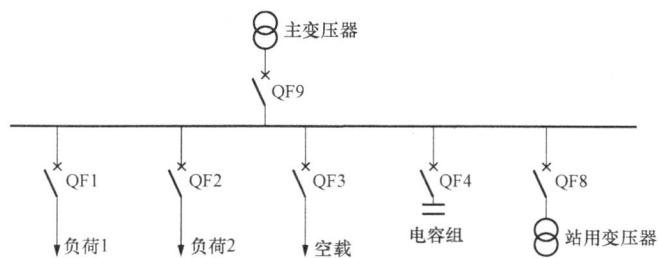

图 ZY2700305007-1

【思考与练习】

1．电网产生谐振的原因有哪些？

2．如何消除铁磁谐振？

第二十七章　继电保护及安全自动装置异常处理

模块 1　继电保护及安全自动装置的各种异常
（ZY2700306001）

【**模块描述**】本模块介绍继电保护及安全自动装置的各种异常。通过异常分析、规定讲解、案例学习，了解继电保护及安全自动装置异常现象。

【**正文**】

一、保护及安全自动装置的各种异常

1. 通道异常

线路的纵联保护、远方跳闸、电网安全自动装置等，需要通过通信通道在不同厂站间传送信息或指令，目前电力系统中的通道主要有载波通道、微波通道及光纤通道。

载波通道主要异常主要有收发信机故障、高频电缆异常、通道衰耗过高、通道干扰电平过高等。光纤通道的主要异常有光传输设备故障，如光端机、PCM 等；光纤中继站异常；光纤断开等。

2. 二次回路异常

（1）TA、TV 回路的主要异常有 TA 饱和、回路开路、回路接地短路、继电器触点接触不良、接线错误等。

（2）直流回路主要异常有回路接地、交直流电源混接、直流熔断器断开等。

（3）保护出口跳闸、合闸回路异常。

3. 装置异常

目前微机保护在电力系统中得到广泛应用，传统的晶体管和集成电路型继电器保护正逐步退出运行。微机保护装置的异常主要有电源故障、插件故障、装置死机、显示屏故障及软件异常等。

4. 其他异常

如软件逻辑不合理、整定值不当、现场人员误碰、保护室有施工作业导致振动大等。

二、考核标准

国家电网公司《电力生产事故调查规程》规定：实时为联络线运行的 220kV 及以上线路、母线主保护非计划停运，造成无主保护运行（包括线路、母线配停）；切机、切负荷、振荡解列、低频低压解列等安全自动装置非计划停用时间超过 240h 为一般电网事故。切机、切负荷、振荡解列、低频低压解列等安全自动装置非计划停用时间超过 120h；220kV 及以上线路、母线主保护非计划停运，导致主保护非计划单套运行时间超过 24h 为电网一类障碍。

三、案例学习

因某电网 220kV YS 线发生故障，保护装置异常导致事故扩大，引发 220kVSR 变全站失压。

1. 事故前运行方式

事故前，电网运行正常。SR 变电站 220kV 为双母线并列运行，220kV Ⅰ母带 YS 线 213 开关、2 号主变压器 202 开关，220kV Ⅱ母带 GS 线 212 开关、1 号主变压器 201 开关，231 开关作母联开关运行，两台主变压器总负荷为 35MW。

2. 事故经过

19 时 45 分，YS 线 B 相故障，重合不成功。YH 变电站 YS 线 212 开关方向高频、高频闭锁保护动作先跳 B 相，后跳三相；SR 变电站 YS 线 213 开关方向高频、高频闭锁保护动作出口，但开关未及

时跳闸，启动失灵保护跳 220kV Ⅰ母其余元件，即母联 231 断路器、2 号主变压器高压侧 202 开关 A、C 相（B 相未跳），同时 220kV Ⅱ母 GS 线 212 开关跳闸，全站失压。但是 SR 变电站 YS 线 213 开关失灵保护动作时间滞后（经录波图分析），最后由后备保护跳开三相。此次事故 SR 变电站全站失压 33min，损失负荷约 35.2MW，损失电量 25MWh。

3. 事故原因分析

经查，220kVYS 线 B 相故障，SR 变电站 YS 线 213 开关方向高频、高频闭锁保护动作，但开关延时跳闸，引启失灵保护动作是造成本次事故的主要原因。

在 2002 年 1 月 SR 变电站增加一台主变压器、YS 线和增加一段母线的扩建工程中，施工单位未按设计图要求将 220kV 母差保护跳 GS 线开关的 Ⅰ、Ⅱ 母元件出口回路分于，致使不论 SR 变电站 220kV Ⅰ母或 Ⅱ母失灵（母差）保护动作均会跳开 GS 线开关，是本次事故扩大为全站失压的主要原因。

同时，SR 变电站 2 号主变压器高压侧 PXT-1222 型分相操作箱跳 B 相开关插件与插件背板槽接触不良，是造成 2 号主变压器 B 相开关未跳闸的原因。220kVYS 线失灵启动保护装置工作不稳定，分析认为是造成本次事故中失灵保护动作时间滞后的原因。

4. 附图（见图 ZY2700306001-1）

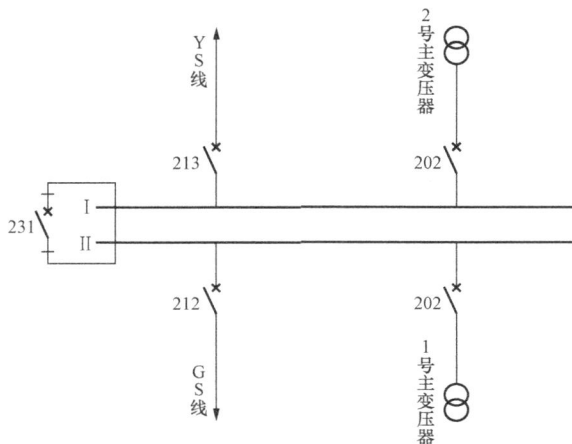

图 ZY2700306001-1　SR 变电站 220kV 主接线图

【思考与练习】

1. 继电保护的二次回路异常有哪些？

2. 国家电网公司《电力生产事故调查规程》规定继电保护和安全自动装置非计划停运多长时间为一般电网事故？

模块 2　继电保护及安全自动装置的异常对电网产生的影响及处理（ZY2700306002）

【模块描述】本模块介绍保护和安全自动装置停用、误动及拒动对电网的影响。通过分析讲解、案例学习，掌握正确分析处理保护和安全自动装置异常的方法。

【正文】

一、保护停用对电网的影响及处理

双重化配置的保护之一停用，增加了电网的风险，因为若另一套保护也退出，会使特定的设备无保护运行，发生故障无法切除。有些设备（如线路）有明确的规定，无保护必须停电。所以当保护退出将造成设备无保护运行，调度必要时须将该设备停电处理。

母线差动保护停用时，一般可不将母线停运，此时不能安排母线连接设备的检修，避免在母线上进行操作，减少母线故障的概率。

二、保护拒动或误动对电网的影响及处理

保护拒动指按选择性应该切除故障的保护没有动作，靠近后备或远后备保护切除故障。保护拒动会使事故扩大，造成多元件掉闸，影响电网的稳定。

保护误动使无故障的元件被切除，破坏电网结构，在电网薄弱地区可能影响电网安全。运行中若可明确判断保护为误动，可将误动保护停用，再将设备送电。

调度员应综合分析开关状态、相邻元件的保护动作情况、同一元件的不同保护动作情况、故障录波器动作情况、保护动作原理等信息判断保护是否拒动或误动。

三、电网安全自动装置停用对电网的影响及处理

安自装置停用，使电网抵抗电网事故的能力降低，电网的安全稳定水平降低，应制定相应控制策略，及时限制某些电源点的出力或断面潮流，并做好相关事故预想。

四、电网安全自动装置拒动或误动对电网的影响及处理

安自装置拒动有可能使电网在发生较大事故时失去稳定，不能及时控制事故形态使事故扩大甚至引起电网崩溃。

安自装置误动会切除机组、负荷或者运行元件，和保护的误动类似，如果是涉及面较广的多场站联合型的安自装置误动，可能切除多个元件，对电网影响很大。

电网发生事故后，如明确为安全自动装置拒动时，调度运行人员应立即根据应动作的控制策略下令采取相应措施。

五、案例学习

1. 事故前运行方式

事故前，电网运行正常。某电厂 220kV 为双母线并列运行，220kV4 号母带 PZ 二线 2214 断路器、2212，220kV5 号母带 2211 断路器、2213 断路器，2245 断路器作母联断路器运行，母线配有两套母差保护。

2. 事故经过

某日 11：30，220kV 4 号母线掉闸，双套母差保护动作其中一套动作，事故造成 PZ 二线 2214 断路器、出线 2212 断路器掉闸。同时 PZ 二线两套纵联电流差动保护动作，线路两侧断路器均跳闸。13：20，现场报 PZ 二线 2～3 号塔导线对线下树木放电，导致线路故障。14：00，停用该母差保护，合上 2212 断路器，用该线路对侧开关给母线充电无问题，随后合入 2245 断路器。14：40，PZ 二线强送电成功。

3. 事故原因分析

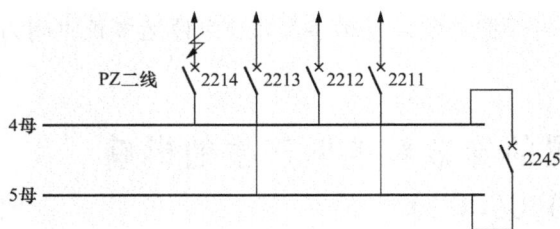

图 ZY2700306002-1　某电厂 220kV 接线图

该电厂母差保护动作原因现场母差改造时将 PZ 二线测量 TA 回路引入该母差保护装置的二次回路，导致在发生距离母线较近的区外故障时造成 TA 饱和，引起母差保护动作。待处理之后该母差才能投入运行。

4. 附图（见图 ZY2700306002-1）

【思考与练习】

1. 保护拒动对电网有什么影响？

2. 母线保护停运后应采取什么措施？

第二十八章 通信及自动化异常处理

模块1 通信及自动化异常对电网调度的影响
（ZY2700307001）

【模块描述】 本模块介绍通信设备异常对保护和安全自动装置及自动化系统的影响。通过要点归纳讲解、规定解释、案例学习，了解通信、自动化系统异常对电网调度运行的影响。

【正文】

一、通信异常对电网调度的影响

1. 对保护和安全自动装置的影响

由于目前保护和安自装置的通道主要依赖电力专用通信通道，通信通道异常会直接影响纵联保护和安自装置的正常运行，若发生通道故障则需将受影响的保护和安全自动装置退出，甚至会导致保护和安自装置的误动或拒动。

2. 对自动化系统的影响

通信异常可能调度机构的自动化系统与厂站端的设备通信中断，影响自动化设备的正常运行。

3. 对调度电话的影响

调度员和厂站无法联系，调度业务无法进行，当电网发生事故后，调度员无法了解电网状况，影响事故处理。

二、自动化系统异常对电网调度的影响

当调度机构的电网自动化系统异常时，会导致运行人员无法监视电网状态，影响正常的调度工作。当 AGC、AVC 等系统发生异常时，无法对现场设备下发指令，从而导致频率和电压偏离目标值。

随着电网规模越来越大，电网结构越来越复杂，我国很多网省调度机构配置调度高级应用软件，用于电网运行的监视、预警和辅助决策，一旦这些软件停止运行，而调度员没有意识到在这种情况下他们需要更主动、更仔细地对系统进行监控，并解读 SCADA 系统采集到的信息，尤其在电网事故情况下，很可能贻误事故处理的最佳时机，造成灾难性后果。

当现场自动化设备异常时，该厂站的遥测、遥信信息无法上传，调度指令无法下达到该厂站。

三、考核标准

《国家电网公司电力生产事故调查规程》规定：系统中发电机组 AGC 装置非计划停用时间超过 240h；地区供电公司及以上调度自动化系统、通信系统失灵延误送电或影响事故处理，构成一般电网事故。

系统中发电机组 AGC 装置非计划停用时间超过 120h；地区供电公司及以上调度自动化系统、通信系统失灵影响系统正常指挥；通信电路非计划停用，造成远方跳闸保护、远方切机（切负荷）装置由双通道改为单通道，时间超过 24h，构成电网一类障碍。

四、案例学习

由于通信通道接反，导致 BK 一线计划停电时，BK 双回线同时掉闸，KS 站 220kV 母线全停。

1. 事故前运行方式

A 站通过 AB 双回线带 B 站运行，220kV BC 双回线在 C 站备用。

2. 事故经过

某日 6：44，220kV AB 一线计划停电过程中，当 B 站拉开 AB 一线 2212 断路器后，AB 双回线掉闸。A 站 2217、2218 断路器掉闸，均为纵联电流差动保护动作，B 站 2211 断路器掉闸，纵联电流差

动保护及纵联电流方向保护动作。事故造成 220kV B 站 220kV 母线停电，7:12 合上 C 站龙康双回线断路器，B 站 220kV 母线恢复送电。

3. 事故原因分析

经现场检查，220kV AB 一、二线纵差保护动作原因为通信通道接反，B 站侧 AB 一线纵差保护装置接入 A 站侧 AB 二线纵差保护装置，B 站侧 AB 二线纵差保护装置接入 A 站侧 AB 一线纵差保护装置。因此当拉开 B 站侧 AB 一线 2212 断路器时，A 站侧 AB 二线保护感受本侧断路器有电流，而对侧电流为 0，因此保护出口跳开 2218 断路器以及 B 站侧 2211 断路器；而 AB 一线保护动作情况类似，当拉开 B 站侧 AB 一线 2212 断路器时，A 站侧 AB 一线保护感受本侧电流为 0，而对侧断路器有电流，因此保护出口跳开 2217 断路器。19:17 现场处理完毕后恢复正常方式。

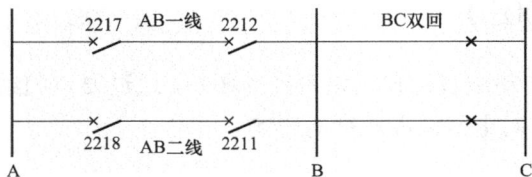

图 ZY2700307001-1 地区电网接线图

4. 附图（见图 ZY2700307001-1）

【思考与练习】

1. 通信异常对电网调度有什么影响？
2. 自动化系统异常对电网调度有什么影响？

模块 2 通信及自动化异常的应对措施（ZY2700307002）

【模块描述】本模块介绍调度电话中断及自动化系统异常时调度应对措施。通过措施讲解、案例学习，掌握通信及自动化异常处理方法。

【正文】

一、调度电话中断时调度应采取的措施

与调度失去联系的单位，应尽可能保持电气接线方式不变，火电厂应按给定的调度曲线和有关调频调压的规定运行。

事故时，各单位应根据事故情况，继电保护和自动装置动作情况，频率、电压、电流的变化情况，自行慎重分析后进行处理，对于可能涉及两个电源的操作，必须与对侧厂、站的值班人员联系后方能操作。调度还可通过外线电话、手机等通信方式与厂站取得联系，也可通过委托第三方调度、启用备用调度等措施进行电网指挥。

二、自动化系统异常时调度应采取的措施

当班调度员在发现自动化系统异常后，应立即通知自动化处值班人员处理；通知调频电厂调频，同时要求全厂出力达到 80%额定出力时要上报中调；通知其他电厂维持目前的发电出力，并按照调度的指令带有功负荷、按照电压曲线调整无功；同时做好各电厂出力的记录（可通过调度台打印系统最后记录的发电表单），并随时修改；在执行的倒闸操作应执行完毕，未开始的倒闸操作应暂时中止。

若发生电网事故，应详细了解现场的运行情况，包括断路器、隔离开关的位置；有关线路的潮流；母线电压；有无正在进行的工作（站内的和线路的带电工作）；附近厂站的运行情况等，再处理；在自动化系统未恢复前，值内人员应加强相互之间信息交流，互通有无，并保持冷静。若自动化系统发生严重故障且短时无法恢复时，有条件的电网可考虑启用备用调度。

三、案例学习

某日上午某网调通信处接到 A 省电力通信公司的工作申请，因 A 省 220kV PZB 变电站扩建工程需要，A 省电力公司计划于 1 月 5～12 日对原 220kVJQ 线路进行间隔改造，届时 JQ 线 OPGW 光缆将开断改接，将影响 XY、LY 光纤电路专用纤芯。

由于该项工作未按照计划检修申请批复程序提前进行申请，备用光纤路由也尚未开通，西北网调通信处要求 A 省电力通信公司一方面尽快组织备用光纤路由，另一方面通知施工单位暂停工作，等待备用光纤电路的组织开通，全部通信业务倒换至备用路由后再开始施工。A 省电力通信公司着手组织备用迂回光纤路由。由于两地间备用路由长度达到 190 公里，两站的光传输设备现有配置无法满足光

纤电路开通条件，需从其他厂站调用 2.5G 超长站距光板及配套的光功率放大器。为此网调通信处和 A 省电力通信公司进行着积极的组织协调工作，同时 A 省电力通信公司立即派人前往施工现场，与施工单位进行沟通协调，并确保现场光缆线路的安全。

1 月 6 日上午 A 省施工单位为保证工期向现场信通人员提出开断 JQ 线光缆，现场信通人员答复："我做不了主，等我 5 分钟打个电话"，大约 10：45，A 省通信公司人员通知某网调通信处施工单位准备对 220kVJQ 线 OPGW 光缆进行开断，网调通信处再次强调在光纤备用路由未组织通之前 OPGW 光缆绝对不能中断，否则将会对电网生产调度产生很大影响，并对网调通调启动铁通备用通道应急预案做了安排，同时立即向网调中心领导进行汇报，网调中心领导也与 A 省中调领导取得进一步的沟通联系，一再要求施工单位暂停工作，A 省中调领导表示马上给电网建设运行公司打电话，10：55 左右由于现场施工单位对现场信通人员答复的"等 5 分钟打个电话"理解上有误，对 JQ 线 OPGW 光缆进行了开断，致使网调至 A 省中调的调度电话、自动化数据网、行政电话、155M 广域网（DMIS 联网）、会议电视等通信业务，网调至多个厂站的调度电话及远动通道发生中断。

网调通信处发现电路中断后立即与 A 省通信公司，将部分重要业务倒换至铁通应急租用电路，并启动受影响厂站至网调的长途市话作为备用调度电话。在 A 省通信人员的大力配合下，网调至 A 省省调的调度电话、自动化数据网、行政电话、网调至部分厂站的调度电话、远动通道等通信业务于 14：00 恢复正常，同时，网调至 A 省各厂站的自动化数据已通过网络迂回方式恢复正常。但由于租用铁通带宽有限，网调至 A 省中调的 155M 信息广域网（DMIS 联网），网调至剩余厂站的调度电话及远动通道尚未恢复。网调只能临时通过长途市话备用方式对上述厂站进行生产调度。

事发后，A 省电力公司决定工程停工立即抢通光缆，恢复业务。23：00A 省通信公司抢修队伍到达施工现场，于 1 月 7 日凌晨 1：13 恢复网调全部业务。

【思考与练习】

1．调度电话中断后，调度应采取什么措施？

2．自动化系统异常后，调度应采取什么措施？

第二十九章 发电设备异常处理

模块 1 电厂设备的异常及种类（ZY2700308001）

【模块描述】本模块介绍火力发电厂发电机、锅炉、汽轮机及水电厂的各种发电设备的异常种类。通过要点讲解，了解电厂设备可能出现的异常情况。

【正文】

一、发电机的异常

发电机异常主要有负序过流和低压过流，定子匝间短路，定子一点接地，励磁回路一点接地，定子过负荷，转子过负荷，过电压，频率异常等。

二、锅炉本体设备异常

锅炉本体异常主要包括：主给水、蒸汽管路发生爆破；炉膛或烟道内发生爆炸，设备遭到严重损坏；锅炉燃烧不稳，炉膛压力波动大；锅炉四管爆裂；汽包水位过高或过低等。

在下列情况下，可以紧急停炉：

（1）运行工况，参数达到事故停炉保护动作定值，而保护拒动。

（2）全部给水流量表损坏，造成主汽温度不正常或虽然主汽温度正常，但 1/2h 之内流量表计未恢复。

（3）主给水、蒸汽管路发生爆破时。

（4）炉膛内或烟道内发生爆炸，设备遭到严重损坏时。

（5）蒸汽压力超过极限压力，安全门拒动或者对空排气门打不开时。

（6）中压安全门动作后不回座，再热器压力、气温下降，达到不允许运行时。

（7）主要仪表电源消失，无法监控机组运行时。

（8）低负荷锅炉燃烧不稳，炉膛压力波动大（蒸汽流量迅速下降）时。

（9）锅炉四管爆破，危及临近管子安全时。

（10）汽包水位计全部损坏或失灵，无法监视水位时。

（11）汽包水位过高或过低时。

三、汽轮机设备异常

汽轮机的主要异常包括：水击；机组超速；涨差超过允许值；油系统着火；冷油器出口油温过高；主、再热蒸汽温度高；高压缸排汽温度高；主机轴向位移大；轴振、瓦振大；凝汽器水位过高。

四、辅助设备异常

电厂辅助设备异常主要包括：磨煤机故障、吸风机故障、送风机故障、给水泵故障、冷却系统故障等。

【思考与练习】

1. 锅炉四管爆裂指的是哪些设备？
2. 汽轮机的主要异常有哪些？

模块 2 电厂设备异常时的调度处理方法（ZY2700308002）

【模块描述】本模块包含电厂设备异常对电网的影响。通过案例学习和操作技能训练，掌握电厂设备出现异常时调度应采取的处理方法。

【正文】

一、影响发电出力

许多电厂设备的异常并不一定导致机组解列，但通常会影响发电出力，使发电机最大出力不能达到额定值。也有某些异常会使机组的调峰、调频能力受到很大影响。

二、紧急停机

当发电机组遇有下列情况时，需要紧急停机：①水击；②机组超速；③胀差超过允许值；④机组内有清晰的金属声；⑤控制油箱油位低于停机油位；⑥油系统着火，威胁机组安全；⑦冷油器出口油温过高或超出规定值；⑧轴承金属温度高；⑨发电机密封油回油温度高；⑩主、再热蒸汽温度高；⑪正常运行时，主、再热蒸汽温度低；⑫高缸排气温度高；⑬低缸排气温度高；⑭主机轴向位移大；⑮偏心率大；⑯主机推力轴承温度高；⑰主机凝汽水位过高。

当遇有下列情况时，发电机必须与系统解列：①发电机、励磁机内冒烟、着火或氢气爆炸；②发电机或励磁机发生严重的振动；③发生威胁人员生命安全时。

三、电网调度处理

（1）电厂设备异常会使电网当前有功平衡受到影响，调度应及时调整其他机组出力，使电网频率或联络线考核指标在合格范围内。

（2）电厂设备异常会使电网在负荷高峰时旋转备用不足，也可能造成电网在负荷低谷时调峰能力不足。调度应安排好机组启停或限电计划，以满足电网在负荷高峰、低谷时的需求。

（3）某些负荷中心区的机组异常时，还可能会导致电网局部电压降低或某些联络线过负荷。调度应关注小地区的电压支撑及联络线潮流，及时投入备用的有功和无功容量，将小地区电压及联络线潮流调整至合格范围。

四、案例学习

2003 年 HB 电网多台大机组以及多条 500kV 线路跳闸，导致电网出力不足，造成事故拉路。

1. 事故前运行方式

2003 年 4 月 17 日，HB 电网正常方式运行。

2. 事故经过

16：13，SLZ 电厂网控发"直流 I 组母线电压不正常"和"联变 A、B 柜直流电源消失"光字。同时，SLZ 电厂 SC 一线 5021 断路器跳闸，纵联方向保护动作，未重合。16：20，站内失去所有直流电源（原因为网控室电缆沟着火），导致控制电源、保护电源以及通信电源全部丧失。16：20，2 号启备变 2200 乙断路器跳闸，导致 3、4 号机没有备用厂用电，16：32，0 甲变 2200 甲断路器跳闸，导致 1、2、3、4 号机公用系统失电。16：33，3 号机汽轮机跳闸，发电机开关未跳。16：37，2 号机汽轮机跳闸，发电机开关未跳。16：41，1 号机跳闸。

17：55，500kVSD 二线跳闸，两侧皆为纵联方向、纵联距离保护动作，选 A 相，重合不成功。随后，DT 二厂 500kV 3 号母线跳闸，母差保护动作，分段 5013、母联 5034、DF 二线 5053、5 号机 5005 断路器跳闸，同时 6 号机跳闸，定子过流保护动作，FS 变电站侧 DF 二线 5021、5022 断路器跳闸，远跳保护动作。同时，DF 一线串补旁路 5010 断路器合闸，串补间隙保护动作。

因为 SLZ 电厂以及 DT 二厂相继发生事故，导致电网发电出力严重不足，电网频率最低降至 49.75Hz，低于 49.80Hz 运行 353s，低于 49.90Hz 运行 35min22s。网调令中调将联络线潮流按 0 控制，并在六个地区事故拉路 380MW，限电约 520MW。至 21：23，所有拉路限电负荷全部恢复。

3. 事故原因分析

（1）SLZ 电厂事故：220kV 系统照明电缆短路放炮，引起电缆着火，是事故的起因。

1）现场勘察情况来看，电缆损坏最严重是一根截面为 $70mm^2$ 的三相照明电缆，该电缆已烧断，断头分别搭接在该电缆桥架槽盒的两个边上，在槽盒边缘搭接处可见明显的电弧烧损的缺口，是电缆着火的起火点。该照明电缆的 B、C 相保险（200A）已熔断，说明事故前该电缆的 B、C 相先发生短路放炮并着火，随后引起其他电缆着火。该照明电缆短路放炮后，首先导致相邻的联变 A、B 柜直流电源电缆绝缘损坏接地、短路，直流保险熔断。

2）交直流动力电缆、控制电缆集中敷设，是事故的主要原因。电缆着火的部位，不仅敷设有交流动力电缆，如网控变压器 6kV 电源电缆，网控楼、220kV 站照明电缆，检修电源箱动力电缆等。而且敷设有电厂直流室的全部直流电缆和通信电缆。电厂照明电缆短路放炮后引起的电缆着火，导致电厂直流电源、仪表电源消失，4 台机组相继跳闸。

（2）DT 二厂事故：SD 二线线路故障点为 143～144 号塔导线与架空地线有放电痕迹，造成 SD 二线跳闸。500kV 3 号母线故障原因为 SD 二线 5055 断路器 C 相合闸电阻爆炸，影响到母线。

【思考与练习】

1．哪些情况下发电机组需紧急停机？

2．发电设备异常后调度应采取什么措施？

第七部分

电网事故处理

第三十章 线路事故处理

模块 1 线路故障的原因及种类 (ZY2700401001)

【模块描述】本模块介绍线路故障的原因及分类。通过原因分析及案例学习，了解各种线路故障现象及其征象。

【正文】

对于电网调度人员，线路故障指线路因各种原因，导致线路保护动作，线路断路器两侧或一侧跳闸。

一、线路故障的主要原因

1. 外力破坏

（1）违章施工作业。包括在电力设施保护区内野蛮施工，造成挖断电缆、撞断杆塔、吊车碰线、高空坠物等。

（2）盗窃、蓄意破坏电力设施，危及电网安全。

（3）超高建筑、超高树木、交叉跨越公路危害电网安全。

（4）输电线路下焚烧农作物、山林失火及漂浮物（如放风筝），导致线路跳闸。

2. 恶劣天气影响

（1）大风造成线路风偏闪络。风偏跳闸的重合成功率较低，一旦发生风偏闪络跳闸，造成线路停运的几率较大。

（2）输电线路遭雷击跳闸。据统计，雷击跳闸是输电线路最主要的跳闸原因。

（3）输电线路覆冰。最近几年由覆冰引起的输电线路跳闸事故逐年增加，其中华中电网最为严重。覆冰会造成线路舞动、冰闪，严重时会造成杆塔变形、倒塔、导线断股等。

（4）输电线路污闪。污闪通常发生在高湿度持续浓雾气候，能见度低，温度在－3～7℃之间，空气质量差，污染严重的地区。

3. 其他原因

除人为和天气原因外，导致输电线路跳闸的原因还有绝缘材料老化、鸟害、小动物短路等。

二、线路故障的种类

1. 按故障相别划分

线路故障有单相接地故障、相间短路故障、三相短路故障等。发生三相短路故障时，系统保持对称性，系统中将不产生零序电流。发生而单相故障时，系统三相不对称，将产生零序电流。当线路两相短时内相继发生单相短路故障时，由于线路重合闸动作特性，通常会判断为相间故障。

2. 按故障形态划分

线路故障有短路、断线故障。短路故障是线路最常见也最危险的故障形态，发生短路故障时，根据短路点的接地电阻大小以及距离故障点的远近，系统的电压将会有不同程度的降低。在大接地电流系统中，短路故障发生时，故障相将会流过很大的故障电流，通常故障电流会到负荷电流的十几甚至几十倍。故障电流在故障点会引起电弧危及设备和人身安全，还可能使系统中的设备因为过流而受损。

3. 按故障性质划分

可分为瞬间故障和永久故障等。线路故障大多数为瞬间故障，发生瞬间故障后，线路重合闸动作，断路器重合成功，不会造成线路停电。

【思考与练习】

1．哪些种类的恶劣天气会对线路造成影响？

2．线路最常见的故障是什么，这些故障有什么特点？

模块 2 线路故障的处理原则及方法（ZY2700401002）

【模块描述】本模块介绍线路故障跳闸对电网的影响、跳闸后送电的注意事项。通过要点归纳讲解、案例学习，掌握正确处理各种线路跳闸事故的方法。

【正文】

一、线路故障跳闸对电网的影响

（1）当负荷线路跳闸后，将直接导致线路所带负荷停电。

（2）当带发电机运行的线路跳闸后，将导致发电机解列。

（3）当环网线路跳闸后，将导致相邻线路潮流加重甚至过载。或者使电网机构受到破坏，相关运行线路的稳定极限下降。

（4）系统联络线掉闸后，将导致两个电网解列。送端电网将功率过剩，频率升高；受端电网将出现功率缺额，频率降低。

二、线路跳闸后的送电

1．送电时机的选择

（1）线路跳闸后，若引起相邻线路或变压器过载、超稳定极限运行，则应在采取措施消除过载现象后再强送线路。

（2）当线路跳闸后，现场人员汇报已发现明显故障，则不能强送。

（3）当系统已较薄弱，经受不住严重故障的冲击，则应在现场人员汇报线路确无明显故障后再强送。

（4）线路有带电作业的线路跳闸后，需与现场工作人员取得联系，待现场人员同意后才能强送。

（5）试运行线路、电缆线路、已掌握有严重缺陷的线路不宜强送。

（6）由于恶劣天气，如大雾、暴风雨等，造成局部地区多条线路相继掉闸时，应尽快强送线路，保持电网结构完整。

2．送电端的选择

（1）一般送电端应远离系统薄弱的一侧，一般避免从电厂侧强送。

（2）500kV 线路强送时，应注意线路末端电压不超过规定值。

（3）强送端的母线上必须有中性点直接接地的变压器。

3．其他注意事项

（1）线路跳闸后强送时，断路器应完好，线路主保护应在投入状态。

（2）系统间联络线送电，应考虑是否会出现非同期合闸。

三、案例学习

RS 5237、5238 线是某地区电厂送出的重要通道，受暴风影响造成 RS 5237、5238 线相继跳闸，导致其他线路严重过载，调度果断采取了拍停机组等措施，及时消除了线路过载，保证了电网的安全稳定运行。

1．事故前运行方式

某电网正常方式运行；YC 厂 6 台机组运行，上网出力 1800MW。

2．事故经过及影响

6 月 14 日，网内部分地区雷雨、大风、冰雹天气。

21：25，RS 5238 线跳闸，B 相故障，重合不成。

21：30，RS 5237 线次跳闸，C 相故障，重合不成。

21：30，网调将 RS 双线事故情况汇报国调，申请国调拍停 YC 厂 4 台机，同时要求 A 省调拍停 XZ

地区相关机组 500 MW，要求 A 省调控制 BS 5233/BS 5234 双线小于 1200 MW。

21：31，国调紧急下令 YC 厂拍停 3 台机组，其余 YC 厂机组出力压至最低。

21：32，YC 厂 1、5 号机组停机，1 号机甩出力 326MW，5 号机甩出力 307MW。

21：33，YC 厂 3 号机停机，甩出力 323MW；YC 厂 500kV I 母陪停；BS 5233 线、BS 5234 线潮流恢复至 2146MW。

21：49，国调下令 YC 厂拍停 6 号机，甩出力 260MW；BS 5233 线/BS 5234 线潮流恢复至 1391MW。

21：55，BS 5233、BS 5234 双线潮流控制到稳定限额以内。

21：52，网调下令上河侧对 RS 5237 线强送，强送不成功。

22：04，网调下令上河侧对 RS 5238 线强送，强送成功。

6 月 15 日 2：00，RS 5237 线巡线发现 402～411 号共 10 基塔倒塔；RS 5238 线巡线发现线路有对树木放电痕迹。

6：02，RS 5237 线转检修（由于该地区雷雨持续时间很长，故线路操作停役时间有所延迟），开始抢修工作。

3. 事故原因分析

A 省北部地区出现雷雨、大风、冰雹恶劣天气，造成线路因风偏和倒塔跳闸。

4. 附图（见图 ZY2700401002-1）

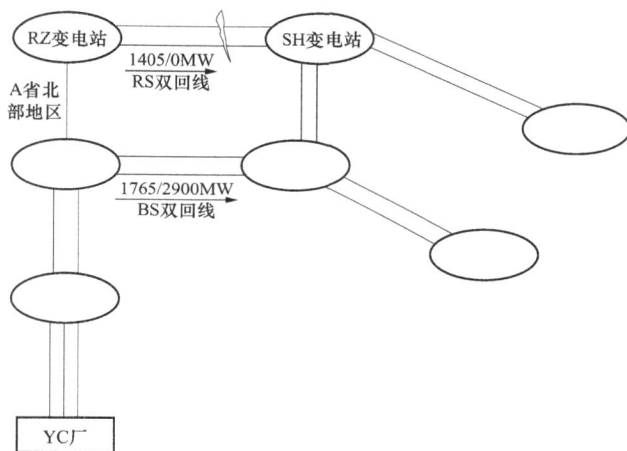

图 ZY2700401002-1 地区电网结构图

【思考与练习】

1. 线路故障跳闸对电网有何影响？

2. 线路跳闸后送电端一般如何选择？

3. 根据当地电网实际情况，针对某联络线跳闸导致两系统解列，安排 DTS 实训。

第三十一章　变压器事故处理

模块 1　变压器故障的原因及种类（ZY2700402001）

【模块描述】本模块介绍变压器故障的原因及分类。通过定义讲解、原因分析，了解变压器故障现象及其危害。

【正文】

对于电网调度人员，变压器故障指变压器因各种原因，导致变压器保护动作，变压器的各侧断路器跳闸。

一、变压器故障的原因

变压器的故障类型是多种多样的，引起故障的原因也是极为复杂。概括而言有：

（1）制造缺陷，包括设计不合理，材料质量不良，工艺不佳；运输、装卸和包装不当；现场安装质量不高。

（2）运行或操作不当，如过负荷运行、系统故障时承受故障冲击；运行的外界条件恶劣，如污染严重、运行温度高。

（3）维护管理不善或不充分。

（4）雷击、大风天气下被异物砸中、动物危害等其他外力破坏。

二、变压器故障的种类

1. 变压器内部故障

（1）磁路故障。即在铁芯、铁轭及夹件中的故障，其中最多的是铁芯多点接地故障。

（2）绕组故障。包括在线段、纵绝缘和引线中的故障，如绝缘击穿、断线和绕组匝、层间短路及绕组变形等。

（3）绝缘系统中的故障。即在绝缘油和主绝缘中的故障，如绝缘油异常、绝缘系统受潮、相间短路、围屏树枝状放电等。

（4）结构件和组件故障。如内部装配金具和分接开关、套管、冷却器等组件引起的故障。

2. 变压器外部故障

（1）各种原因引起的严重漏油。变压器漏油是一个长期和普遍存在的故障现象。据统计，在变压器故障中，产品渗油约占 1/4。变压器渗油危害很大，严重时会引起火灾烧损；使绕组绝缘降低；使带电接头、开关等处在无油绝缘的状况下运行，导致短路、烧损甚至爆炸。

（2）冷却系统故障：冷却器故障、油泵故障等。

（3）分接开关及传动装置及其控制设备故障。

（4）其他附件如套管、储油柜、测温元件、净油器、吸湿器、油位计及气体继电器和压力释放阀等故障。

（5）变压器的引线以及所属隔离开关、短路器发生故障，也会造成变压器保护动作，使变压器跳闸或退出运行。

（6）电网其他元件故障，该元件的断路器拒动，导致变压器后备保护动作。

【思考与练习】

1. 导致变压器故障的主要原因有哪些？

2. 变压器内部故障有哪些种类？

模块 2　变压器故障的处理原则及方法（ZY2700402002）

【模块描述】本模块介绍变压器故障跳闸对电网的影响及跳闸后送电的原则。通过要点归纳讲解、定性分析、案例学习，掌握正确处理变压器故障的方法。

【正文】

一、变压器跳闸对电网的影响

（1）变压器跳闸后，最直接的后果就是造成负荷转移，使相关的并联变压器负荷增加甚至过负荷运行。

（2）当系统中重要的联络变压器跳闸后，还会导致电网的结构发生重大变化，导致大范围潮流转移，使相关线路过稳定极限，如电磁环网中的联络变压器。某些重要的联络变掉闸甚至会引起局部电网的解列。

（3）负荷变压器跳闸后，其所带负荷全部转移到其他变压器，使得原本双电源供电的用户变成单电源供电，降低了供电的可靠性或直接损失大量的用户负荷。

（4）中性点接地变压器跳闸后造成序网参数变化会影响相关零序保护配置，并对设备绝缘构成威胁。

二、变压器事故跳闸的处理原则

变压器掉闸后应关注负荷及潮流转移情况，立即采取措施消除设备过负荷及断面过极限。当中性点接地变压器跳闸后，应考虑系统中性点接地数是否满足运行要求，必要时可将其他变压器中性点接地开关合入。

变压器跳闸后，应关注相关变压器、线路等设备是否有过负荷现象，对于变压器试送电应遵循以下原则：

（1）若变压器主保护（瓦斯、差动）动作，未查明原因并消除故障前不得送电。

（2）若只是变压器过流保护（或低压过流）动作，检查主变压器无问题后可以送电。

（3）有备用变压器或备用电源自动装置投入的变电站，当运行变压器跳闸时应先启用备用变压器或备用电源，然后再检查跳闸的变压器。

（4）检修完工后的变压器送电过程中，变压器差动保护动作后，如明确为励磁涌流造成变压器掉闸，可立即试送。

三、案例学习

某电网 500kV BZ 变电站两台 500kV 主变压器同时跳闸，造成大面积停电。

1. 事故前方式

电网运行正常，BZ 变电站两台主变压器并列运行，带某地区 5 座 220kV 变电站运行，220kV TL 双回线正常断开备用。BZ 变电站 500kV 系统及 220kV 母线由中调调度，BZ 变电站 220kV 线路及 5 座 220kV 变电站由地调调度。

2. 事故经过

2006 年 3 月 16 日 16∶26，BZ 变电站 3 号主变压器两套差动保护动作掉闸，A 相 CVT 故障（当地刚刚下过雪）；16∶30，BZ 变电站 500kV1 号母线两套差动保护动作掉闸，同时造成 BB 线停电（BB 变电站 5031、5032 断路器空充 BB 线）。

16∶36，BZ 变电站 2 号主变压器两套差动保护动作掉闸，C 相 CVT 烧黑。事故造成 220kV 5 个变电站停电，除部分 110kV 负荷倒出运行外，该地区大部分负荷停电。

18∶21，BZ 变电站报 220kV 母线设备检查无问题，具备带电条件，中调将 BZ 变电站 220kV 母线借给地调串带负荷，地调合入 TL 双回线，逐步恢复地区负荷。19 时地区负荷恢复正常。

18∶50，拉开 BZ 变电站 2、3 号变压器 220kV 侧断路器的母线侧隔离开关。

20∶03，BZ 变电站报：500kV1 号母线及 BB 线间隔一、二次设备检查无问题，申请送电。

20∶49，BZ 变电站 3 号变压器转检修。

21∶25，BB 线及 BZ500kV1 号母线送电。12 日 3∶00 2 号变压器送电。13∶00 3 号变压器送电。系统恢复正常方式。

3．事故原因分析

3 月 16 日中午，当地突降小雪，雪停后刮起大风，由于经过整个冬天运行，站内设备污秽程度很高，在温度较高的情况下，附着在设备支持瓷瓶的污秽和积雪造成站内多个设备闪络故障。其中 2、3 号变压器的故障点均为 CVT 瓷瓶闪络。

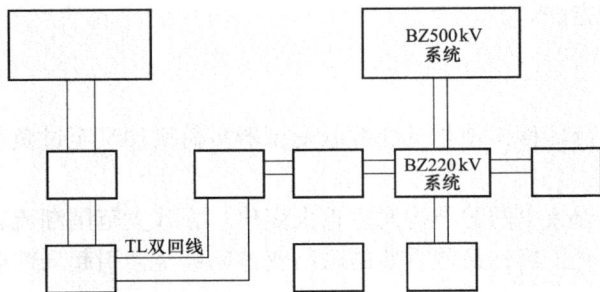

图 ZY2700402002-1　某地区电网结构图

4．附图（见图 ZY2700402002-1）

【思考与练习】

1．变压器掉闸对电网有什么影响？

2．变压器事故掉闸后试送电要遵循什么原则？

3．根据当地电网实际情况，针对某变电站一台变压器掉闸后导致另一台变压器过负荷，安排 DTS 实训。

第三十二章　母线事故处理

模块 1　母线事故的原因及种类（ZY2700403001）

【模块描述】本模块介绍母线停电的原因及母线的常见故障。通过概念描述、要点归纳讲解，了解母线停电的原因及现象，了解常见的母线故障征象。

【正文】

母线停电指由于各种原因导致母线电压为零，而连接在该母线上正常运行的断路器全部或部分在断开。

一、母线停电的原因

（1）母线及连接在母线上运行的设备（包括断路器、避雷器、隔离开关、支持绝缘子、引线、电压互感器等）发生故障。

（2）出线故障时，连接在母线上运行的断路器拒动，导致失灵保护动作使母线停电。

（3）母线上元件故障，其保护拒动时，依靠相邻元件的后备保护动作切除故障时导致母线停电。

（4）单电源变电站的受电线路或电源故障。

（5）发电厂内部事故，使联络线跳闸导致全厂停电。

二、母线常见故障

母线故障指由于各种导致母线保护动作，切除母线上所有断路器，包括母联断路器。

由于母线是变电站中的重要设备，通常其运行维护情况比较好，相对线路等其他电力元件，母线本身发生故障的几率很小。导致母线故障的原因主要有：

（1）母线及其引线的绝缘子闪络或击穿，或支持绝缘子断裂倾倒。实际运行中，导致母差保护动作的大部分是这一类故障。

（2）直接通过隔离开关连接在母线上的电压互感器和避雷器发生故障。

（3）某些连接在母线上的出线断路器本体发生故障。这些断路器两侧均配置有 TA，虽然断路器不是母线设备，但是故障点在元件保护和母线保护双重动作范围之内，因此这些断路器本体发生故障时该断路器所属的元件保护和母差保护均会动作，导致母线停电。

（4）GIS 母线故障。目前 GIS 母线在电力系统中的应用越来越多，当 GIS 母线六氟化硫气体泄漏严重时，会导致短路事故发生。此时泄漏的气体会对人员安全产生严重威胁。

【思考与练习】

1．母线的常见故障有哪些？

2．导致母线停电的原因有哪些？

模块 2　母线事故处理原则及方法（ZY2700403002）

【模块描述】本模块介绍母线事故对电网的影响及母线事故后送电的原则。通过要点归纳讲解、案例学习，掌握正确处理母线故障的方法。

【正文】

一、母线停电对电网的影响

母线是电网中汇集、分配和交换电能的设备，一旦发生故障会对电网产生重大不利影响。

（1）母线故障后，连接在母线上的所有短路器均断开，电网结构会发生重大变化，尤其是双母线同时故障时甚至直接造成电网解列运行，电网潮流发生大范围转移，电网结构较故障前薄弱，抵御再次故障的能力大幅度下降。

（2）母线故障后连接在母线上的负荷变压器、负荷线路停电，可能会直接造成用户停电。

（3）对于只有一台变压器中性点接地的变电站当该变压器所在的母线故障时，该变电站将失去中性点运行。

（4）3/2 接线方式的变电站，当所有元件均在运行的情况下发生单条母线故障将不会造成线路或变压器停电。

二、母线停电后故障的查找与隔离

（1）多电源联系的变电站母线电压消失而本站母差保护和失灵保护均为动作时，变电站运行值班人员应立即将母联断路器及母线上的断路器拉开，但每条母线上应保留一个联络线断路器在合入状态。

（2）当母线差动保护动作导致母线停电时，应检查母线本身及连接在该母线上在母线差动保护范围内的所有出线间隔，当发现故障点后应拉开隔离刀闸隔离故障。当故障母线无法送电而需将该母线上的元件倒至运行母线时，应先拉开该元件连接故障母线的隔离开关然后和连接运行母线的隔离开关。

（3）当失灵保护动作导致母线停电时，应将该失灵断路器转为冷备用后才能对母线送电。

三、母线试送电

（1）母线停电后试送电，应尽量选用线路断路器由相邻变电站送电，在选择本站开关（通常为母联或变压器开关）时，应慎重考虑若强送失败对电网的影响。

（2）母线送电时应确认除送电断路器外，其余断路器包括母联断路器均在断开位置。

（3）当母线故障原因不明时，有条件的变电站应利用发电机对母线进行零起升压。

四、案例学习

220kV 某电厂 220kV 4 号乙母线故障，现场未查明故障点的情况下将故障元件倒至运行母线，导致事故扩大。

1. 事故前方式

电网运行正常，某电厂双母线并列运行，5、7 号机在 5 号母线运行，2205、2207 断路器合入；6、8 号机在 4 号母线运行，2206、2208 断路器合入；高备变在热备用状态，2202 断路器热备用，2202-4 隔离开关合入。

2. 事故经过

11：35，某电厂 2206、2208、2245 乙、2222、2224、2226 断路器掉闸，母线差动保护动作，220kV 4 号乙母线停电。中调令电厂检查一、二次设备，并令电厂将 6、8 号机倒至 220kV 5 号乙母线并网，注意母线隔离开关要先拉后合。

11：47，现场未经调度同意将高备变 2202 断路器（双重调度设备）倒至 5 号母线运行，拉开 2202-4 隔离开关、合上 2202-5 隔离开关时，母差保护动作，2205、2207、2221、2223、2225 断路器掉闸，220kV 5 号乙母线停电。

电厂报 2202 断路器内部击穿放电，导致母线故障，经检查母线其他部位无故障点，中调令电厂拉开 2202-5 隔离开关，拉开 A 线对侧 2212 断路器，合上电厂 A 线 2221 断路器，再次合上 A 线对侧 2212 断路器给电厂 220kV 5 号母线充电正常。电厂恢复正常方式，2202 断路器转检修。

3. 事故原因分析

2202 断路器内部击穿放电，是导致 220kV 4 号母线故障的原因。经事故后调查，故障时母线差动保护和高备变差动保护同时动作，由于高备变正常在备用状态，现场人员未能注意到该保护动作情况。由于急于将厂用电恢复正常方式，现场在未经调度同意的情况下，将 2202 断路器倒至 220kV 5 号母线，造成两条母线同时停电。

4．附图（见图 ZY2700403002-1）

【思考与练习】

1．母线故障停电后，什么情况下应采取零起升压的措施？

2．失灵保护动作导致母线停电后，应如何处理？

3．将故障母线元件导致正常母线时应注意什么？

4．根据当地电网实际情况，针对某枢纽变电站发生单母线故障，安排 DTS 实训。

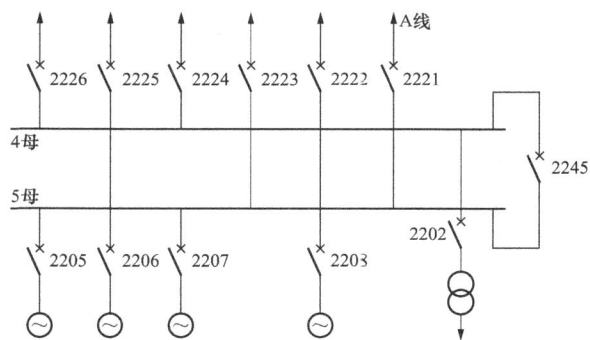

图 ZY2700403002-1　电厂接线示意图

国家电网公司
STATE GRID CORPORATION OF CHINA
国家电网公司
生产技能人员职业能力培训专用教材

第三十三章　发电机事故处理

模块 1　发电机的故障类型（ZY2700404001）

【模块描述】 本模块介绍发电机跳闸、失磁、非全相及非同期并列等故障。通过概念描述、要点讲解，了解发电机可能出现的故障情况。

【正文】

发电机的故障类型通常为：

（1）发电机跳闸。发电机跳闸指发电机组高压侧断路器跳闸，当发电机、发电机的升压变、汽轮机（水轮机）、锅炉等设备发生故障时相关保护会动作导致发电机跳闸。如发电机的差动保护、发电机变压器组差动保护、发电机定子匝间保护以及某些热工保护等。

（2）发电机失磁。当发电机由于励磁回路开路，励磁绕组灭磁断路器误动作等原因而导致失磁后，发电机继续向系统输出有功功率，但是将从系统吸收大量无功功率。当系统缺乏无功备用起发电机容量很大时，可能导致系统无功功率严重缺乏，以致破坏系统稳定。发电机失磁后，发电机机端电压下降，电流增加，如果不立刻解列发电机，发电机将很快转入异步运行状态。

（3）发电机非全相运行。发电机出口断路器一相与系统相联另两相断开或两相与系统相联另一相断开时，称为发电机非全相运行。

（4）发电机非同期并列。同步发电机在不符合准同期并列条件时与系统并联，就称为非同期并列。导致非同期并列的主要原因是误合发电机出口断路器。

【思考与练习】

1. 发电机有哪几种常见故障？
2. 造成发电机失磁的原因有哪些？

模块 2　发电机事故对电网的影响及处理方法（ZY2700404002）

【模块描述】 本模块介绍发电机故障对电网的影响及跳闸后送电的原则。通过要点归纳讲解、案例学习，掌握正确处理发电机故障的方法。

【正文】

一、发电机跳闸对电网的影响及处理方法

发电机跳闸后将造成电网有功无功、功率的缺额，某些发电机跳闸也可能会引起相关线路或变压器过负荷，应调整相邻机组的有功无功、功率以维持电网出力平衡。然后根据发电机跳闸原因进行处理，如果是外部故障导致机组掉闸，经检查机组无异常，则应在外部故障消除后尽快命令机组并网。

二、发电机失磁对电网的影响及处理方法

发电机失磁后，从系统中吸收大量无功功率，引起电网的电压降低，如果电网中无功功率储备不足，将使电网中临近点电压低于允许值，从而破坏了电网中的无功平衡，威胁电网的稳定运行。同时由于电压下降，电网中其他发电机为维持有功输出，在自动励磁调整装置作用下增加发电机定子电流，可能会造成发电机因定子电流过高而跳闸，使事故进一步扩大。如果发电机转入异步运行状态，则可能使电网发生振荡。

因此大型发电机失磁后，必须立即与电网解列，以避免造成电网事故。若发电机无法解列，则应该迅速降低发电机有功功率，同时增加其他发电机的无功功率，必要时在合适的解列点将机组解列。

三、发电机非同期并列对电网的影响及处理方法

发电机非同期并列对于发电机而言是最危险的冲击，非同期会给机组轴系造成冲击而产生扭振。因此运行中必须采取措施避免出现非同期并列。发电机的高压断路器设置了同期并列装置，为保证同期并列装置的正确性，在发电机大修结束后均进行假同期试验。

当 3/2 接线系统发生同一串开关同时跳闸的事故后，试送机组和其他元件共用的中间开关时要防止非同期并列。

四、发电机非全相运行对电网的影响及处理方法

当发电机与系统一相相联时，另两相的断口最大电压会达到线电压的 2 倍。而且发电机非全相运行产生的三相负荷不平衡会对发电机产生危害：发电机转子发热；机组振动增大；定子绕组由于负荷不平衡出现个别相绕组端部过热。

而且当发电机非全相运行时，系统中将产生零序电流，一旦零序电流达到定值时，发电机相邻线路的零序保护会动作切除线路断路器，造成电网事故。

因此，发电机运行时一相断开应立即将该相开关合入；而运行时发生两相断开，则应立即将合入相开关断开。若开关闭锁，则应立即将发电机出力降至最低处理。

五、案例学习

1. 运行方式

某电厂 1 号机为单元接线，发电机出口经升压变压器、220kV 线路接入一 220kV 变电站母线。

2. 异常及处理步骤

电厂运行人员报，发电机出口断路器 A、B 相偷跳，仅 C 相断路器运行。调度令电厂立即下令将 C 相断路器断开，同时下令电厂将出力降至 0。并将其他电厂出力增加，保证电网频率在正常范围内。电厂报断路器已闭锁分合闸，无法断开断路器，调度立即下令将线路对侧断路器断开。

3. 附图（见图 ZY2700404002-1）

图 ZY2700404002-1 某电厂 1 号机为单元接线图

【思考与练习】

1. 发电机跳闸对电网会有什么影响？
2. 发电机失磁对电网会有什么影响？
3. 根据当地电网实际情况，针对某大容量机组掉闸导致电网频率降低，安排 DTS 实训。

第三十四章 发电厂、变电站全停事故处理

模块 1 发电厂及变电站全停的现象及危害
(ZY2700405001)

【模块描述】本模块介绍发电厂、变电站全停的定义及其现象。通过定义解释、要点归纳讲解，了解发电厂、变电站全停的现象及其对电网的危害。

【正文】

一、发电厂、变电站全停的定义

当发生电网事故造成发电厂、变电站失去和系统之间的全部电源联络线（同时发电厂的运行机组跳闸），导致发电厂、变电站的全部母线停电，即称为发电厂、变电站全停。

《国家电网公司事故调查规程》规定变电站（含开关站、换流站、变频站）全停系指该变电站各级电压母线转供负荷（不包括所用电）均降至零。

二、发电厂、变电站全停的现象

发电厂、变电站全停的现象与母线停电现象基本相同，其原因一般有母线本身故障；母线上所接元件故障时保护或开关拒动；外部电源全停造成等，同时发电厂、变电站的厂用、站用电全停。

判断是否为发电厂、变电站全停要根据系统潮流情况、现场仪表指示，保护和自动装置动作情况，开关信号及事故现象（如火光、爆炸声等）等，切不可只凭厂用、站用电源全停或照明全停而误认为是发电厂、变电站全停电。同时，应尽快查清是本站母线故障还是因外部原因造成本站母线停电。

三、发电厂、变电站全停的危害

发电厂、变电站全停严重威胁电网运行安全，具体表现在：

（1）大容量发电厂全停时使系统失去大量电源，可能导致系统频率事故及相关联络线过载等情况。

（2）变电站站用电全停会影响监控系统运行及断路器、隔离开关等设备的电动操作，同时发电厂失去厂用电会威胁机组轴系等相关设备安全，并会因辅机等相关设备停电对恢复机组运行造成困难。

（3）枢纽变电站全停通常将使系统失去多回重要联络线，极易引起系统稳定破坏及相关联络线过载等严重问题，进而引发大面积停电事故。

（4）末端变电站全停可能造成负荷损失，中断向部分电力用户的供电，如时间较长将产生较严重的社会影响。

【思考与练习】

1. 母线停电与发电厂、变电站全停有什么区别？
2. 发电厂、变电站全停对电网运行有什么危害？

模块 2 发电厂及变电站全停的处理原则及方法
(ZY2700405002)

【模块描述】本模块介绍发电厂、变电站全停处理原则及方法。通过原则讲解、方法介绍，掌握发电厂、变电站全停的事故处理原则及要求，并能正确处理发电厂、变电站全停事故。

【正文】

一、发电厂及变电站全停的处理原则及方法

具有多电源联系的发电厂、变电站全停电时，运行值班人员应按规程规定立即将多电源间可能联系的开关拉开，若双母线母联断路器没有断开应首先拉开母联断路器，防止突然来电造成非同期合闸。但每条母线上应保留一个主要电源线路开关在投运状态，或检查有电压测量装置的电源线路，以便及早判明来电时间。

当发电厂全停时，应设法恢复受影响的厂用电，有条件时，可利用本厂发电机对母线进行零起升压，成功后再设法与系统恢复同期并列。

发电厂、变电站全停时其他相关处理原则及方法可参照母线故障停电方式进行。

二、发电厂及变电站全停且与调度失去联系时的处理方法

当发电厂、变电站全停而又与调度联系不通时，现场运行值班人员应将各电源线路轮流接入有电压互感器（即有电压指示）的母线上，试探是否来电。调度员在判明该发电厂或变电站处于全停状态时，可分别选择一个或几个电源向该厂、站送电。发电厂、变电站发现来电后即可即使恢复厂用、站用负荷。这些处理程序事先应安排妥当，避免临时操作发生错误，特别要防止发生非同期合闸。

三、发电厂保厂用电的措施

由于发电厂失去厂用电后，会造成对厂用设备造成危害，对机组启动造成困难，因此发电厂要采取措施保证厂用电安全，保厂用电的措施有：

（1）发电机出口引出厂高压变压器，作为机组正常运行时本台机组的厂用电源，并可以作其他厂用电源的备用；作为火电机组，机组不跳闸，即不会失去厂用电；作为水电机组，机组不并网仍可带厂用电运行。

（2）装设专用的备用厂用高压变压器，即直接从电厂母线接入备用厂用电源，或从三绕组变压器低压侧接入备用电源。母线不停电，厂用电即不会失去。

（3）通过外来电源接入厂用电。

（4）电厂装设小型发电机（如柴油发电机）提供厂用电，或直流部分通过蓄电池供电。

（5）为确保厂用电的安全，厂用电部分应设计合理，厂用电应分段供电，并互为备用（可在分段断路器加装备用自动投入装置）。

（6）在系统方面，当系统难以维持时，对小电厂应采取低频解列保厂用电或其他方式解列小机组保证厂用电。

【思考与练习】

1．具有多电源联系的发电厂、变电站全停电时，运行值班人员按规程规定应如何操作？

2．发电厂保厂用电的措施有哪些？

模块 3　发电厂及变电站全停的注意事项（ZY2700405003）

【模块描述】本模块介绍发电厂、变电站全停事故处理的注意事项。通过要点归纳讲解、案例学习，掌握发电厂、变电站全停事故处理时的注意事项。

【正文】

一、发电厂及变电站全停的注意事项

（1）全面了解发电厂、变电站继电保护动作情况、断路器位置、有无明显故障现象。

（2）了解厂用、站用系统情况，有无备用电源等。

（3）全停发电厂有条件应启动备用柴油发电机，尽快恢复必要的厂用负荷，保证设备安全。

（4）利用备用电源恢复供电时，应考虑其负载能力和保护整定值，防止过负载和保护误动作。必要时，只恢复厂用、站用电和部分重要用户的供电。

（5）恢复送电时必须注意防止非同期并列，防止向有故障的电源线路反送电。

二、案例学习

某电网 500kV BA 双回线故障跳闸造成 B 变电站、C 变电站及 Ⅰ 厂、Ⅱ 厂全停。

1. 事故情况

某日 19：42，某电网一地区出现罕见的龙卷风天气，该地区 500kV BA 双回线相继故障跳闸，其中 BA1 号线 202、203、206 号塔倒塔，塔基部分损坏；BA2 号线 207 号塔横担折断，208 号塔倒塔。事故造成 500kVB 变电站、C 变电站及 Ⅰ 厂、Ⅱ 厂全停，通过 BA 双回线向 A 省供电的 Ⅱ 厂 5 号机组（600MW 机组，当时出力 303MW）、Ⅰ 厂 2 号机组（600MW 机组，当时出力 537MW）跳闸，系统频率最低 49.64Hz，频率低于 49.8Hz 共计 169s。

2. 事故前系统接线及潮流情况（见图 ZY2700405003-1）

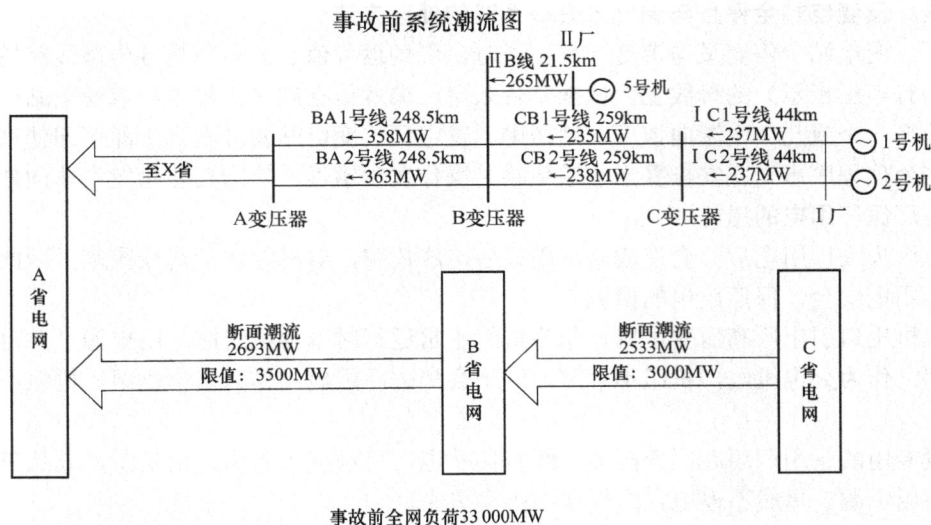

图 ZY2700405003-1 区域电网结构图

3. 事故处理过程

（1）采取紧急措施稳定系统。事故发生后，系统频率最低降至 49.64Hz，两个水电厂低频自启动装置动作，启动多台机组并网。网调值班调度员果断采取措施稳定系统，令有关电厂开机或增加出力，同时通知 A 省、B 省、C 省省调配合网调进行调整，及时降低了断面潮流，减少了频率越限时间，避免了事故扩大及电网负荷损失。

（2）启动应急处理机制。值班调度员及时将事故情况向主要领导做了汇报，主要领导及有关专业人员即刻赶到调度室，指挥事故处理。调度处立即组织精干力量，通知休班调度员紧急赶到单位，协助事故处理。

（3）保现场厂用、站用电措施。立即向通辽电厂、Ⅰ 电厂、B 变电站、C 变电站通报 500kV BA 双回线故障情况，要求其做好启动柴油发电机、从邻近变电站引入低压电源线路等保证厂用电、站用电保安技术措施。

（4）尝试强送恢复系统。

系统稳定后，调度员对 BA 2 号线、BA 1 号线各强送一次不良，且均为三相故障跳闸后，判断线路为永久故障，停止强送。

（5）后续工作。根据 BA 1 号线、BA 2 号线强送不良的情况，网调立即采取后续应急措施：立即通知线路维护局连夜带电巡线，发现问题及时联系处理。安排有关部门准备 BA 双回线铁塔及线材等基础资料，提前做好事故抢修准备工作。联系 A 省送变电公司，做好事故抢修支援准备工作。根据系统电源负荷情况，做好电源负荷平衡工作，组织安排备用电源并网，确保电网安全可靠供电。

【思考与练习】

1. 发电厂全停后调度员应了解哪些内容？
2. 恢复送电时应注意什么问题？

第三十五章　电网黑启动

模块 1　电网黑启动（ZY2700406001）

【模块描述】 本模块介绍电网黑启动的概念及基本原则。通过概念描述、原则讲解和案例学习，了解黑启动方案的基本内容。

【正文】

一、黑启动的概念

黑启动（Black-Start)是指整个电网因事故全停后，不依赖其他正常运行的电网帮助，通过系统中具有自启动能力的机组启动，来带动无自启动能力的机组启动，然后逐渐扩大系统的恢复范围，最终用尽量短的时间恢复整个电网的运行和对用户的供电。黑启动是电网安全措施的最后一道关口。

二、黑启动的基本原则

（1）选择电网黑启动电站。一般水电机组用作启动电源最为方便，但火电机组也应当能作为启动电源，其问题是要具有热态再启动的能力，而热态再启动能力的关键在于把握好某些允许的时间间隔，如汽包炉的热力机组不能安全再启动得最长时间间隔（如果需要由其他电厂提供厂用电源时，较为精确地掌握允许的时间间隔就更为重要）；或超临界直流炉的热力机组再启动的最短时间间隔。根据黑启动电站情况将电网分割出多个子系统。如利用水力发电机组尤其是抽水蓄能机组启动迅速方便，耗费能量少，出力增长速度快的特点，按水电站的地理位置将电网分割为多个子系统，制定相应的负荷恢复计划及断路器操作序列，并制定相应子系统的调度指挥权。

（2）对电网在事故后的节点状态进行扫描，检测各节点状态，以保证各子系统之间不存在电和磁的联系。

（3）各子系统各自调整及相应设备的参数设定和保护配置。

（4）各子系统同时启动子系统中具有自启动能力的机组，监视并及时调整各电网的参变量水平（如电压、频率）及保护配置参数整定等，将启动功率通过联络线送至其他机组，带动其他机组发电。

（5）将恢复后的子系统在电网调度的统一指挥下按预先制定的断路器操作序列并列运行，随后检查最高电压等级的电压偏差，完成整个网络的并列。

（6）恢复电网剩余负荷，最终完成整个电网的恢复。

当然在现代电网条件下，结合调度操作自动化，实现 SCADA、EMS 及其 AGC 对黑启动过程的自动控制，将会使事故损失减少到最小。

三、案例学习

如图 ZY2700406001-1 所示，为黑启动的目标电网图，为 220kV 系统，其中 A 变电站为 500kV 变电站，B 厂为调节性能较好水电厂，C 厂为火电厂，D、E、F、G、H 为 220kV 变电站。

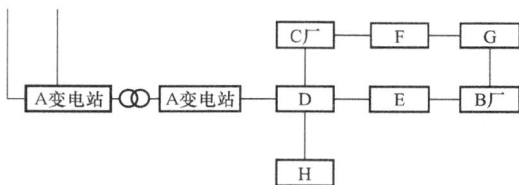

图 ZY2700406001-1　黑启动的目标电网图

这个电网的黑启动可采用以下黑启动电源：

1. 500kV 黑启动电源：A 变电站

用 A 变电站 500kV 电源通过主变压器恢复 A 变电站 220kV 母线，用 A—D—C 给 C 厂送厂用电，然后令 C 厂开机，用 D—E—B 送电至 B 厂，实现 500kV 电源与 220kV 电源的并列，逐步恢复各个变电站的负荷。

2. 220kV 黑启动电源：B 厂

令 B 厂黑启动成功后，通过 B—G—F—C 或 B—E—D—C 给 C 厂送厂用电，然后令 C 厂开机，逐步恢复其余 220kV 变电站，并逐步恢复负荷。

3. 小水电黑启动

如果上述两种方法都行不通，若地区有调节能力较好的小水电，可以通过小水电黑启动，通过 220kV 电网向 C 厂送厂用电，令 C 厂开机，然后视情况逐步恢复负荷。

【思考与练习】

1. 什么是电网黑启动？

2. 如何选择电网黑启动的电源？

模块 2　电网黑启动需要注意的问题（ZY2700406002）

【模块描述】本模块介绍电网黑启动过程中的无功平衡、有功平衡、频率电压控制及保护配置等问题。通过要点归纳讲解，了解电网黑启动过程中需要注意的问题。

【正文】

电网黑启动过程中需要特别注意以下问题：

一、无功平衡问题

在超高压电网恢复过程中，自启动机组发出的启动功率需经过高压输电线路送出，恢复初期，空载或轻载充电超高压输电线路会释放大量的无功功率，可能造成发电机组自励磁和电压升高失控，引起自励磁过电压限制器动作，因此要求自启动机组具有吸收无功的能力，并将发电机置于厂用电允许的最低电压值，同时将自动电压调节器投入运行；在超高压线路送电前，将并联电抗器先接入电网，断开静电电容器，安排接入一定容量（最好是低功率因数）的负荷等。

二、有功平衡问题

为保持启动电源在最低负荷下稳定运行和保持电网电压有合适的水平，往往需要及时接入一定负荷。负荷的少量恢复将延长恢复时间。而过快恢复又可能使频率下降，导致发电机低频切机动作，造成电网减负荷，因此增负荷的比例必须在加快恢复时间和机组频率稳定两者之间兼顾。为此，应首先恢复较小的直配负荷，而后逐步带较大的直配负荷和电网负荷，受按频率自动减负荷控制的负荷，只应在电网恢复的最后阶段才予以恢复。一般认为，允许同时接入的最大负荷量，不应使系统频率较接入前下降 0.05Hz，国外几个电网的经验数据为负荷量不应大于发电量的 5%。

三、启动过程中的频率和电压控制问题

在黑启动过程中，保持电网频率和电压稳定至关重要，每操作一步都需要监测电网频率和重要节点的电压水平，否则极易导致黑启动失败。频率与系统有功即机组出力和负荷水平有关，控制频率涉及负荷的恢复速度、机组的调速器响应和二次调频，因此恢复过程中必须考虑启动功率和重要负荷的分配比例，尽量减少损失，从而加快恢复速度。

四、投入负荷过渡过程

一般除了电阻负荷外，在电网中接入其他负荷，都会产生过渡过程功率，但由于大多数负荷的暂态过程不过 1～2s，它们对带负荷机组的频率及电压一般影响都不大，即使是压缩空气负荷在断电后再投入，吸收的过渡过程功率时间长达 5s，也会由于电网全停后的系统恢复，其断电时间至少要 15min以上，因此它只相当于初次启动时的功率，不会出现太大的问题。

五、保护配置问题

恢复过程往往允许电网工作于比正常状态恶劣的工况，此时若保护装置不正确动作，就可能中断或者延误恢复，因此必须相应调整保护装置及整定值，力争简单可靠。

【思考与练习】

1. 黑启动过程中恢复负荷时应注意什么问题？

2. 黑启动过程中超高压线路恢复时应注意什么问题？

第三十六章 系统振荡处理

模块 1 振荡的原因及类型（ZY2700407001）

【模块描述】本模块介绍同步振荡、异步振荡、低频振荡及次同步振荡的原理及类型。通过概念描述、原理讲解和原因分析，了解振荡的基本原理及故障现象。

【正文】

一、振荡的类型

1. 同步振荡和异步振荡

同步振荡指当发电机输入或输出功率变化时，功角 δ 将随之变化，但由于机组转动部分的惯性，δ 不能立即达到新的稳态值，需要经过若干次在新的 δ 值附近振荡之后，才能稳定在新的 δ 下。这一过程即同步振荡，亦即发电机仍保持在同步运行状态下的振荡。

系统发生同步振荡时，电网各机组间仍保持同步，振荡机组及附近机组会发生出力摆动，某些联络线的功率也会发生不同程度的摆动。

异步振荡指发电机因某种原因受到较大的扰动，其功角 δ 在 0~360° 之间周期性的变化，发电机与电网失去同步运行的状态。在异步振荡时，发电机在发电机状态和电动机状态之间来回变化。

2. 低频振荡

并列运行的发电机在小干扰下发生的频率为 0.1~2.5Hz 范围内的持续同步振荡现象叫低频振荡。

3. 次同步振荡

当发电机经由串联电容补偿的线路接入系统时，如果串联补偿度较高，网络的电气谐振频率较容易和大型发电机轴系的自然扭振频率产生谐振，造成发电机大轴扭振破坏。此谐振频率通常低于同步（50Hz）频率，故称之为次同步振荡。

二、振荡的原因

1. 同步振荡和异步振荡的原因

系统发生振荡的原因主要有：输电线路输送功率超过极限值造成静态稳定破坏；电网发生短路故障，切除大容量的发电、输电或变电设备，负荷发生较大突变等造成电网暂态稳定破坏；输变电设备故障跳闸后，系统间联系阻抗突然增大，引起动稳定破坏；大容量机组跳闸或失磁，使系统联络线负荷增大或使系统电压严重下降，造成稳定破坏；电网发生非同期并列。

2. 低频振荡的原因

低频振荡产生的原因是由于电网的负阻尼效应，常出现在弱联系、远距离、重负荷输电线路上，在采用现代、快速、高放大倍数励磁系统的条件下更容易发生。

3. 次同步振荡的原因

产生次同步振荡的主要原因是当发电机经由串联电容补偿的线路接入系统时串联补偿装置补偿度较高。对高压直流输电线路（HVDC）、静止无功补偿器（SVC），当其控制参数选择不当时，也可能激发次同步振荡

【思考与练习】

1. 造成同步振荡和异步振荡的主要原因有哪些？
2. 低频振荡主要出现在什么情况下？

模块 2　振荡的判断与处理（ZY2700407002）

【模块描述】本模块介绍同步振荡、异步振荡、低频振荡及次同步振荡的判断方法与处理方法。通过方法介绍、案例学习，掌握正确判断与处理电网振荡事故的方法。

【正文】

一、同步振荡和异步振荡的判断与处理

（1）发电厂、变电站应迅速采取措施提高系统电压。

（2）频率升高的电厂，迅速降低频率，直到振荡消失或降到不低于 49.50HZ 为止。

（3）频率降低的电厂，应充分利用备用容量和事故过载能力提高频率，直至消除振荡或恢复到正常频率为止，必要时，值班调度员可以下令受端切除部分负荷。

（4）不论频率升高或降低的电厂都要按发电机事故过负荷规定，最大限度地提高励磁电流。受端负荷中心调相机按调度要求调整励磁电流。防止电压升高，负荷加大而恶化稳定水平。

（5）调度值班人员争取在 3～4min 内将振荡消除，否则应在适当地点解列。

（6）在系统振荡时，除现场事故规定者外，发电厂值班人员不得解列任何机组。

（7）若由于机组失磁而引起系统振荡时，应立即将失磁机组解列，但注意区别汽轮发电机失磁异步运行时，功率、电流也有小的摆动。

（8）环状系统解列操作引起振荡时，应立即投入解列的断路器。

二、低频振荡的判断与处理

（1）首先判断出发生低频振荡的系统位置，其次判断出振荡系统的送端和受端。

（2）立即降低振荡时送端系统主要发电机组（对系统稳定影响最大的机组）的有功功率，降低联络线有功潮流，同时提高送端系统主要发电机组的无功功率和母线电压。

（3）立即增加受端系统机组有功功率和无功功率，提高受端系统母线电压。

（4）如因线路、变压器等设备停电操作引起系统低频振荡，应立即恢复线路、变压器等停电设备运行。

（5）如因发电机并列操作引起系统低频振荡，应立即解列该发电机组。

（6）如因线路、变压器等设备事故跳闸引起系统低频振荡，应立即按规定控制相关断面、联络线等潮流，有条件尽快恢复跳闸设备运行。

（7）如因改变发电机励磁系统自动励磁调解器或 PSS 运行状态引起系统低频振荡，应立即恢复发电机自动励磁调解器或 PSS 原运行状态。

（8）如低频振荡导致系统稳定破坏，按系统稳定破坏事故进行处理。

三、次同步振荡的判断与处理

（1）附加一次设备或改造一次设备。

（2）降低串联电容器补偿度。

（3）通过二次设备提供对扭振模式的阻尼（类似于 PSS 的原理）。

四、案例学习

1. 电网运行方式

A 省电网与主网通过两回 500kV 线路 FW 双回线相连，事故前 A 省外送 1500MW。W 厂装机容量 180MW×3，正常通过两回 220kV 线路与 A 省主网相连，事故前其中一回线路计划检修，3 台机组满发。

2. 事故经过及处理

20:57，A 省电网各发电厂汇报发电机出现摆动现象。其中 W 厂摆动最大，达到 33 万～53 万 kW，G 厂 18.3 万～19.7 万 kW，D 厂 183 万～197 万 kW，H 厂 88 万～100 万 kW，E 厂 15.7 万～17.3 万 kW，M 厂 18.1 万～21.2 万 kW。

500kV 线路潮流摆动情况：FW 双回线潮流在 110 万～200 万 kW 之间摆动，BW 双回线潮流在–12

万~28 万 kW 之间摆动，WS 双回线潮流在 80 万~170 万 kW 之间摆动，DY 双回线潮流在 37 万~97 万 kW 之间摆动，YF 双回线潮流在 95 万~124 万 kW 之间摆动。

W 厂电压 179~235kV，S 厂电压 215~223kV，G 厂电压 519~529kV，F 变电站电压 504~518kV，W 变电站电压 515~519kV，D 变电站电压 514~521kV，W 变电站电压 506~518kV。

21：10 左右，A 省调、多个电厂分别向网调报机组负荷、电压波动。网调当时观察到 DY 双回、FW 双回、WS 双回有功潮流波动非常大。紧急令网内备用水电机组开机发电，同时令 A 省降联络线潮流运行。21：11，W 厂 1 号机、3 号机由于调速器压力油罐压力低相继掉闸，掉闸后，A 省电网机组对主网的摇摆消失。21：17 左右，各机组负荷波动消失。

上述整个过程的振荡频率在 0.8~0.9Hz 左右，持续时间 13min 55s。

3. 事故分析结论

在整个振荡过程中，A 省电网所有机组均未失步，本次振荡属低频同步振荡。本次振荡的引发地点在 W 厂，振荡的引发原因是由于振荡前运行方式下 W 厂机组对系统振荡模式的阻尼已经较弱，随着摆动发生前电厂有功出力的增加或无功出力的减少，进一步降低了该振荡模式的阻尼，引发了 W 厂机组对系统的低频同步振荡，由此激发了 A 省电网机组对主网的低频振荡。W 厂 1 号机、3 号机由于调速器压力油罐压力低相继掉闸后，振荡消失。

4. 附图（见图 ZY2700407002-1）

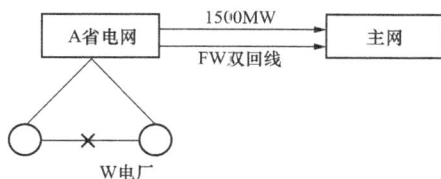

图 ZY2700407002-1　某电网结构图

【思考与练习】

1. 发生系统振荡应如何调整发电机组处理？

2. 抑制系统次同步振荡的措施有哪些？

第三十七章 反事故演习

模块 1 反事故演习基本知识 (ZY2700408001)

【模块描述】本模块介绍反事故演习的目的、作用、组织形式及演习流程等内容。通过要点归纳讲解，了解反事故演习活动。

【正文】

一、反事故演习的目的和作用

（1）定期检查电网运行人员处理事故的能力。

（2）使电网运行人员掌握迅速处理事故和异常现象的正确方法。

（3）贯彻反事故措施，帮助电网运行人员进一步掌握规程规定，熟悉电网及相关设备运行特性。

二、反事故演习的组织形式

调度系统反事故演习一般分为主演和被演两组，较大型的联合反事故演习还会设置演习指挥及导演。

1. 主演组

针对电网薄弱环节编制反事故演习方案，设置事故处理考察要点，调控 DTS 系统，并根据反事故演习方案及被演事故处理情况逐步推进事故发展进程。

2. 被演组

被演组是反事故演习的主要考察对象，在演习过程中根据主演组设置的电网事故情况作出相应的反应，尽可能及时准确的进行事故处理。

3. 演习指挥和导演

在涉及多家单位的大型联合反事故演习中，总体掌控反事故演习进程，实现相关各系统的协调配合。

三、反事故演习的流程

典型的调度系统反事故演习通常包括以下流程：

（1）确定参演人员，并划分主演组、被演组（被演组成员也可临时决定）。

（2）由主演组制定演习方案。

（3）反事故演习具体实施过程。

（4）反事故演习考评及分析总结。

（5）被演组整理反事故演习报告。

四、反事故演习的注意事项

（1）反事故演习题目应有针对性，能反映电网危险点，并能较为全面地检验调度运行人员的事故处理能力。

（2）反事故演习题目应对被演组人员严格保密。

（3）涉及现场参与的反事故演习在演习过程中要有明确说明，避免和实际运行系统情况混淆。

（4）若反事故演习过程中实际电网出现异常及事故，应立即中止反事故演习活动，其他人员协助当班调度运行人员进行事故处理。

【思考与练习】

1. 反事故演习的作用和目的是什么？

2. 反事故演习的注意事项有哪些？

模块2 参与反事故演习（ZY2700408002）

【模块描述】本模块介绍反事故演习方案编制、实施、评价总结等内容。通过要点归纳讲解、案例学习，掌握反事故演习方案编制方法，能组织实施反事故演习活动，对反事故演习活动进行评价。

【正文】

一、反事故演习方案编制

在开展反事故演习活动时，制订演习方案尤为重要，首先演习题目要有针对性，要结合电网设备运行方式、当前保供电任务、季节性天气特点以及人员技术水平等进行综合考虑，为了充分考察调度运行人员在事故处理中考虑问题的全面性及对复杂事故的应变能力，故障往往不能设置得过于简单，可人为使事故扩大化，应设置多重故障。另外为了达到实战效果，演习方案必须保密，不可事先告诉演习人员，只有这样才能在实际演练中暴露出真实存在的问题，有利于采取有效的应对措施。

二、反事故演习实施

反事故演习的关键在于演习过程的真实性，要让演习人员感觉就是真的事故发生了，要及时、正确、迅速地控制事故扩大，尽快恢复电网正常运行。最大程度地再现事故处理现场的真实情况，考察演习人员调度用语的规范性和掌握有关规程制度的熟练程度以及根据事故现象独立分析、判断、处理事故的能力。

整个事故处理过程中，处理人员所进行的一切有关事故的现场汇报、及操作指令等，应作好记录，以便活动后考核、分析和总结。为了提高调度运行人员快速、准确处理事故的能力。同时演习活动还应有一定的时间限制，否则，处理过程拖得过长，也不适应事故处理实战中的客观要求。

三、反事故演习评价总结

整个反事故演习结束后，应组织全体人员参加考评、分析和总结，对参加反事故演习的人员，在本次反事故演习活动中的表现作出评价，指出整个演习过程中的错误和不足，最后针对反事故演习题目，提出正确、完善的处理步骤，再由大家充分讨论，找出问题出现的原因，总结经验教训，做好预防措施，从而提高调度运行人员对不同事故的应变及分析处理能力。

具体应参考的有关考评内容包括以下方面：

（1）事故发生后对事故总体情况的了解。

（2）调整稳定系统情况。

（3）根据保护动作情况对故障点的判断。

（4）对故障点的隔离。

（5）恢复系统的步骤。

（6）相关规程及汇报制度等的掌握情况。

（7）调度用语的规范性等其他内容。

四、案例学习

2008年某电网奥运保联合反事故演习方案提纲

1．联合反事故演习意义和目的

2．联合反事故演习的组织安排

2.1 组织机构

2.2 联合反事故演习时间地点

2.3 联合反事故演习使用设备及演习电话

2.4 联合反事故演习观摩人员

2.5 参加联合反事故演习单位

3．联合反事故演习相关措施及要求

3.1 组织措施

3.2 技术措施

【思考与练习】

1．制订演习题目要注意什么问题？

2．对事故演习进行评价时应考虑哪些方面？

附录 A　《电网调度》培训模块教材各等级引用关系表

部分名称	章	模块名称 （模块编码）	模块描述	等级		
				I	II	III
电网调度运行基础知识	电网运行和管理	电力系统基础 （ZY2700501001）	本模块介绍电力系统基本概念、电力工业生产的特点以及我国电力工业发展状况。通过概念描述、要点讲解，了解电力系统基础知识	√		
		电网调度管理 （ZY2700501002）	本模块介绍电网调度的概念、电网调度的任务、我国电网调度的结构、电网调度管理的基本概念和基本原则。通过概念描述、要点归纳、原则讲解，了解基本的电网调度管理知识	√		
	电力系统调度专业规程、导则	电力系统调度规程 （ZY2700601001）	本模块介绍典型调度规程的编写意义、约束对象、主要内容和调度规程实例。通过条文解释和案例学习，掌握《电力系统调度规程》内容，并能认真执行调度规程	√		
		电力系统安全稳定导则 （ZY2700602001）	本模块介绍电力系统安全稳定运行的基本要求及安全稳定的标准。通过条文解释和案例学习，掌握电力系统安全稳定运行的分析计算方法		√	
发电设备基础知识	大型热力发电厂动力设备及运行	热力发电基础 （ZY2700502001）	本模块介绍热力发电厂的概念、分类和主要设备及生产过程。通过概念描述、系统介绍、生产过程讲解，了解基本的热力发电技术	√		
		大型汽轮机设备及运行 （ZY2700502002）	本模块介绍汽轮机的概念、分类、基本原理、工作过程、结构及相关设备，以及对汽轮机实际运行技术的分析。通过概念描述、原理讲解、结构分析及系统介绍，了解汽轮机设备知识及运行技术			√
		大型锅炉设备及运行 （ZY2700502003）	本模块介绍锅炉的概念、分类、主要设备及运行知识。通过概念描述、分类讲解、系统构成及作用讲解，了解基本的锅炉设备知识及运行技术			√
		其他热力发电设备简介 （ZY2700502004）	本模块是作为常规热力发电技术专业知识的补充。通过对循环流化床锅炉及燃气轮机发电的简介，了解其他热力发电技术发展状况			√
	水力发电设备及运行	水力发电基础 （ZY2700503001）	本模块介绍水力发电的概念、特点和水电站的分类。通过概念描述、发展状况介绍、分类讲解，了解基本的水力发电技术	√		
		水力发电站的建筑物和设备 （ZY2700503002）	本模块介绍水电站的主要水工建筑物和设备以及水轮机主要参数。通过对水电站主要建筑物和设备的专业知识讲解，掌握常规水电站的结构和水力发电的基本原理	√		
		抽水蓄能电站设备及运行 （ZY2700503003）	本模块介绍抽水蓄能电站的概念、类型及特点、在电力系统中的作用、抽水蓄能电站主要建筑和设备，以及抽水蓄能电站实际运行技术等相关知识。通过概念描述、特点讲解、作用介绍及运行知识简介，掌握抽水蓄能电站基本的设备结构、工作原理和运行技术	√		
		水电站调度运行 （ZY2700503004）	本模块介绍水电站参数基本概念、水轮发电机组的启停及调相运行、水电站优化调度等方面的知识。通过主要参数讲解、启停过程介绍、优化调度讲解，掌握水电站基本的调度运行技术		√	
	核电站及其运行	核能发电基础 （ZY2700504001）	本模块介绍核能发电的概念、发展核电的意义以及核能发电相对与火力发电的优越性。通过概念描述、计算举例、要点归纳讲解，了解基本的核能发电技术	√		

续表

部分名称	章	模块名称 （模块编码）	模块描述	等级		
				I	II	III
发电设备基础知识	核电站及其运行	压水反应堆的原理与结构 （ZY2700504002）	本模块介绍反应堆的概念、分类、压水反应堆的特点以及核裂变原理和压水反应堆的结构。通过概念描述、特点及原理讲解、结构分析，了解反应堆的基本原理和结构		✓	
		反应堆的运行与控制 （ZY2700504003）	本模块介绍反应堆控制的基本原理、反应堆运行相关知识。通过原理讲解、运行知识介绍，了解基本的反应堆运行与控制技术		✓	
		核事故与安全防护 （ZY2700504004）	本模块介绍核事故产生的原因、两个典型核事故的分析以及核电站放射性安全防护措施。通过措施讲解、典型事故分析，了解保证核电站运行安全的技术措施		✓	
	新能源发电设备及运行	风力发电技术 （ZY2700507001）	本模块介绍风力发电的原理、特点、发展意义和风力发电设备等内容。通过概念描述、原理讲解、图形示意，了解基本的风力发电技术		✓	
		其他新能源发电技术 （ZY2700507002）	本模块介绍太阳能发电、潮汐发电、地热发电、生物能发电等的原理、特点和发展前景。通过对新能源发电相关知识的讲解，了解不同类型的新能源发电技术		✓	
电网结构及电力系统通信基础知识	电网结构分析	电网结构的可靠性分析 （ZY2700505001）	本模块介绍电网和电网结构的概念、电网可靠性的概念和指标、电网可靠性要求等方面的内容。通过概念描述、指标讲解、可靠性分析，了解基本的电网结构可靠性分析知识			✓
		电网结构与安全稳定的关系 （ZY2700505002）	本模块介绍电网典型结构和保证电网结构合理性的要求等方面的内容。通过概念描述、规定讲解、电网结构分析，了解电网结构对电网稳定性的影响			✓
		国内外典型的大停电事故分析 （ZY2700505003）	本模块介绍国内外几次典型电网事故。通过对几次典型严重电网事故的分析，了解导致严重电网事故发生的因素和应采取的预防及控制措施			✓
	电力系统通信	电力系统通信基础 （ZY2700506001）	本模块介绍电力系统通信的概念、主要功能、特点和主要方式。通过概念描述、功能介绍、要点归纳讲解，了解基本的电力系统通信技术		✓	
电网调控	负荷及出力调整	电力系统负荷分类及负荷预测 （ZY2700101001）	本模块介绍电力系统负荷的分类及负荷预测的方法。通过概念描述、方法介绍、要点归纳讲解，了解不同分类条件下各类用电负荷的特性，并能够进行简单的负荷预测	✓		
		负荷调整的原则及方法 （ZY2700101002）	本模块介绍负荷调整的原则及方法。通过案例介绍及操作技能训练，掌握利用不同的手段调整负荷的方法，并能执行超计划或事故限电、拉闸指令		✓	
		各类电厂在电力系统中的作用及电厂出力的影响因素 （ZY2700101003）	本模块介绍了各类电厂在电力系统中的作用。通过概念描述、原因分析和举例说明，了解电厂出力调整的基础知识	✓		
		出力调整的注意事项 （ZY2700101004）	本模块介绍电厂出力调整的原则、方法及调整的注意事项。通过原理讲解、图形示意、案例介绍，掌握合理调整出力，保证发供电平衡的方法		✓	

续表

部分名称	章	模块名称 （模块编码）	模块描述	等级		
				I	II	III
电网调控	调整电压	无功负荷及无功电源 （ZY2700102001）	本模块分析影响电压的各种因素并介绍无功电源设备。通过条文解释、原理讲解、列表说明、案例分析，了解电力系统中无功电源设备及负荷	√		
		电压调整的原则及方法 （ZY2700102002）	本模块介绍电压调整的原则及方法。通过要点归纳讲解、图形示意、案例学习及操作技能训练，掌握不同情况下电压调整的方法		√	
	调整频率、合理安排备用	影响频率的因素 （ZY2700103001）	本模块分析影响电网频率的因素。通过原因分析、图形讲解、案例学习，掌握造成频率波动的原因		√	
		频率调整的方法 （ZY2700103002）	本模块介绍电力系统频率调整的方法。通过概念讲解、调整方法介绍、案例分析和操作技能训练，掌握系统频率调整的方法		√	
		主、辅调频厂的选择 （ZY2700103003）	本模块介绍电力系统主、辅调频厂的选择。通过概念描述、问题分析讲解、案例学习，掌握在不同运行情况下进行主、辅调频厂选择的方法		√	
		自动发电控制 （ZY2700103004）	本模块介绍自动发电控制（AGC）的基本知识。通过功能介绍、控制方式讲解和案例学习，掌握 AGC 的控制方式，并能熟练使用 AGC 进行电网的调峰、调频			√
		电网的备用容量 （ZY2700103005）	本模块介绍电网备用容量的相关内容。通过定义讲解、条文解释、计算举例，掌握根据电网运行情况合理分配电网备用容量的方法			√
	消除谐波	谐波产生的原因及对电力系统的影响 （ZY2700104001）	本模块介绍谐波产生的原因及其对电力系统的影响。通过定义解释、原因分析及对各种设备影响的讲解，了解电网谐波产生的原因及其对电网的危害		√	
		消除谐波的方法 ZY2700104002	本模块介绍谐波的治理标准和消除谐波的方法。通过背景解释、方法讲解、案例学习，了解电网谐波的限制值，熟悉消除谐波的各种方法			√
	调整潮流	调整系统潮流的方法 （ZY2700105001）	本模块介绍调整系统潮流的方法。通过潮流分布讲解、调整方法介绍、案例学习及操作技能训练，掌握电力系统潮流的调整方法		√	
		跨区电网联络线调控原理及方法 （ZY2700105002）	本模块介绍跨区电网联络线调控原理及方法。通过原理讲解、条文解释及案例学习，了解对跨区电网的负荷频率控制及控制策略的配合，熟悉跨区电网控制性能标准，了解跨区电网联络线调控 AGC 控制方法			√
电网操作	并、解列与合、解环操作	电力系统合、解环操作 （ZY2700201001）	本模块介绍电力系统合、解环操作的条件及合、解环操作后潮流对系统的影响与注意事项。通过概念解释、操作注意事项讲解，掌握电网合、解环操作的基本要领	√		
		电力系统并、解列操作 （ZY2700201002）	本模块介绍电力系统并、解列应具备的条件，并、解列方法及并、解列操作的注意事项。通过概念解释、操作注意事项讲解，掌握并、解列操作的基本要领	√		
		非同期并列对发电机和系统的影响 （ZY2700201003）	本模块介绍非同期的概念、非同期并列对发电机和系统的影响以及预控非同期的措施。通过概念描述、要点归纳讲解，掌握非同期并列对发电机和系统的影响		√	

续表

部分名称	章	模块名称 （模块编码）	模块描述	等级		
				I	II	III
电网操作	母线操作	母线停送电和倒母线操作 （ZY2700202001）	本模块介绍母线停、送电和倒母线操作的方法及二次部分的调整。通过操作方法讲解、案例介绍，掌握母线停、送电和倒母线操作方法和基本要领	✓		
		母线操作中的问题 （ZY2700202002）	本模块介绍母线停、送电操作中常见的问题及倒母线操作中的常见问题。通过问题分析讲解，掌握母线停送电和倒母线操作过程中的危险点及其预控措施		✓	
	线路操作	线路停送电操作 （ZY2700203001）	本模块介绍线路停电前潮流的调整、相关保护和安全自动装置的调整、断路器和隔离开关的操作顺序等注意事项；线路送电时充电端的选择、送电的约束条件、相关保护和安全自动装置的调整。通过要点归纳讲解，掌握线路停、送电操作的方法和基本要领	✓		
		线路操作中的问题 （ZY2700203002）	本模块介绍停、送电操作中的注意事项。通过要点归纳讲解，掌握停、送电操作过程中的危险点及其预控措施		✓	
	变压器操作	变压器操作 （ZY2700204001）	本模块介绍变压器的中性点、变压器操作的方法及保护调整。通过要点归纳讲解、案例学习，掌握变压器操作方法	✓		
		变压器操作中的问题 （ZY2700204002）	本模块介绍变压器的励磁涌流、变压器分接头调整、潮流转移及负荷重新分布知识。通过概念描述、公式分析、案例介绍，掌握变压器操作过程中的危险点及其预控措施		✓	
	断路器及隔离开关操作	断路器及隔离开关操作的注意事项 （ZY2700205001）	本模块介绍断路器及隔离开关的作用、分类及操作方面的相关知识，铁磁谐振产生的原因及处理等内容。通过分类介绍、要点归纳讲解，掌握断路器和隔离开关的基本知识、操作要领、严禁进行的操作及危险点预控	✓		
		断路器旁代操作 （ZY2700205002）	本模块介绍断路器旁代操作的方法、顺序及注意事项。通过要点归纳讲解及案例学习，掌握断路器旁代操作的要领及方法		✓	
	补偿设备操作	电容器、电抗器及消弧线圈的操作 （ZY2700206001）	本模块介绍电容器、电抗器及消弧线圈操作的注意事项。通过要点归纳讲解，掌握电容器、电抗器和消弧线圈等设备的操作注意事项、危险点及预控措施	✓		
		超高压串联补偿装置操作 （ZY2700206002）	本模块介绍串补装置的工作状态、串补装置的操作顺序。通过概念描述、要点归纳讲解、图形示意，掌握高压串联补偿装置操作方法及注意事项		✓	
	继电保护及安全自动装置调整	继电保护及安全自动装置的运行管理及调整 （ZY2700207001）	本模块介绍各种常用继电保护及安全自动装置的运行管理规定。通过规则讲解，掌握继电保护及安全自动装置运行管理及注意事项	✓		
		继电保护及安全自动装置调整的注意事项 （ZY2700207002）	本模块介绍继电保护及安全自动装置调整的注意事项、危险点及其预控措施。通过要点归纳讲解，能根据继电保护动作情况分析故障，掌握自动装置调整的危险点及其预控措施		✓	
	新设备的启动投运	新设备启动的调度管理 （ZY2700208001）	本模块介绍新设备的定义、新设备启动流程及调度规程对新设备启动的有关规定等内容。通过定义解释、启动流程图示介绍、管理规定讲解，掌握新设备启动的调度管理方法	✓		

续表

部分名称	章	模块名称 （模块编码）	模块描述	等级		
				I	II	III
电网操作	新设备的启 动投运	新设备的启动投运 （ZY2700208002）	本模块介绍新设备的启动原则及新设备启动方案的执行等内容。通过原则讲解、图形示意、案例介绍，掌握新设备的启动原则，并能根据新设备启动方案进行新设备的启动操作		√	
		新设备投运中的问题 （ZY2700208003）	本模块介绍新设备启动中的可靠保护、试验项目及新设备启动前的方式调整等需要注意的问题。通过要点归纳讲解、试验项目介绍、案例学习，掌握新设备投运中问题的解决办法及注意事项，掌握新设备启动方案的编制方法			√
电网异 常处理	频率异 常处理	导致频率异常的原因及危害 （ZY2700301001）	本模块介绍频率异常的定义、危害及导致频率异常的因素。通过规定讲解、异常因素分析，掌握频率异常的征象、判断方法及危害	√		
		频率异常处理方法 （ZY2700301002）	本模块介绍调整负荷、调整发电出力及跨区事故支援等频率异常处理方法。通过要点归纳讲解、案例学习，掌握频率异常处理方法		√	
		防止频率崩溃的措施 （ZY2700301003）	本模块介绍频率崩溃的定义及防止频率崩溃的措施。通过定义解释、措施介绍、装置原理讲解，能够采取有效措施防止频率崩溃			√
	电压异 常处理	电压异常的原因及危害 （ZY2700302001）	本模块介绍电压异常的定义、危害及导致电压异常的因素。通过定义讲解、原因及危害分析，掌握电压异常原因、危害及判断方法	√		
		电压异常处理方法 （ZY2700302002）	本模块介绍调整无功电源、无功负荷及电网运行方式等电压异常处理方法。通过方法介绍及案例学习，掌握正确进行电压异常处理的方法		√	
		防止电压崩溃的措施 （ZY2700302003）	本模块介绍电压崩溃的定义及防止电压崩溃的措施。通过定义讲解、原因分析、措施介绍，掌握采取有效措施防止电压崩溃的方法			√
	线路异 常处理	线路异常的种类 （ZY2700303001）	本模块介绍线路运行中的异常及缺陷。通过形象化介绍，了解各种线路异常征象及危害	√		
		线路异常的处理方法 （ZY2700303002）	本模块介绍线路常见异常的处理方法。通过处理方法讲解及案例介绍，掌握处理线路过负荷、三相电流不平衡等线路异常的方法，熟悉线路带电作业的注意事项		√	
	变压器异 常处理	变压器异常的种类 （ZY2700304001）	本模块介绍变压器油色谱分析及变压器过负荷、温升过高及过励磁等异常现象。通过要点归纳讲解、列表说明，掌握变压器异常的种类及其征象	√		
		变压器异常的处理方法 （ZY2700304002）	本模块介绍变压器过负荷、温升过高及过励磁等异常处理方法。通过要点归纳讲解、案例学习，掌握变压器常见异常的处理方法		√	
	其他电网一 次设备异常 处理	断路器及隔离开关的 异常现象 （ZY2700305001）	本模块介绍断路器、隔离开关异常的种类及危害。通过要点归纳讲解、案例学习，了解断路器及隔离开关的异常现象	√		
		断路器及隔离开关的 异常处理 （ZY2700305002）	本模块介绍断路器及隔离开关异常的处理方法。通过要点归纳讲解、案例学习，掌握正确处理断路器拒分闸、拒合闸及非全相运行、隔离开关分、合闸不到位及接头发热等异常的方法		√	

部分名称	章	模块名称 （模块编码）	模块描述	等级		
				I	II	III
电网异常处理	其他电网一次设备异常处理	补偿设备的异常现象 （ZY2700305003）	本模块介绍电容器、电抗器、串联补偿装置及消弧线圈等设备的异常种类，通过要点归纳讲解，了解补偿设备的异常征象及危害	√		
		补偿设备异常的处理方法 （ZY2700305004）	本模块介绍电容器、低压高压电抗器、串联补偿装置及消弧线圈的各种异常处理方法。通过要点归纳讲解、案例学习，能进行补偿设备异常处理		√	
		电压互感器及电流互感器的异常现象 （ZY2700305005）	本模块介绍电压互感器和电流互感器的异常种类及危害。通过要点归纳讲解，了解电压互感器和电流互感器的异常现象	√		
		电压互感器及电流互感器的异常处理方法 （ZY2700305006）	本模块介绍电压互感器和电流互感器异常对保护装置的影响。通过要点归纳讲解、案例学习，掌握电压互感器和电流互感器异常的处理方法		√	
		谐振的处理方法 （ZY2700305007）	本模块介绍谐振产生的原理及危害。通过原因分析、方法介绍、案例学习，掌握消除谐振的方法		√	
	继电保护及安全自动装置异常处理	继电保护及安全自动装置的各种异常 （ZY2700306001）	本模块介绍继电保护及安全自动装置的各种异常。通过异常分析、规定讲解、案例学习，了解继电保护及安全自动装置异常现象	√		
		继电保护及安全自动装置的异常对电网产生的影响及处理 （ZY2700306002）	本模块介绍保护和安全自动装置停用、误动及拒动对电网的影响。通过分析讲解、案例学习，掌握正确分析处理保护和安全自动装置异常的方法		√	
	通信及自动化异常处理	通信及自动化异常对电网调度的影响 （ZY2700307001）	本模块介绍通信设备异常对保护和安全自动装置及自动化系统的影响。通过要点归纳讲解、规定解释、案例学习，了解通信、自动化系统异常对电网调度运行的影响	√		
		通信及自动化异常的应对措施 （ZY2700307002）	本模块介绍调度电话中断及自动化系统异常时调度应对措施。通过措施讲解、案例学习，掌握通信及自动化异常处理方法		√	
	发电设备异常处理	电厂设备的异常及种类 （ZY2700308001）	本模块介绍火力发电厂发电机、锅炉、汽轮机及水电厂的各种发电设备的异常种类。通过要点讲解，了解电厂设备可能出现的异常情况	√		
		电厂设备异常时的调度处理方法 （ZY2700308002）	本模块包含电厂设备异常对电网的影响。通过案例学习和操作技能训练，掌握电厂设备出现异常时调度应采取的处理方法		√	
电网事故处理	线路事故处理	线路故障的原因及种类 （ZY2700401001）	本模块介绍线路故障的原因及分类。通过原因分析及案例学习，了解各种线路故障现象及其征象	√		
		线路故障的处理原则及方法 （ZY2700401002）	本模块介绍线路故障跳闸对电网的影响、跳闸后送电的注意事项。通过要点归纳讲解、案例学习，掌握正确处理各种线路跳闸事故的方法		√	

续表

部分名称	章	模块名称 （模块编码）	模块描述	等级		
				I	II	III
电网事故处理	变压器事故处理	变压器故障的原因及种类 （ZY2700402001）	本模块介绍变压器故障的原因及分类。通过定义讲解、原因分析，了解变压器故障现象及其危害	√		
		变压器故障的处理原则及方法 （ZY2700402002）	本模块介绍变压器故障跳闸对电网的影响及跳闸后送电的原则。通过要点归纳讲解、定性分析、案例学习，掌握正确处理变压器故障的方法		√	
	母线事故处理	母线事故的原因及种类 （ZY2700403001）	本模块介绍母线停电的原因及母线的常见故障。通过概念描述、要点归纳讲解，了解母线停电的原因及现象，了解常见的母线故障征象	√		
		母线事故处理原则及方法 （ZY2700403002）	本模块介绍母线事故对电网的影响及母线事故后送电的原则。通过要点归纳讲解、案例学习，掌握正确处理母线故障的方法		√	
	发电机事故处理	发电机的故障类型 （ZY2700404001）	本模块介绍发电机跳闸、失磁、非全相及非同期并列等故障。通过概念描述、要点讲解，了解发电机可能出现的故障情况	√		
		发电机事故对电网的影响及处理方法 （ZY2700404002）	本模块介绍发电机故障对电网的影响及跳闸后送电的原则。通过要点归纳讲解、案例学习，掌握正确处理发电机故障的方法		√	
	发电厂、变电站全停事故处理	发电厂及变电站全停的现象及危害 （ZY2700405001）	本模块介绍发电厂、变电站全停的定义及其现象。通过定义解释、要点归纳讲解，了解发电厂、变电站全停的现象及其对电网的危害	√		
		发电厂及变电站全停的处理原则及方法 （ZY2700405002）	本模块介绍发电厂、变电站全停处理原则及方法。通过原则讲解、方法介绍，掌握发电厂、变电站全停的事故处理原则及要求，并能正确处理发电厂、变电站全停事故		√	
		发电厂及变电站全停的注意事项 （ZY2700405003）	本模块介绍发电厂、变电站全停事故处理的注意事项。通过要点归纳讲解、案例学习，掌握发电厂、变电站全停事故处理时的注意事项			√
	电网黑启动	电网黑启动 （ZY2700406001）	本模块介绍电网黑启动的概念及基本原则。通过概念描述、原则讲解和案例学习，了解黑启动方案的基本内容		√	
		电网黑启动需要注意的问题 （ZY2700406002）	本模块介绍电网黑启动过程中的无功平衡、有功平衡、频率电压控制及保护配置等问题。通过要点归纳讲解，了解电网黑启动过程中需要注意的问题			√
	系统振荡处理	振荡的原因及类型 （ZY2700407001）	本模块介绍同步振荡、异步振荡、低频振荡及次同步振荡的原理及类型。通过概念描述、原理讲解和原因分析，了解振荡的基本原理及故障现象		√	
		振荡的判断与处理 （ZY2700407002）	本模块介绍同步振荡、异步振荡、低频振荡及次同步振荡的判断方法与处理方法。通过方法介绍、案例学习，掌握正确判断与处理电网振荡事故的方法			√

续表

部分名称	章	模块名称 （模块编码）	模块描述	等级		
				I	II	III
电网事故处理	反事故演习	反事故演习基本知识 （ZY2700408001）	本模块介绍反事故演习的目的、作用、组织形式及演习流程等内容。通过要点归纳讲解，了解反事故演习活动	√		
		参与反事故演习 （ZY2700408002）	本模块介绍反事故演习方案编制、实施、评价总结等内容。通过要点归纳讲解、案例学习，掌握反事故演习方案编制方法，能组织实施反事故演习活动，对反事故演习活动进行评价		√	

参 考 文 献

1. 国家电力调度通信中心. 电网调度实用技术问答. 北京：中国电力出版社，2008.

2. 贾伟. 电网运行与管理技术问答. 北京：中国电力出版社，2007.

3. 王世祯. 电网调度运行技术. 沈阳：东北大学出版社，1997.